초보 부모
방탄 육아

0~1세 우리 아이를 지키는 가장 정확한 육아 지식 51

초보 부모
방탄 육아

이재현 지음
소아청소년과 전문의

유노
라이프
LIFE

건강하게 자라기를 바라는 마음

"아빠가 소아과 의사면 아이 키우기 참 쉽겠어요!"

이제 곧 세 돌이 되어 가는 아들을 키우는 아빠인 제가 소아청소년과 전문의라는 직업을 밝히면 항상 듣는 이야기입니다. 아마 이 책을 읽는 독자 여러분도 같은 생각을 하실지 모르겠습니다. 어느 정도 동의는 하지만, 조금 억울한 면도 있어요.

사실은 저도 아이 키우는 일이 참 힘듭니다. 일주일에 100시간 이상 일하던 전공의 시절을 견딘 덕분에 잠을 못 자는 것에 이미 적응했다고 생각했지만 잠 안 자는 아이 때문에 밤을 새우는 것은 정말 힘든 일이고, 아이가 잘 안 먹고 떼를 쓸 때에 진땀을 흘리는 것은 여느 부모님과 전혀 다르지 않습니다.

하지만 곰곰이 생각해 보니 다른 부모님보다 아이를 조금 더 편하게 키우는 것도 맞습니다. 아이가 아플 때 집에서 치료해 주지는 못하더라도 언제 병원에 데려갈지, 어떻게 대처할지 잘 알고 있고, 아이를 위해 선택을 해야 할 때 자료를 열심히 찾아보는 대신 제가 기존에 알고 있는 지식을 활용하곤 합니다.

30대 가구의 절반 이상이 맞벌이인 우리나라에서 아이 키우는 일은 날이 갈수록 어려운 일이 되어 갑니다. 아이를 직접 돌볼 시간이 모자라는 현실부터 코로나19 이후로 심해진 감염병에 대한 두려움, 각종 매체에서 그리는 전쟁터 같은 육아 모습이 부모님과 예비 부모님에게 부담감을 주기도 합니다.

저는 이러한 현실 속에 살아가는 전문가로서, 같은 시대에 함께 육아를 해 나가는 한 아이의 아버지로서 안타까움을 많이 느끼고 있었습니다. 내가 과연 다른 부모님을 도와 줄 수 있는 방법은 없을까 많이 고민을 했고, 그 해답을 진료 경험에서 찾을 수 있었습니다.

신생아실에서 아이를 보러 온 부모님을 보면 "똑똑하게 자라다오."라고 말하는 부모는 없습니다. 모든 부모님이 "건강하게 자라다오."라는 소망을 품습니다. 병원에서 일을 하다 보니, 부모라면 갖는 가장 기본적인 마음을 지켜드려야겠다는 생각을 자연스럽게 하게 되었습니다.

한 사람이 건강하려면, 여러 가지 노력해야 하는 점이 많습니다. 잘 먹고, 잘 자고, 활동도 잘해야 하고, 피할 수 있는 질병은 피하면서 질병에 걸리더라도 잘 이겨내야 하고, 사고에 당하지 않게 안전에 유의하기까지, 건강을 지키는 일은 쉬운 것이 아닙니다. 우리 아이들의 건강도 마찬가지입니다.

하지만 요즘 유행하는 육아 정보는 아이들의 건강보다는 아이를 '똑똑하게 키우는' 데 치우쳐 있는 것 같습니다. 그리고 확실하지 않은 주장이 유행을 타고 소비되면서, 아이를 키우는 분들이 꼭 알아야 할 정보를 얻지 못하는 모습도 많이 목격하게 됩니다. 부모들이 겪는 이러한 혼란 속에서 한 아이를 키우는 아빠로서 그리고 아이들의 건강을 위해 일하는 소아청소년과 의사로서 역할을 발견하게 되었습니다.

"아이들이 건강하고 안전하게 자랄 수 있도록 올바른 정보를 널리 전해야겠다!"

저의 이런 생각에 가장 먼저 공감해 주고 도움을 준 것은 저의 친형입니다. 산부인과 전문의인 형과 소아과 전문의인 저는, 많은 부모님이 불안해하는 임신과 출산, 육아에 대한 올바른 정보를 전달하고자 '산소형제TV'라는 유튜브 채널을 개설하고 2년 가까운 시간 동안 400개가 넘는 영상을 통해 부모님, 양육자들과 소통하고 있습니다.

그런데 유튜브와 방송 매체에서 열심히 활동을 하다 보니, 매체 특성에 따라 한계점이 존재한다는 것을 알게 되었습니다. 영상 매체로는 깊이 있는 정보를 전달하기 어려워서 메시지가 제대로 전달되지 않는 경우도 많았고, 오해가 생기는 경우도 간혹 있었습니다. 저희 형제는 많은 고민 끝에, 책을 출간함으로써 깊이 있는 정보를 전달하는 것이 부모님들께 더욱 도움이 되겠다는 생각을 하게 되어 이번 책을 집필했습니다.

집필 과정에서 가장 중요하게 생각한 목표는, 이 책을 읽고 나면 '아, 소아과 의사는 이럴 때 이렇게 생각 하는구나.'라고 저와 독자 사이에 공감대를 형성하는 것입니다. 이번 책에는 아이가 태어나고 가장 어렵고 정신없는 첫 1년 동안 부모님들이 꼭 알아야 하는 정보만 모아 놓았습니다.

이 책이 때로는 소아과 의사처럼, 때로는 함께 육아를 고민하는 친구처럼, 때로는 흔들리는 마음을 다잡아 주는 육아 선배처럼, 육아로 지친 마음을 위로해 주는 책이 되었으면 합니다.

아이를 키우시는 모든 분을 진심으로 응원합니다. 지금 모두 잘 해내고 계십니다!

이재현

2장. | 2~3개월 우리 아기 지키기
: 콧물 대처법, 흔들린 아이 증후군, 둥근 머리 만들기

3장. | 4~6개월 우리 아기 지키기
: 이유식 준비하기, 건강검진 공부하기, 발달 상태 확인하기

4장. | 7~9개월 우리 아기 지키기
: 면역의 암흑기, 걸음마 대비하기, 알레르기 찾기

5장. | 10~12개월 우리 아기 지키기

: 낙상 사고와 열성 경련 대처법,
돌발진 알아 두기, 아플 때 음식 먹이기

1장.

___

0~1개월
우리 아기 지키기

: 배앓이, 영아 돌연사 증후군,
병원에 가야 할 때

평균 몸무게 3.3킬로그램, 키 50센티미터로 태어난 자그마한 아기가
생후 1달 동안 열심히 먹고 몸무게가 1~2킬로그램까지 늘어요.
점차 엄마아빠를 보면서 웃음을 지어 보이고
열심히 울면서 의사 표현도 해요!

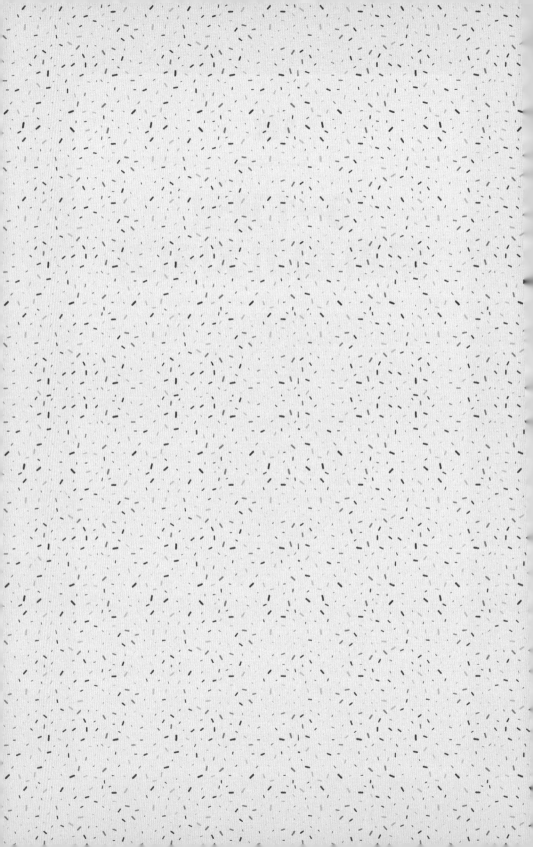

목을 가누지 못해요
운동 발달

핵심 먼저!

침상에 이불, 베개, 인형을 두면 절대 안 돼요.

40주의 임신 기간 동안 엄마 배 속의 아기는 양수라는 따뜻한 물속에서 안전히 지냅니다. 양수에서 지내는 동안에는 아기가 특별히 운동이라는 것을 할 일이 없습니다. 가끔 발길질은 하지만, 양수의 부력 덕분에 물속에서 본인의 체중을 견디는 일이 전혀 어렵지 않지요.

그러다 우리 아기들의 인생에 큰 도전이 시작됩니다! 바로 출산인데요. 출산은 아기를 낳는 여성에게도 목숨을 건 일이지만, 엄마 배속에서 편하게 지내던 아기에게도 큰 환경의 변화를 가져 옵니다.

아기는 이제 중력을 이겨 내야 합니다. 문제는 지금까지 아기들이 중력을 이겨 내는 운동을 해 본 경험이 없다는 것입니다. 그래서 스스로 몸을 움직이는 데 사용하는 근육이 매우 약한 상황이죠. 인간은 이런 연약한 상태에서 두 발로 걷고 뛰는 상태까지 근육의 성장과 운동 발달을 이뤄 내야 합니다. 아기들은 보통 생후 12개월은 되어야 걷기 시작하는데, 이는 중력을 이기는 훈련을 적어도 1년 이상은 해야 한다는 뜻입니다.

목 가누기가 어려운 이유

우리가 누워 있는 자세에서 일어서려고 하면 보통 가장 먼저 하는 행동이 고개를 드는 것이고, 이를 위해서는 목에 힘을 주어야 합니다. 그래서 아기도 누운 자세에서 벗어나려고 가장 먼저 하는 행동이 목 가누기입니다. 그런데 이때 아기의 목 근력이 약한 것도 문제이지만, 체형도 목을 가누는 운동에 방해가 됩니다. 왜냐하면 아기는 머리가 몸에 비해 아주 큰 가분수 체형이기 때문입니다.

아기는 정상적으로 머리가 몸에 비해 큽니다. 성장하면서 팔다리와 몸, 머리의 비율이 점점 변화합니다. 머리가 몸에 비해 작아지는 것이죠. 그런데 성인과 같은 머리와 몸의 비율은 사춘기가 되어야 달성됩니다. 보통의 아이는 대부분 몸에 비해 큰 머리를 가지고 있고, 이 비율은 신생아 시기에 가장 큽니다.

신생아는 몸에 비해 아주 큰 머리를 연약한 목으로 버틸 재간이 없습니다. 그래서 초보 부모님이 아기를 제대로 안지 못하면 머리가 뒤로 휙휙 넘어가는 일이 벌어지죠. 아기의 목은 정말 힘이 없기 때문에 우리가 아주 졸릴 때 꾸벅꾸벅 조는 것보다 더 심하게, 머리가 몸에서 떨어져 나가는 것처럼 아주 무섭게 젖혀집니다. 이 모습을 보는 초보

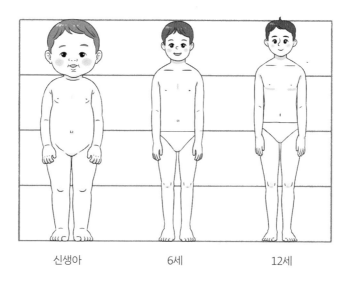

신생아   6세   12세

엄마아빠는 마음이 철렁하기 마련입니다. 그래서 신생아는 목에 힘이 충분히 들어올 때까지는 항상 목과 머리를 받쳐서 안아 주는 것이 중요합니다.

이런 습관이 제대로 자리 잡히지 않은 육아 초기에는 아기 머리가 젖혀지는 아찔한 순간이 몇 번은 생길 수 있는데요. 시도 때도 없이 깨어나 밤잠을 설치는 시기에는 몸과 마음이 피곤해 이런 실수를 특히나 많이 할 수 있습니다. 그래도 한 가지 안심해도 되는 것은 안아 주는 정도로 아기들이 크게 다치는 일은 많지 않다는 것입니다. 대부분의 부모님이 긴장된 마음으로 아기를 정성껏 보살피기 때문입니다. 하지만 아기 머리가 자주 흔들리면 흔들린 아이 증후군(Shaken baby syndrome)이 생겨 뇌에 상처를 줄 수 있기 때문에 조심해야 합니다.

한 가지 더 조심해야 할 것이 있습니다. 바로 아기가 눕는 환경을 안전하게 만들어 주어야 한다는 점인데요. 아기에게 이불을 덮어 주거나, 베개를 대 주거나, 침상에 인형을 놓는 것은 절대로 해서는 안 됩니다. 아기가 아무리 고개를 가누지 못하고 굴러다니지 못한다고 하더라도, 팔다리는 버둥거릴 수 있기 때문에 이불이나 인형이 아기 얼굴을 덮는 사고가 일어날 수 있는데 아기는 그 상황에서 빠져나올 수 없습니다. 베개를 대 주는 것 또한 아기에게 호흡 곤란을 유발할 수 있어요. 아기의 안전한 잠자리에 대한 자세한 이야기는 59쪽에서 설명하도록 하겠습니다.

왜 이렇게 자주 울까요?
언어 발달

핵심 먼저!

원인을 미리 알아두면 도움이 돼요. 당황하지 말고, 부처님의 마음으로 아이를 머리끝부터 발끝까지 살펴보세요.

건강한 아이가 크게 운다

신생아를 키우는 분들이 가장 두려워하는 때는 아기가 울음을 터뜨리는 순간일 것입니다. 도대체 우리 아이가 왜 우는지, 어떻게 해 줘야 이 울음을 멈추는지 초보 엄마아빠는 알기가 정말 어렵고, 아이의 울음소리를 듣고 있는 것조차 고문같이 느껴지죠.

아기 울음소리를 잘 견뎌야 하는 특이한 직업 중 하나가 소아청소년과 의사일 겁니다. 울음소리를 듣는 것이 일상이기 때문에 소아과 의사는 대부분 아기 울음소리를 백색 소음처럼 생각합니다. 물론 저도 그런 체질의 사람이지만, 놀랍게도 저희 아들의 울음소리만큼은 다르게 들립니다. 아들의 울음소리는 저의 고막과 고유 진동수가 같은지, 다른 아이들의 울음보다 두세 배는 더 크게 울리고 귀가 아픕니다. 그뿐 아니라 이상하게 마음이 함께 아파지는 느낌이 들어요. 그래서 울음소리 듣기 고수인 저마저도, 저희 아들의 울음은 듣고 있기가 매우 힘듭니다.

본래 아기의 울음소리는 썩 기분 좋은 소리는 아닙니다. 신생아의 목소리는 생각보다 우렁차고 높은 톤이어서 고막을 아주 날카롭게 자극하죠. 아주 멀리서도 들리기 때문에 이웃 간에 소음 갈등이 발생하기도 합니다. 그렇다면 부모인 우리는 아이의 울음을 항상 해결해 주어야 하는 것일까요? 이는 반은 맞고, 반은 틀립니다.

사실 소아과 의사들은 아기 울음소리를 오히려 좋아합니다. 아기가 우렁차게 울 수 있다는 것은, 그만큼 건강하다는 뜻이기 때문이죠. 아기가 처음 엄마 배 속에서 태어나는 순간, 모든 의료진과 어머니들이 (전신 마취로 수술을 한 경우가 아니라면) 가장 듣고 싶어 하는 소리가 바로 아기의 울음소리입니다. 아기가 이제 세상 밖으로 나와 공기로 호흡할 때 호흡을 잘 해내야 잘 울 수 있고, 아이가 호흡을 잘한다는 것은 세상을 살아갈 가장 기본적인 준비를 해냈다는 뜻이기 때문입니다.

울음소리가 아기가 건강하다는 것을 보여 주는 사례는 이뿐만이 아닙니다. 아기가 병에 걸려서 상태가 아주 안 좋은 경우에는, 아픈 주사를 맞을 때도 울지 못하고 가만히 축 처져 있습니다. 이럴 때 의료진은 아기의 상태가 매우 위중함을 알아채고, 조금 더 많은 치료를 실행합니다. 그렇게 치료를 잘 받고 상태가 좋아진 아기는 마침내 의사 선생님의 하얀 가운을 보고 병원이 떠나가라 울지요. 그 울음소리를 들으면 의사들은 이렇게 이야기합니다. "그 울음소리 반갑네. 이제 집에 가자!"

아기 울음의 원인

아기가 울음을 터뜨릴 때는 엄마아빠가 해결해 줘야 하는 문제가 있는 상황일 수도 있습니다. 하지만 초보 부모님이 아기가 울 때 가장 먼저 해야 하는 일은 울음 자체를 멈추게 하는 것이 아니라 우는 이유를 들여다보는 것입니다. 아기가 우는 이유는 배고픔일 수도 있고, 기저귀에 대변이나 소변을 보았기 때문일 수도 있습니다. 하지만 이렇게 잘 드러나는 원인이 아닌 다른 원인으로 아이가 울 때는 부모님이 당황할 수밖에 없죠. 아기들이 울음을 터뜨리는 다양한 원인은 무엇이 있을까요?

배고플 때

우선 아기가 배고플 때 우는 경우가 가장 흔합니다. 아기는 배가 고프면 배가 고프다는 신호를 울음 이전에 보여 주곤 합니다. 혀를 날름거리거나 입에 무언가 닿으면 빨려고 노력하는 모습을 보여 주죠. 하지만 우리가 항상 아이의 얼굴만 보고 있을 수는 없기에, 이 단계는 쉽게 관찰되지 않을 수 있습니다. 그 후 아기들은 짧은 울음으로 엄마아빠에게 배고프다는 신호를 보내다가, 아무도 이 마음을 알아 주지 않으면 큰 소리로 울기 시작합니다. 아이가 배가 고파서 우는 것인지 확인하려면 일단 아기가 무언가 빨려고 하는 모습을 보이는지 확인하고, 이전 수유를 한 지 얼마나 지났는지 확인하면 금방 알아챌 수 있습니다.

용변을 봤을 때

두 번째로 아기는 기저귀에 소변과 대변을 볼 때 웁니다. 아기들이 용변을 보고 나면 찜찜하겠죠? 기저귀를 보면 소변을 봤는지 대변을 봤는지 쉽게 확인이 가능하기 때문에 한번 기저귀를 만져 보거나 들춰보는 것만으로 아기가 용변을 봤는지 확인할 수 있습니다. 아기가 자라나면 점점 용변을 보는 횟수가 줄고 패턴을 잡기 때문에 너무 걱정하지 않아도 됩니다.

졸릴 때

신생아는 낮잠을 자주 자고 밤잠도 길게 못 자기 때문에 시도 때도 없이 졸려 합니다. 어른에게도 졸리고 피곤한 느낌은 전혀 유쾌하지 않죠. 아기도 졸리면 칭얼거리고, 심하면 크게 울면서 눈을 비비는 등 졸린 모습을 보여 줍니다. 그럴 때 엄마나 아빠가 아이를 안아 주고 재워 주면 됩니다.

엄마아빠 품을 찾을 때

아기는 안아 달라고 울음을 터뜨리기도 하는데요. 수유를 한 지 얼마 안 됐고, 기저귀도 깨끗하고, 잠도 잔 지 얼마 안 됐는데 아기가 무언가 원하는 소리로 칭얼거린다면 엄마아빠의 품을 찾는 것일 수 있습니다. 아기를 자꾸 안아 주면 "애가 손 탄다!"라며 울더라도 안아 주지 말라고 하는 분들이 계세요. 하지만 이는 요즘 중요하게 생각하는 애착 형성의 측면에서는 틀린 말입니다. 신생아 시기는 수면 교육을 할 때도 아니고, 출생이라는 큰일을 겪은 신생아의 불안한 마음을 부모님의 사랑과 스킨십으로 잘 안정해 주는 것이 애착 형성에 굉장히 중요하다고 알려져 있습니다. 그렇기 때문에 아기가 일생에서 가장 가벼운 시기인 신생아 시기에 부모님의 사랑을 듬뿍 주어도 좋다고 저는 항상 이야기합니다.

아플 때

아기들이 날카로운 소리로 울면서 잘 달래지지 않는다면 아이가 아픈 곳은 없는지 머리부터 발끝까지 잘 보아야 합니다. 아이들은 배앓이 때문에 통증을 느끼기도 하고, 열이 나서 어딘가 아픈 것일 수도 있고, 자기 손톱에 어딘가 상처를 입은 것일 수도 있죠. 아기들은 어디가 아프더라도 말을 할 수 없기 때문에 울음으로 엄마아빠에게 도움을 청하는 것이고, 부모님도 아기가 너무 많이 울면 아기가 아파서 그런 것은 아닌지 걱정합니다.

울음소리에 귀 기울이기

아이가 우는 이유는 비단 이런 원인뿐만이 아닐 것입니다. 때로는 그저 엄마아빠가 보고 싶어 우는 것일 수도 있고, 천장에 돌아가는 모빌이 어지럽거나 밖에서 들리는 소리가 너무 커서 무서워서 우는 것일 수도 있습니다. 그래서 초보 부모님 입장에서는 아기가 울음을 터뜨리는 원인을 파악하기가 쉽지 않습니다.

아이가 우는 수없이 많은 원인을, "아기 울음은 의사소통 방법이다."라고 요약할 수 있습니다. 아기가 우는 것은 엄마아빠에게 무언가를 이야기하는 것이지요. 아기가 닭똥 같은 눈물을 흘리고 있다면, 우리 아기가 무슨 이야기를 나에게 하고 싶은 것인지 아이의 속마음을 한번 더 바라봐 줘야 하는 때인 겁니다. 아기를 키우다 보면 어른의 생각으로는 이해가 되지 않는 행동을 아기가 할 때가 많은데, 이럴 때에도 아기의 입장과 마음을 들여다보는 연습을 하는 것이 중요합니다. 그리고 그 노력은 신생아 시기에 아기의 울음소리에 귀 기울이는 것으로 시작합니다.

어르신 중에 "아기 울지 않게 해라. 버릇 나빠진다."라고 이야기하는 분도 있죠. 그래서 아기의 울음을 멈추기 위해서 많은 어른이 아이가 먹을 때가 되지 않았는데 젖을 물리거나, 아직 아기가 먹어서는 안 되는 달콤한 음식으로 달래거나, 영상을 보여 주면서 아기의 정신을 빼앗기도 합니다. 아기가 너무 크게 울면서 살살 흔들어 줘도 달래지지 않을 때에는, 어른도 함께 흥분하여 아기를 세게 흔드는 경우도 있습니다. 아기를 너무 세게 흔들 땐 뇌를 손상시키는 '흔들린 아기 증후군'이 발생할 수 있고, 억지로 수유를 하면 소화 기관에 무리가 가고, 단 음식이나 동영상 등 강한 자극으로 울음을 그치게 하는 것은 정서적이고 발달적인 측면에서 바람직하지 못한 방법입니다.

아기가 많이 울 때에는 우선 심호흡을 한번 해보세요. 아이가 심하게 운다고 부모님이 함께 동요하면 아이도 그 불안감을 그대로 느끼고 울음이 더욱 강해질 수밖에 없습니다. 저는 아기가 떼쓰고 울 때면, 손바닥 위에서 날뛰는 손오공을 보는 부처님의 마음을 가지려고 노력합니다. 아이의 울음을 한 단계 높은 곳에서 본다면, 마음에 여유를 가지고 아이의 이야기를 들어 줄 준비를 할 수 있습니다.

울음소리에 동요하지 않고 여유가 생겼다면, 아기의 눈을 한번 더 보고 아기의 머리끝부터 발끝까지 살펴보는 습관을 갖기 바랍니다. 아기의 울음은 언어이자 사회적 활동입니다. 자기 울음을 잘 이해해 주는 어른이 있는 분위기에서 아기는 언어, 사회성, 인지 발달을 잘 이뤄 낼 수 있습니다.

느끼고 반응을 보여요
인지, 사회성, 감각 발달

핵심 먼저!

아직은 색이나 목소리, 맛을 구분하지 못해요. 향이 나는 꽃, 세제, 향료를 두지 마세요. 모유 수유를 하는 아이는 생후 한 달 동안은 쪽쪽이를 사용하면 안 돼요.

태어난 지 얼마 되지 않은 신생아를 보고 있으면 이 아이가 무엇을 보고 듣고 느끼는지 궁금해집니다. 어른이나 큰 아이처럼 명확한 반응을 보이지 않기 때문에 '우리 아이가 정말 잘 보는 건가?', '내 목소리가 들리는 게 맞나?' 하는 걱정도 조금씩은 하게 되죠. 간혹 "아기들은 아무것도 몰라."라고 말씀하시는 어른도 있지만, 아기는 생각보다 많은 것을 느끼고 나름의 방법으로 반응합니다. 신생아가 세상을 보고 느끼는 방법, 함께 알아볼까요?

눈으로 보는 세상

이제 막 태어난 신생아도 세상을 볼 수 있습니다. 하지만 아직 시력이 충분히 발달되지 않아서 20~30센티미터 정도의 거리를 잘 볼 수 있죠. 아기는 누워서 세상을 두리번거리며 관찰하지만, 아직은 색을 구분하지 못하고 세상을 흑백으로 보고 있습니다. 그리고 눈의 움직임을 완벽히 조절할 수 없기 때문에 움직이는 물체를 보는 능력이 모자랍니다. 눈을 잘 조절하지 못하여 사시처럼 한쪽 눈만 돌아가기도 하는데, 이 모습을 보고 초보 부모님이 깜짝 놀라는 경우도 있죠.

움직이는 물체를 잘 볼 수 있는 나이는 생후 2~3개월은 되어야 하고, 이때 엄마아빠의 얼굴을 제대로 알아볼 수 있습니다. 그리고 4개월이 되면 눈의 움직임을 완전히 조절하여 사시처럼 눈이 따로 돌아가는 일이 없어지고, 6개월쯤 되면 어른들이 보는 만큼 색을 구별할 수 있게 됩니다. 그렇다고 시력이 아직 완성이 되지는 않고 만 5~6세쯤 되어야 어른의 시력을 가집니다. 초등학교에 들어가기 전까지는 시력이 조금씩 좋아지는 게 정상이라는 말이죠. 그렇다면 우리 아기에게 어떤 시각적인 자극을 주는 것이 좋을지 알아보겠습니다.

일단 엄마아빠의 얼굴을 20~30센티미터 정도의 거리에서 계속 보여 주세요. 아직 아기가 엄마아빠의 얼굴을 알아보지 못한다는 것은 얼굴을 보여 줘도 소용이 없다는 것이 아니라, 자꾸 보여 줘서 엄마아빠의 얼굴을 알게 해 줘야 한다는 뜻입니다. 실제로 신생아 시기의 아기는 다른 물체를 보는 것보다 사람의 얼굴을 보는 것을 좋아합니다. 기저귀를 갈아 주면서, 목욕을 시키면서, 아이가 잘 있는지 확인하면서 아기의 얼굴을 바라보세요. 귀여운 우리 아기의 얼굴이 하루하루 변하는 것을 가까이에서 지켜보면 아기도 부모님의 얼굴을 보며 사랑을 느낄 수 있을 것입니다.

하지만 24시간 아기의 얼굴만 보고 있을 수는 없기 때문에 무언가 볼거리를 주고 싶을 겁니다. 대표적으로 모빌이 떠오르는데요. 신생아 시기에는 움직이는 물체를 잘 볼 수 없기 때문에 정신없이 돌아가는 모빌은 아기에게 별로 재미있는 놀잇감이 아닐 거예요. 빙글빙글 돌아가는 모빌보다는, 아직 색을 구분할 수 없는 아기들을 위한 흑백 초점책이 아기들이 보고 즐기기에 더 적합하죠. 초점책을 봐 줄 때는 아기가 가장 잘 볼 수 있는 20~30센티미터 정도의 거리에 놓고, 아기가 누워서 편하게 보도록 아기 얼굴 위에 책을 설치할 때는 절대로 책이 떨어지지 않도록 단단히 고정해 주는 것이 중요합니다.

그리고 만 6세까지 계속해서 발달하는 시력을 보호하기 위해 텔레비전이나 스마트폰 등의 전자기기 노출은 최대한 적게 하고, 어두운 곳에서 책을 보지 않도록 노력하는 것이 중요하겠죠. 아이들의 전자

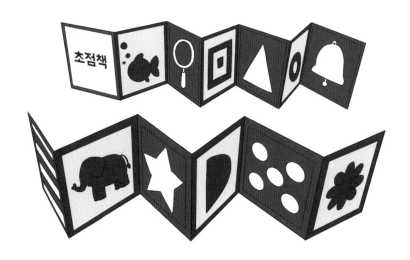

　　　　　　　　　　　　　　　　　　　　　초보 부모 방탄 육아

기기 노출에 대한 이야기는 200쪽에서 더 자세히 이야기하도록 하겠습니다.

귀로 듣는 세상

아기들은 태어날 때 이미 소리를 들을 수 있습니다. 사실 엄마 배 속에서부터 소리를 듣기 시작하죠. 그래서 태교할 때 좋은 음악을 듣고, 엄마아빠의 목소리를 자주 들려 주는 것이 중요하다고 이야기합니다. 임신 5개월 정도면 태아가 소리에 대한 반응을 보이기 시작하고 6~7개월 정도면 엄마 배 밖의 소리에도 반응한다고 하니, 태어난 아기가 소리를 듣는 것은 당연한 일이겠죠. 그리고 아기는 생후 수일 내에 청력이 예민해지기 시작합니다. 이러한 이유로 생후 수일에서 3개월 사이에 청력 검사를 받습니다.

"아기들이 들을 수 있다고 하는데, 왜 태아일 때 많이 들려 준 부모의 목소리를 알아듣지 못하는 것 같을까요?"라며 걱정하는 부모님도 간혹 있습니다. 아이들이 소리를 듣는 능력 자체는 태어날 때부터 가지고 있다고 하더라도, 귀로 들어온 소리를 분류하고 인지하는 능력은 아직 완성되지 않았습니다. 생후 1개월 정도 되면 부모님의 목소리를 알아듣고 몸을 움찔하며 반응하고, 생후 4개월은 되어야 소리가 나는 쪽을 제대로 바라볼 수 있게 됩니다.

소리를 들을 수 있지만 인지하는 능력을 키워야 한다는 말은 얼핏 굉장히 어려운 말처럼 들리지요. 하지만 사실 이것은 당연한 이야기입니다. 예를 들어 비슷한 크기의 고양이들이 모여 있는 곳에 가서 눈을 감고 있다고 생각해 봅시다. 고양이가 야옹 하고 우는 소리를 들을 수는 있겠지만, 그 소리가 어느 고양이가 낸 소리인지, 무슨 뜻으로 낸 소리인지는 알 수가 없습니다. 마찬가지로 신생아도 다양한 소리를 듣고 있지만, 그 속에 담긴 의미를 파악하는 데 시간이 걸립니다.

그래서 저는 신생아 시기의 아기에게 강한 비트의 음악이나 어려운 동요보다 심리적인 안정감을 줄 수 있는 백색소음이나 악기가 단순하게 구성된 음악을 들려 주는 것을 추천합니다. 무엇보다 부모님의 목소리를 자주 들려 주는 것이 중요합니다. 하루 종일 붙어 있는 아기에게 무슨 말을 해야 할지 모르겠다면 "자, 이제 기저귀 갈아보자.", "우리 아기 맘마 먹을까?"라는 말처럼 지금 하려고 하는 행동을 말로 표현하거나 옆에서 편안한 목소리로 책을 읽어 주세요. 이때 읽어 주는 책은 아기에게 공부를 시키는 의미보다 부모님의 목소리를 익히는 데 더 중요한 역할을 한다고 보면 좋습니다. 그리고 이 시기에 책을 읽어 주는 연습을 해야 아이가 나중에 크더라도 책을 잘 읽어 줄 수 있습니다. 그래서 아빠들이 신생아 시기부터 책을 많이 읽어 주는 것이 정말 중요합니다.

입과 코로 느끼는 세상

아기는 분유와 모유를 아주 맛있게 먹습니다. 그래서 얼마나 맛있기에 저렇게 잘 먹는지 궁금해서 여러 가지 분유를 먹어 본 적이 있는데요. 그 결과는 정말 실망스러웠습니다. 물에 탄 분유는 생각보다 맛이 밍밍하고, 미숙아 분유는 철분 함유량이 많아 쇠 맛도 나거든요.

아기가 분유나 모유를 맛있게 먹는 이유는 태어나서 먹어 본 음식이 분유, 모유밖에 없기 때문일 수도 있습니다.

하지만 또 다른 의학적인 이유도 생각해 볼 수 있는데요. 바로 신생아는 맛을 제대로 못 느낀다는 겁니다. 신생아 시기에 신맛은 느끼지만 쓴맛이나 짠맛은 4~6개월이 되어 침의 분비가 많아지면서 느낄 수 있습니다. 그러니 신생아가 제대로 된 맛을 느끼고 있다고 하기는 어렵죠.

하지만 우리가 음식을 먹을 때 느끼는 것은 맛뿐만 아니라 냄새도 있습니다. 그리고 신생아는 맛은 몰라도 냄새를 맡는 후각은 아주 잘 발달해 있습니다. 그래서 모유 수유를 하는 아이들은, 엄마의 젖 냄새를 기억하고 엄마 품에 안기면 냄새로 엄마라는 것을 알아채기도 합니다. 그렇게 엄마와 애착이 형성되기 시작하죠.

아이들이 냄새를 맡을 수 있다고 해서 집에 좋은 향이 나는 꽃이나 세제, 향료를 가져다 두는 것은 추천하지 않습니다. 신생아의 미숙한 면역 체계가 알레르기를 유발할 수 있고, 인공 향료 중에는 기관지를 자극하는 것도 있기 때문입니다. 그래서 아기용 세제는 인공 향료가 들어가지 않는 것으로 선택해야 하고, 어른이 아이를 볼 때 입는 옷은 아기 세제로 세탁하는 것이 좋습니다.

피부로 느끼는 세상

대부분의 촉각을 손으로 느끼는 우리와 다르게 신생아의 촉각은 입술과 혀에 집중되어 있습니다. 아직 손이나 발로 감각을 예민하게 느낄 수 없죠. 우리가 '구강기'라고 부르는 시기는 만 1~2세이지만, 보통 아기는 그보다 어린 나이에도 잡은 물건을 입에 가져가는 것을 좋아 합니다. 그래서 아이 장난감은 입으로 물기 좋게 생겼죠.

신생아 시기에 아기가 입에 잘 물고 노는 것이 있죠. 바로 쪽쪽이입 니다. 아기는 쪽쪽이를 물고 빨면서 안정감을 느낍니다. 분유 수유를 하는 아이라면 쪽쪽이와 젖병 꼭지의 모양이 비슷하여 신생아 시기부 터 쪽쪽이를 물려 주어도 괜찮습니다.

하지만 모유 수유, 특히 직접 수유를 하는 신생아는 쪽쪽이 사용에 주의를 기울여야 합니다. 아기가 엄마 젖을 빠는 입 모양과 쪽쪽이를 빠는 입 모양은 서로 달라 자칫 쪽쪽이를 빨다가 엄마 젖을 빠는 방법 을 헷갈려 젖을 잘 먹지 못하는 '유두 혼동'이 올 수 있습니다. 이런 경 우 수유가 원활히 되지 않으며 아기에게 탈수나 저혈당, 황달 같은 증 상이 생길 수 있고, 엄마에게는 유방 울혈과 유륜 상처 등의 고통을 가져올 수 있죠. 그래서 모유 수유를 하는 아기라면 신생아 시기 동안 은 쪽쪽이를 사용하지 말고, 생후 1개월을 넘기고 사용하는 것이 좋 습니다.

스킨십 중에
가장 좋은 방법, 목욕

핵심 먼저!

첫 목욕은 생후 24시간. 돌까지 일주일 세 번을 추천해요. 체온 유지를 위해 따뜻한 곳에서 짧게 하세요.

초보 엄마아빠가 육아를 시작할 때 가장 어려운 것이 무엇일까요? 수유, 재우기, 안아 주기 등 사람마다 조금씩 차이가 있겠지만 가장 많은 분이 걱정하는 활동은 목욕입니다. 작고 연약한 아기를 만지는 것도 무서운데 아기를 그냥 안아 주는 것도 아니고 물로 닦아 줘야 한다니, 목욕하다가 아기가 울거나 혹여나 잘못될까 봐 두려운 것은 아주 자연스러운 일입니다.

조리원에서 아이와 며칠간 생활하는 엄마는 아기 목욕을 배울 기회가 있을 겁니다. 하지만 사정이 있어 조리원에서 생활을 하지 못했던 분이거나, 초보 아빠는 목욕하는 법을 몰라 선뜻 나서기가 어렵습니다. 물론 유튜브에 아기 목욕법을 다루는 영상이 많이 있고, 주위의 어르신이나 산후 도우미가 목욕법을 알려 줄 수도 있지만, 사람마다 조금씩 차이가 있기 때문에 오히려 혼란이 생길 수도 있습니다.

저는 아이와 쉽게 친해지지 못하는 엄마아빠에게 "아기와 스킨십을 늘리세요. 스킨십 중에 가장 좋은 방법은 목욕입니다."라고 말하는데, 아기에게 다가가기 어려운 분이 목욕까지 하는 것은 처음에는 매우 어려운 과제가 될 수 있습니다. 그래서 아이와 거리감이 느껴지는 부모님일수록 목욕법을 제대로 배우는 것이 중요합니다.

아기와 친해지는 좋은 방법이지만 어려운 육아 활동 중 하나인 목욕. 여러 가지 목욕 방법에 대해 알기 전에 안전한 목욕을 위해 부모님들이 반드시 알아야 하는 내용을 먼저 설명하겠습니다.

언제부터 목욕을 할 수 있을까요?

신생아는 생후 6시간이 지나면 목욕을 할 수 있습니다. 하지만 더욱 추천하는 시간은 생후 24시간입니다. 태어난 직후의 아기는 하얗고 미끈미끈한 태지라는 것이 몸에 붙어 있어 왠지 깨끗해 보이지 않고, 엄마의 양수가 묻어 있는 경우가 많은데요. 왜 24시간을 기다리고 목욕을 시키라고 하는 것일까요?

이제 갓 태어난 아기의 경우 공기 중에서 체온을 유지하는 것이 힘들 수 있습니다. 간혹 혈당을 유지하는 것도 힘이 들어 얼른 수유를 시작해야 하는 경우도 있죠. 그렇기 때문에 막 태어난 신생아는 몸을 똘똘 감싸주어 체온을 유지해 주면서 호흡이 안정화되길 기다려 주고, 적절한 수유를 하여 혈당을 잘 유지해 주는 것이 중요합니다.

그런데 목욕을 하게 되면 아이는 체온을 쉽게 빼앗기고, 피부도 자칫 건조해질 수 있고, 목욕을 하는 동안 수유할 타이밍을 놓쳐 혈당이 떨어질 수도 있습니다. 그렇기 때문에 아이의 상태가 안정화되는 24시간 동안은 목욕을 하지 말고 미루라고 하는 것이죠.

그럼 몸에 붙어서 지저분해 보이는 태지는 무엇일까요? 태지는 엄마 배 속에서 아기의 피부를 보호하는 보호막으로, 보습의 역할과 세균을 막아 주는 역할을 하고, 엄마의 산도를 부드럽게 통과하도록 윤활제 역할도 하는 아주 고마운 물질입니다. 그렇기 때문에 굳이 이걸 빨리 벗겨 낼 필요가 없습니다.

물론 병원 등 의료 기관에서 분만을 하거나 의료진의 도움을 받아 분만을 하는 경우가 많기 때문에 아기의 첫 목욕 시간은 의료진이 잘 챙겨 주겠지만, 의외로 많은 부모님이 질문하는 점이기도 하기에 알려 드립니다.

얼마나 자주 목욕해야 할까요?

신생아는 매일 목욕할 필요가 없습니다. 아직 걸어 다니지 않아 신체 활동에 제약이 있는 생후 12개월, 돌 이전의 아기는 일주일에 세 번 정도만 목욕을 하면 충분하다고 말씀드립니다. 그 이유는 목욕을 하는 것은 몸에 묻은 먼지와 이물질을 제거하여 위생을 지키는 방법이기도 하지만, 그 과정에서 피부의 수분 손실이 일어나기 때문입니다. 그리고 어린 아기일수록 목욕을 할 때 체온이 쉽게 떨어지는 문제도 있죠.

그런데 일주일에 세 번이라는 횟수에는 아주 중요한 조건이 붙습니다. 바로 기저귀 안쪽 위생을 철저히 지켜야 한다는 것입니다. 신생아 시기에 몸에서 가장 더러워지는 부분이 기저귀 안쪽이기 때문입니다. 만약 전날 목욕을 했더라도 외출을 해서 기저귀를 잘 갈지 못한 날이거나 아기가 설사를 자주 한다면 목욕을 하는 게 좋습니다.

하지만 이런 말도 들어 본 적이 있을 거예요. '수면 의식은 목욕으로 시작한다.' 수면 의식은 아기가 잠을 자는 패턴을 일정하게 만들기 위해서 목욕을 하고, 조명을 어둡게 하고, 책도 읽어 주는 등 부모님이 만드는 생활 습관입니다. 그런데 생후 1개월까지 신생아 시기는 아직 수면 의식을 하기에 이르기 때문에, 벌써부터 수면 의식을 신경 쓰며 무리해서 매일 목욕을 할 필요는 없습니다.

반대로 목욕을 하면 안 되는 경우도 있는데요. 바로 아기가 열이 나고 컨디션이 좋지 않을 때입니다. 열이 날 때에는 체온 조절이 쉽지 않기 때문에 목욕을 추천하지 않습니다. 신생아 시기에 열이 나는 것은 아주 큰 문제가 있을 가능성이 있기 때문에 바로 큰 병원에 방문해야 합니다. 이 문제에 대해서는 81쪽에서 더 자세히 설명해 드릴게요. 그리고 예방접종을 맞은 날은 목욕을 피하는 게 좋습니다.

준비물은 무엇이 있을까요?

가장 먼저 욕조를 준비해야 합니다. 보통 욕조 두 개를 사용하는데요. 욕조 안에는 38~40도 사이의 물을 준비합니다. 이 온도는 손으로 만졌을 때 약간 따뜻하거나 미지근한 정도입니다. 아기들은 40도가 넘는 온도에도 피부 화상을 입을 수 있기 때문에 너무 높은 온도가 아니어야 합니다.

수건을 준비합니다. 수건은 부드럽고 삶아 빨 수 있는 면 소재의 아기용 수건이면 충분합니다. 아기 머리와 얼굴을 닦아 줄 작은 수건 한두 장, 아기 몸을 닦아 줄 큰 수건 한 장을 준비하면 됩니다.

신생아는 잘 사용하지 않지만 아기도 목욕할 때 목욕 세제가 필요할 수 있습니다. 목욕 세제는 아기용으로 나온 제품을 고르면 되는데, 이 제품들은 순한 중성 세제입니다. 그리고 첨가제가 없는 제품이 좋은데요. 특히 향료가 들어간 것은 향은 좋지만 아기에게 오히려 해가 될 수 있습니다. 향료가 아기에게 알레르기를 일으키고 자극을 줄 수 있기 때문입니다.

목욕이 끝나고 바를 로션도 준비해야겠죠. 로션은 아기 몸의 물기를 모두 닦은 뒤 최대한 빠르게 발라 주는 것이 좋습니다. 피부가 건조해지는 것을 막기 위해서죠. 그러기 위해서는 목욕하는 곳에 로션을 함께 준비해 두어야 합니다. 그리고 아기가 새로 입을 기저귀와 옷도 준비해 두면 아기 목욕 준비물은 완료입니다.

어디서 하는 게 좋을까요?

아기 목욕은 안전한 장소에서 하는 것이 가장 중요합니다. 먼저 따뜻한 장소가 좋겠죠. 체온 유지가 어려운 아기들은 목욕을 하고 몸에 물기가 남은 상태에서 쉽게 추워질 수 있습니다. 체온이 급격히 떨어지면 면역력도 떨어져 감기 등에 걸리기 쉽고, 신생아는 저체온이 될 수도 있기 때문에 춥지 않은 공간에서 목욕을 하는 것이 중요합니다. 거실에서 목욕을 하고, 여름에 에어컨을 틀고 있다면 덥더라도 에어컨을 꺼야 합니다.

그리고 아기를 목욕할 때, 앉은 자세에서 욕조 두 개와 수건과 여러 목욕 준비물이 손에 닿는 공간에서 합니다. 동선이 짧아야 아기를 옮기다 사고가 날 확률이 줄어들죠. 화장실이 넓은 집이라면 화장실 바닥에 준비물을 깔아 놓고 목욕을 하면 되지만, 화장실이 좁다면 거실에서 목욕을 하는 것이 안전합니다.

목욕하는 장소의 바닥도 신경을 써야 하는데요. 목욕을 하는 과정에 물이 튀어 바닥이 미끄럽다면 목욕이 끝난 아기를 안고 일어서다 넘어지는 큰 사고로 이어질 수 있기 때문입니다. 목욕하는 장소에는 미끄럼 방지 처리가 꼭 되어 있어야 합니다.

저체온을 막는 목욕법은 무엇일까?

위에서 말한 따뜻한 장소에서 목욕하는 것은 아기의 체온 유지를 위한 가장 기본이 되는 원칙입니다. 목욕을 너무 길게 하지 않는 것도 중요한데요. 목욕을 너무 오래 하다 보면 목욕물이 식기도 하고, 목욕을 길게 하는 것 자체로 피부의 수분을 빼앗길 수 있습니다. 그렇기 때문에 아이들의 목욕 시간은 최대 15분, 웬만하면 10분 이내로 끝내라고 말합니다.

목욕을 할 때에는 아기의 속싸개를 풀지 않은 상태로 머리와 얼굴부터 닦아 주는 것이 좋습니다. 아기가 맨몸을 많이 노출하고 있을수록 체온이 떨어지는 것은 당연하겠죠? 그렇기 때문에 속싸개를 한 상태에서도 씻을 수 있는 머리와 얼굴부터 닦습니다.

물가에 혼자 두지 마세요

신생아 시기에 아기를 물에 혼자 두고 어디 가시는 분은 없을 거라고 믿습니다. 하지만 아기가 조금 더 자라나고, 엄마도 목욕시키는 것이 익숙해지면 '잠깐은 괜찮겠지.' 하는 생각에 잠시 자리를 비우는 분들이 꽤 있습니다. 전화가 오기도 하고, 문 밖에 택배나 배달이 와서 자리를 떠나게 되는 거죠.

하지만 이것은 매우 위험한 행동입니다. 아기들은 3~5센티미터 정도의 물에서도 질식이 일어나 사망할 수 있습니다. 이렇게 얕은 물이라도 물에 빠지게 되면 허우적대느라 아기들은 물 밖으로 나올 수가 없습니다. 아기들도 물에 빠지면 당황하기 마련이거든요.

신생아 아기는 아직 누워만 있지만, 아기가 앉고 기어다니기 시작하면 욕조에서 생각보다 정말 쉽게 미끄러지는 모습을 볼 수 있습니다. 아기는 지금 부모님 손에 얌전히 안겨 있지만, 점점 많이 움직이고 도망치려고 하거든요. 그래서 아기를 목욕시킬 때 가장 중요한 원칙은 아기에게서 눈을 떼지 않고, 무슨 일이 생겨도 손에 닿는 거리에 보호자가 지키고 있는 것입니다.

'우리 아이 목욕하기' 영상으로 알아보기

공포의 배앓이,
미리 예방하고 대처하자

핵심 먼저!

배앓이는 영아 40퍼센트가 경험하는 흔한 증상이에요. 가스가 차서 복통을 느끼는 것으로 추정하고 있어요. 수유 요령과 대처법을 알아두세요.

"배앓이". 수많은 부모님을 공포에 떨게 만드는 단어죠. 작고 귀여운 아기가 어찌나 큰 목소리로 우는지, 아이를 처음 키우는 부모님은 많이 당황할 수밖에 없습니다. 주로 저녁이나 밤에 어떻게 해도 달래지지 않기 때문에 밤잠을 설치고, 어디가 아픈 건 아닌지 많이 걱정되어 응급실에 방문하시는 부모님도 많습니다. 아이가 정말 아픈 것처럼 울거든요. 실제로 제가 응급실에서 근무할 때도 우는 아이를 안고 구급차를 타고 오는 분이 꽤 있었습니다. 정말 몸에 이상이 생겨 치료가 필요한 경우도 있었지만, 다행히도 대부분은 배앓이로 아기가 일시적으로 격한 울음을 터뜨리는 경우였습니다.

배앓이를 부르는 의학 용어는 영아 산통(infantile colic)입니다. 생후 3

개월 미만에 다리를 움츠리는 특징적인 자세를 취하며 달래지지 않는 울음을 하루에 세 시간 이상, 일주일에 세 번 이상 터뜨릴 때 이 진단을 내릴 수가 있는데요. 이 정도의 심각한 울음을 보이는 아이는 생각보다 많습니다. 생후 6주 미만의 아이 중 25퍼센트, 전체 영아 중에서는 40퍼센트까지도 영아 산통이 발생한다고 알려져 있습니다.

진단 기준에 맞지 않더라도 갑자기 밤중에 달래지지 않는 울음을 터뜨리는 경우도 많기 때문에 실제로는 더 많은 가정이 아이의 울음으로 밤을 설치고 있다고 볼 수 있겠죠. 많은 전문가는 이 질환이 아기의 건강에 위해가 되는 문제보다도, 수개월간 지속되는 아기의 울음으로 가족 내에서 발생하는 갈등과 스트레스 상황을 걱정합니다.

생후 1개월 정도부터 시작하는 영아 산통은 애석하게도 명확한 원인이 밝혀지지 않았습니다. 그래서 치료 방법도 확실하게 나와 있지 않지요. 영아 산통의 특징을 살펴보면, 그 원인을 추측해 볼 수는 있습니다.

다행히도 영아 산통은 생후 3~4개월 정도 되면 스스로 나아집니다. 물론 3개월 정도 밤마다 아이를 달래야 하는 부모님, 특히 아기 울음소리에 더 예민한 엄마는 정말 악몽 같은 시간일 수도 있습니다만, '이 또한 지나간다.'라는 희망을 가질 수 있죠.

아기의 뱃속 가스

영아 산통이 어린 아기에게 잘 생긴다는 것은, 소화 기관의 미숙한 발달이 영아 산통의 원인임을 암시한다고 할 수 있습니다. 영아 산통을 겪는 아기는 보통 방구를 뿡 뀌고 울음을 그쳐요. 이 때문에 많은 전문가는 아기 장에 가스가 차면서 심한 복통을 느끼고 울기 시작한다고 생각합니다. 어른도 배에 가스가 차면 불편한 느낌이 들다가 심한 통증을 느끼기도 하죠. 그래도 어른은 배에 힘을 주면 가스가 배출된다는 것을 알지만, 아기들은 배에 힘을 주는 조절도 원활하지 않고 어떻게 해야 가스가 나오는지도 잘 모릅니다.

영아 산통을 어떻게 예방하는지 감이 조금 오지 않나요? 바로 아기가 공기를 많이 안 먹도록 해야 한다는 점입니다. 그렇다면 아기들은 어떨 때 가스를 많이 먹는 걸까요?

일단 아기는 많이 울면 배에 가스가 많이 찹니다. 병원에서 진료를 하다 보면 아기의 배 엑스레이 사진을 찍을 때가 많은데, 많이 울던 아기의 사진을 보면 위가 정말 풍선처럼 부풀어 있는 모습을 볼 수 있습니다. 과장을 조금 보태면 배의 절반이 위로 보이죠. 이렇게 울고 공기를 많이 먹은 아기는 트림을 통해 공기를 빼낼 수 있습니다.

하지만 충분한 트림이 있기 전에 수유가 시작된다면 미처 빠져 나오지 못한 공기가 장으로 내려가 복통을 일으키는 가스가 될 수 있습니다. 그래서 아기가 많이 울고 나서 수유를 시작하지 말고, 아기가 배고파하는 신호를 알아채고 많이 울기 전에 수유를 하는 것이 중요합니다. 그리고 아기가 편한 분위기에서 수유를 해야 울음이 나오지 않겠죠? 수유하는 환경은 항상 조용하고 편안한 분위기로 만들어 주고, 아기들은 부모님의 불편한 감정을 다 전달받기 때문에 편안한 마음을 가지고 수유할 수 있도록 마음의 준비도 필요합니다.

초보 부모 방탄 육아

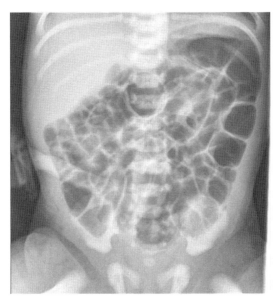

건강한 아기의 배 엑스레이 사진. 까만 부분이 모두 가스입니다. 정상이라도 가스가 무척 많다는 사실을 알 수 있습니다.

가스가 생기지 않는 수유 요령

수유를 할 때에도 주의가 필요합니다. 모유 수유를 하는 경우에는 엄마 젖을 무는 방법이 젖병과 달라서 아기들이 입안 가득 엄마 가슴을 물고 공기가 들어갈 새 없이 잘 먹습니다. 그래서 모유 수유를 하는 아기들은 트림을 안 시켜도 괜찮은 경우가 많죠. 연구에 따라 의견이 갈리기는 하지만, 이 이유 때문에 모유 먹는 아기들이 배앓이가 더 적게 생긴다는 주장도 있습니다.

입 모양

분유 수유를 하는 경우에는 아기가 공기를 잘 먹을 수 있기 때문에 몇 가지 주의가 필요합니다. 일단 아기가 젖병 끝을 물고 먹지 않고, 젖병 꼭지를 최대한 입술로 감싸듯 물고 먹는 것이 좋습니다. 아이가 꼭지 끝만 물고 빨수록 공기를 더 많이 먹을 수밖에 없기 때문입니다. 수유가 끝나고 트림을 잘 시켜 주는 것도 같은 이유로 중요하겠죠!

자세

수유를 하는 자세도 중요합니다. 일단 완전히 누운 자세에서 수유를 하면 안 됩니다. 어른들도 바로 누운 자세에서 물이나 음료를 마시면 기도로 잘못 넘어가는 경우가 쉽게 생기는데요. 아기들도 사례 들리거나 폐로 분유나 모유가 흡인될 수 있어 위험합니다. 먼저 아기의 머리가 몸보다 높은 자세를 만들어 주세요. 그리고 젖병을 너무 눕혀서 먹이면 젖병 속 공기를 아기가 함께 먹을 수 있기 때문에 적절한 각도를 유지하는 것이 중요합니다. 아기가 빨고 있는 젖병 꼭지에는 분유만 가득 차 있도록 각도 조절을 잘해 주세요.

분유 남기기

남은 분유를 아까워하면 안 됩니다. 고물가 시대에 분유 값도 정말 비싸고, 젖병에 남은 분유도 아깝다는 생각이 들기 마련인데요. 젖병에 남아 있는 분유를 보면 마지막 한 방울까지 아이가 잘 먹어 주면 좋겠다는 생각이 듭니다. 하지만 이 생각은 조금 위험할 수 있습니다. 젖병 바닥까지 분유를 먹이다 보면, 마지막 순간에 공기도 함께 먹게 됩니다. 그래서 분유를 원래 먹는 양보다 1~20밀리리터 정도 더 타고, 아기가 그만 먹고 싶어 할 때 수유를 중단하는 게 좋습니다.

원하는 만큼만

아기가 그만 먹고 싶어 할 때 수유를 중단하는 것은 굉장히 중요합니다. 제가 아기 수유 양을 설명할 때 항상 하는 이야기가 아이가 원하는 만큼 먹인다인데요. 아이가 먹는 양을 엄마아빠가 결정하여 배부른 아이에게 억지로 먹이거나, 아기가 다른 이유 때문에 우는데도 먹는 것으로 달래며 수유 양을 비정상적으로 늘린다면 이것 또한 배 앓이를 유발하는 안 좋은 습관입니다. 아기가 먹고 싶은 만큼만 먹이는 것은 아기 존중의 시작입니다.

젖병 꼭지

아기들이 젖병 수유를 하며 공기를 많이 먹게 되는 경우가 하나 더 있습니다. 바로 젖병 꼭지 단계를 잘 맞추지 못하였을 때인데요. 젖병을 구매해 본 분들은 알겠지만, 젖병 꼭지에는 단계가 있습니다. 단계가 올라갈수록 구멍이 커지면서 아이가 한 번 빨 때 먹는 양이 조절되는데요. 회사마다 조금씩 차이는 있지만 보통 아이의 월령별로 단계를 바꾸도록 안내되어 있습니다. 하지만 많은 부모님이 언제 단계를 올리는 것이 좋은지 잘 모릅니다.

단계가 낮아서 구멍이 작고 분유가 원하는 만큼 나오지 않는 젖병 꼭지로 수유를 하게 되면 아기들은 더 많이 먹고 싶어서 힘을 많이 주면서 먹습니다. 하지만 생각보다 많은 양이 나오지 않아 먹다가 지치기도 하고, 힘껏 빠는 과정에서 오히려 공기를 많이 먹기도 합니다. 이럴 때에는 다음 단계로 넘어가야 합니다.

반면에 아이의 상태보다 높은 단계의 젖병 꼭지를 사용한다면 한 입에 들어오는 분유 양이 아이가 감당하지 못할 정도로 많아집니다. 이러한 경우에는 사레가 들리기 쉽고 약간 헐떡이며 먹으면서 공기를 많이 먹기 쉬워집니다. 최근에 젖병 꼭지를 바꾸었는데 아이가 이렇게 힘들어하는 모습을 보이면, 이전 단계의 꼭지로 돌아가서 먹이는 것이 좋습니다.

배앓이 대처법

그렇다면 아이가 배앓이를 할 때 도움이 되는 방법은 무엇이 있을까요? 일단 위에서 설명한 배앓이 예방법을 꾸준히 하는 것이 중요합니다. 신생아가 집에 처음 올 때부터 아이가 배앓이를 할 때에도 같은 원칙으로 수유를 하는 것이 중요합니다.

아기가 우는 과정에서 공기를 많이 먹고 이 공기가 장으로 내려가 영아 산통을 겪게 되는 경우도 있기 때문에, 아이의 울음에 잘 대처하는 것도 중요한데요. 19쪽에서 살펴보았듯이, 부모님이 아기 울음에 동요하지 않고 차분한 마음으로 쪽쪽이 등을 활용하여 부드럽게 아이를 달래는 것 또한 배앓이를 예방하는 좋은 방법이 될 수 있습니다.

가스 빼주기

배 속에 가득 차 있는 가스를 빼 주는 것이 배앓이로 힘들어 하는 아이에게 도움이 됩니다. 양육자 분들이 해 주실 수 있는 1단계는 '엄마 손은 약손'입니다. 아기 배를 따뜻한 손으로 시계 방향으로 돌려 주세요. 2단계는 '무릎 돌리기'인데요. 아기를 하늘을 보고 눕게 하거나 안아 주신 상태에서 양쪽 발을 잡고 무릎을 굽히고, 무릎이 배에 닿도록 양쪽 다리를 올리거나 돌려 주시면 장의 운동을 자극하여 가스 배출을 돕습니다.

분유 함부로 바꾸지 않기

분유를 쉽게 바꾸는 분들도 있습니다. 분유 종류에 아이들의 소화기관이 반응을 하여 효과를 보는 경우도 간혹 있지만, 대부분의 경우에는 분유를 바꾼다고 배앓이가 멈추진 않습니다. 오히려 분유에 예민한 친구들은 수유를 거부할 수도 있고, 잘 먹는 분유가 있는데 남들이 좋다는 분유로 섣불리 바꿨다 없던 배앓이가 생기는 경우도 있죠.

아이가 아픈 것은 아닐까 걱정되어 우유 알레르기를 예방하는 특수 분유를 먹는 경우가 있는데, 정말 우유 알레르기가 있는 게 아니라면 이것 또한 추천하지 않는 방법입니다. 우유 알레르기의 경우 설사를 하거나 혈변을 보고 아기가 제대로 성장하지 않는 증상이 동반되는데, 전형적인 영아 산통은 알레르기와 연관성이 없기 때문에 특수 분유를 먹는다고 해결이 되지 않습니다. 단, 방금 설명한 우유 알레르기 증상이 나타난다면 꼭 소아과에 방문해서 상담을 받으세요!

유산균의 효과는 확실하지 않다

유산균(프로바이오틱스)을 먹이기 시작하는 경우에도 주의해야 합니다. 요즘 유산균 제제들이 여러 효능이 있다는 연구 결과가 나오고 있는 것이 사실입니다. 하지만 과도한 마케팅으로 인해 너무 부풀려진 측면이 있어 한번 더 생각해 보고 주어야 합니다.

프로바이오틱스의 효능에 대해서는 이론적인 측면은 많이 연구되었지만, 실제로 어떤 질환이 있을 때 투여해서 어느 정도의 효과를 얻었다는 연구가 아직 부족합니다. 영아 산통에 대한 프로바이오틱스

연구도 소규모 연구에서는 도움이 될 수 있다는 결과도 있지만, 대규모 연구에서는 특별한 효과를 보지 못했다는 연구가 있어 전문가들 사이에서 프로바이오틱스를 배앓이 치료로 먹이는 것이 좋을지에 대한 의견은 갈립니다. 그래서 '이것만 먹으면 배앓이가 마법처럼 사라질 것이다!'라는 광고에 속지 마시고, 그런 기대도 하지 않는 것이 좋습니다.

배앓이를 마법처럼 뿅 하고 낫게 하는 방법은 없습니다. 하지만 아기에게 해가 가지도 않고 시간이 지나면 사라진다는 희망이 있기도 합니다. 제대로 알고 마음의 준비를 한다면 아이가 달래지지 않을 때 최대한 평정심을 가질 수 있습니다. 안타깝지만 원래 육아는 도를 닦는 마음으로 하는 것이죠. 아이가 배앓이를 시작했다면, 더 힘내고 백일의 기적까지 기다려 보아요!

카시트
꼭 태워야 합니다

핵심 먼저!

0~6세 아이들이 사고에서 사망하는 가장 주된 원인이 교통사고예요. 카시트는 선택이 아니라 필수입니다.

"내가 우리 애 태우고 운전하는데 설마 사고를 내겠습니까?"

자동차에 카시트를 설치하지 않고 아이를 태우는 부모님을 교육할 때 진료실에서 가장 많이 듣는 대답입니다. 이런 이야기를 듣고 있으면 가슴이 먹먹해지고, 아이에게 사고가 나지 않기를 기도하는 마음뿐입니다. 자동차 사고는 정말 운전자가 조심하면 100퍼센트 피할 수 있을까요?

교통사고 전문 변호사로 유명한 한문철 변호사는 직접 운전을 하지 않는다고 합니다. 본인이 아무리 조심하더라도 절대 피할 수 없는 사고가 있다는 것을 누구보다 잘 알기 때문입니다. 이 마음은 저도 마찬가지입니다. 응급실에서 수도 없이 많은 교통사고 환자를 만나 보면서 느꼈던 점은, '그 누구의 잘못이든 잘못이 아니든, 사고가 날 수 있구나.'라는 사실입니다. 자동차를 타는 이상 과연 100퍼센트 안전한 사람이 있기는 한 걸까요?

가끔 운전을 하다 보면 정말 놀라운 장면을 목격할 때가 있습니다. 아기를 품에 안고 운전을 하거나, 아이가 차량 시트 위에 앉아서 창문 밖으로 고개와 손을 내밀고 장난을 치는 모습입니다. 아이에게 카시트를 해야 안전하다는 사실은 많은 분이 알고 있을 텐데, 왜 아직도 그런 부모님이 많을까요?

2018년 한국소비자원에서 발표한 우리나라의 카시트 사용률은 50~60퍼센트에 불과해, 카시트 사용률이 90퍼센트가 넘는 선진국에 비하면 아직도 카시트를 사용하지 않는 가정이 매우 많습니다. '영유아 건강검진'에서 만 12세까지 아이들에게 카시트 등 적절한 안전장치를 반드시 제공하라고 교육하는 것은 차치하더라도, 우리나라는 도로교통법상 "만 6세 미만의 아이에게 카시트 등의 안전장치를 제대로 해 주지 않는 경우 운전자가 처벌"을 받도록 되어 있습니다. 그런데도 교통사고로 응급실을 내원한 6세 미만의 아이 중 31퍼센트만이 카시트를 하였고, 그중 12개월 이하의 아이도 36.5퍼센트만이 카시트를 착용했다는 통계를 보면 우리 사회가 얼마나 안전 불감증에 걸려 있는지 알 수 있습니다.

아이들을 카시트에 앉히지 않는 이유는 안전 불감증 이외에도 여러 가지가 있을 것입니다. 카시트의 필요성 자체를 모르는 분도 있고, 아이가 카시트를 거부해 포기한 분도 있죠. 본인도 안전벨트를 잘 하지 않기 때문에 카시트에 앉는 것을 아기가 답답해할 것이라고 생각하는 분도 있습니다. 아기들의 안전을 교육해야 하는 소아과 의사의 입장에서는 참으로 답답한 일이 아닐 수 없습니다.

통계청에서 발표한 2022년도 어린이 사고 사망원인을 살펴보면, 0~9세 사이의 아이들이 사고에서 사망하는 가장 주된 원인이 운수 사고, 즉 교통사고입니다. 교통사고는 아이들이 겪는 가장 흔한 사고 유형이 아님에도 사망하는 아이들이 많다는 것은, 아이들이 교통사고가 발생했을 때 사망할 가능성이 높다는 것을 보여 줍니다.

이렇게 무서운 교통사고를 예방하기 위해서 제가 항상 강조하는 것이 카시트입니다. 카시트를 사용하면 사고 위험이 71~82퍼센트까지 감소하고 사고 사망률은 27퍼센트 감소한다는 보고가 있어, 아이들의 안전을 담당하는 국토교통부, 보건복지부, 소아과의사회 등은 카시트를 강조합니다. 또한 선진국일수록 아이들의 카시트 사용을 더 강하게 권고하고 있죠. 하지만 이런 통계 수치로는 잘 와 닿지 않는 분들이 많아, 아이들이 카시트를 하지 않은 상태에서 교통사고가 발생하면 어떤 일이 일어나는지 설명하겠습니다.

카시트가 없다면

신생아를 데리고 차를 탄다면 아기를 안고 타실 겁니다. 이런 상태에서 교통사고가 발생하면 아기를 안고 있는 사람의 팔 힘으로는 사고의 충격을 견디기 어렵습니다. 그렇기 때문에 아기가 보호자로부터 튕겨 나가 최악의 경우 차량 밖으로 나갑니다. 그렇게 되면 아기가 생존하기 매우 어렵겠죠. 조금 큰 아이라도 카시트나 안전벨트를 하지 않는다면 같은 이유로 튕겨져 나가 위험에 처합니다.

운이 좋아 보호자가 안고 있는 아기를 놓치지 않는다고 하더라도, 사고 순간 사람의 몸은 앞쪽으로 쏠리기 때문에 아기가 보호자의 에어백 역할을 하게 됩니다. 그 작은 아기가 차량과 어른 사이에 끼면서 매우 큰 충격을 받는 거죠.

영유아가 카시트 없이 안전벨트만 매는 것은 안전하지 않을까요? 정답은 "안전하지 않습니다!" 아직 앉은키가 작은 영유아는 특별한 장치 없이 성인이 사용하는 안전벨트를 착용할 경우 안전벨트의 높이가 목으로 오는 경우가 있습니다. 이런 경우 사고가 발생하면 안전벨트가 아이의 목을 조르게 되어 목뼈와 척수 신경의 손상으로 큰 부상이나 사망을 야기할 수 있습니다.

아이를 앞자리에 앉히는 경우도 매우 위험합니다. 이런 경우 아기가 앞유리를 통해 차량 밖으로 튕겨져 나갈 확률이 올라갈 뿐 아니라, 차량 앞부분에서 터져 나오는 에어백으로 인해 부상을 입을 확률도 있습니다. 그렇기 때문에 카시트 설치는 뒷좌석에 하는 것을 원칙으로 합니다.

그리고 어린아이일수록 몸에서 머리가 큰 비율을 가지고 있고 그에 비해 목의 힘은 약하기 때문에 목과 머리를 보호해 주는 추가적인 장치가 필요합니다. 그렇지 않다면 교통사고가 발생했을 때 머리가 흔들리는 충격을 아이가 버티기가 힘들고, 실제로 아이들이 교통사고로 부상을 당했을 때 머리에 손상을 받는 경우가 굉장히 흔합니다.

카시트 사용 요령

카시트를 하지 않은 상태에서 교통사고가 발생한다면 이렇게 무서운 결과를 초래할 수 있습니다. 그렇기 때문에 올바른 방법으로 카시트를 하는 것이 영유아의 안전을 위해 굉장히 중요합니다. 올바르게 카시트를 사용하려면 어떻게 해야 할까요?

카시트는 병원에서 출생하여 조리원이나 집에 가는 첫 순간부터 사용해야 합니다. 이때 카시트는 아기가 꼭 들어맞는 크기가 좋은데, 간혹 아기보다 카시트가 조금 더 큰 경우가 있습니다. 이러면 아기가 카시트 안의 공간에서 불안정한 모습을 보이기도 하는데 이럴 때는 기저귀나 수건 등을 이용하여 아이가 카시트에 꼭 맞도록 앉혀 주면 됩니다. 카시트의 안전벨트도 아이에게 꼭 맞게 조여 줘야 합니다. 조금의 틈이라도 있으면 사고가 발생했을 때 아기가 카시트에서 빠져나오는 원인이 됩니다.

그리고 어린아이일수록 뒤 보기를 강조합니다. 뒤 보기란 차에 탔을 때 어른이 보는 앞쪽을 아이가 보고 타는 것이 아니라, 그 반대 방향으로 타는 것을 말합니다. 앞에서 말했듯이 아이들은 머리가 무겁고 목이 약하기 때문에 사고가 발생하면 목이 앞쪽으로 쏠리면서 머리와 목에 부상이 생기기 쉽습니다. 그렇기 때문에 뒤를 보고 앉아야 사고가 발생하더라도 머리가 차량의 앞쪽으로 쏠리는 것을 카시트가 막아 줄 수 있습니다.

아이가 답답해하고 멀미를 할 수 있다는 오해가 있어 방향을 앞으로 돌리는 분도 있지만, 우리나라에서는 아이 체중이 10~13킬로그램이 될 때까지는 뒤 보기를 할 것을 권고합니다. 하지만 미국 소아과학회의 지침에 따르면 만 4세까지 뒤 보기를 하라고 권고하고 있어, 카시트와 차량의 크기가 허락하는 한 최대한 오래 뒤 보기를 할 것을 추천합니다.

카시트를 하는 데 있어서 가장 중요한 것은 부모님의 마음가짐입니다. 차를 탈 때는 당연히 카시트에 앉는다는 마음가짐을 가지고 아이와 타협을 하지 않는 것이 중요한데요. 신생아 시기에는 아기의 대근육 발달이나 인지 발달이 많이 이루어지지 않아 카시트에 앉히는 것이 왜 힘들다고 하는지 이해가 되지 않을 수도 있습니다. 하지만 날이 갈수록 아이가 카시트에 앉기 싫어하는 경우가 생기는데, 이럴 때 가장 중요한 것이 부모님의 단호함입니다. 아이가 카시트에서만 할 수 있는 장난감이나 간식을 동원해서라도, 카시트에 앉는 것이 당연하다는 것을 아이에게 꼭 교육해 주세요. 그렇다면 아이는 더 커서도 카시트에 자연스레 앉아 있게 됩니다.

아기가 타고 있는 차량에서 발생하는 교통사고는 누구도 바라지 않는 상황입니다. 특히 부모님의 입장에서는 상상하기도 싫은 상황이죠. 하지만 이 한마디를 꼭 기억하기 바랍니다. "교통사고의 순간에 우리 아이를 지켜 주는 것은 '아이가 타고 있어요' 스티커가 아니라 카시트입니다."

안전하게 재우기, 영아 돌연사 증후군

핵심 먼저!

누워서 자고, 엎드려 놀기. 일곱 가지 요령을 기억하세요.

제가 예언을 하나 해 보겠습니다. 지금 이 글을 읽고 있는 분이 아이를 키우고 있다면 한 번쯤 이 행동을 해 보았을 것이고, 아이가 태어날 예정인 분은 무조건 이 행동을 할 거예요. 바로 아이가 잘 때 살아 있나 생존 여부를 확인하는 것입니다.

아이 키워 본 분은 모두 공감할 텐데요. 아이가 자는 모습은 천사같이 예쁘지만, 인형같이 가만히 자고 있는 아이를 보면 정말 살아 있는 것이 맞는지 갑자기 걱정이 되고는 하죠. 이건 신생아를 보는 초보 부모님의 불안감에서 나오는 행동일지도 모르지만, 저는 이 불안감 자체가 인류가 살아 오면서 가지게 된 진화의 산물은 아닐까 하는 생각도 합니다. 왜냐하면 신생아 시기 아기들은 정말로 자다가 아무 이유

없이 사망하는 경우가 있기 때문이죠. 그렇게 사망하는 아이의 수가 생각보다 적지 않기 때문에, 이러한 죽음을 부르는 의학 용어도 있습니다.

평소에 건강하던 1세 미만의 아기가 수면 중에 갑자기 사망하여 그 원인을 찾지 못한 것을 '영아 돌연사 증후군'이라고 합니다. 건강하던 아이가 갑자기 사망한다니 부모님 입장에서는 상상하기도 싫은 일이지만, 미국에서는 연간 3,000명 이상의 아이가 자던 중 갑자기 사망한다고 하니 정말 주의해야 하는 질환이 아닐 수 없습니다.

의학계에서는 이 문제에 대한 심각성을 느끼고 영아 돌연사 증후군을 예방하기 위한 '아기들의 안전한 잠자리' 캠페인을 꾸준히 진행 중입니다. 캠페인의 효과가 꽤 좋아서 영아 돌연사 증후군으로 인한 영아 사망률을 점점 낮추고 있습니다. 영아 사망률이 OECD 평균에 비해서 훨씬 낮은 나라인 우리나라에서는 영아 돌연사 증후군으로 인한 사망률도 낮은 편이지만 그래도 전체 영아 사망 중 7퍼센트 정도, 일년에 40명이 넘는 아기가 이 질환으로 사망하고 있습니다.

누워서 자고, 엎드려 놀기

1990년대 이후 미국의 소아과학회에서는 영아 돌연사 증후군의 예방법을 알리는 캠페인을 시작합니다. 그 이름은 "누워서 자고, 엎드려서 놀아라(Back to sleep, Tummy to play)."인데요. 지금부터 아기들에게 안전한 잠자리를 선물해 준 이 캠페인의 내용을 알아보겠습니다.

① 꼭 눕혀서 재우자

"누워서 재우는 것"이 영아 돌연사를 막는 가장 기본적인 방법입니다. 말 그대로 아기가 하늘을 보고 등을 바닥에 대고 똑바로 누워서 자게 하는 것인데요. 아기는 보통 엎드린 자세로 자야 더 푹 자기 때문에 엎드려 재우는 분이 많지만, 아기가 하늘을 보고 자는 것이 안전한 이유가 몇 가지가 있습니다.

우선 아기는 엎드려 잘 때 '너무 깊이' 잔다는 것이 첫 번째 이유입니다. 많은 전문가가 생각하는 영아 돌연사 증후군의 원인 중 하나는 "아기들은 숨이 막히더라도 숨을 몰아쉬지 못한다."라는 것인데요. 이건 뇌에서 호흡을 조절하는 부위가 미숙하기 때문이라고 추정됩니다. 큰 소아나 성인은 숨이 막히거나 숨이 차면 몸속에 이산화탄소가 쌓이고 우리 뇌는 이것을 감지하여 숨을 몰아쉬도록 조절합니다. 하지만 아기들은 이 기능이 미숙하기 때문에 너무 깊이 잠들게 되는 경우 숨을 몰아쉬지 못하죠.

그리고 아기들이 엎드린 자세에서는 자칫 바닥이나 이불, 다른 물체에 입과 코가 막히는 경우가 많습니다. 이때 아기들은 숨을 쉬기 좋은 자세로 몸을 돌리기 어렵기 때문에, 질식이 일어나기 쉬운 상황이 만들어집니다.

"아기가 혼자 뒤집으면 어떻게 하나요?"라는 질문은 아기를 눕혀 재우라고 말씀을 드릴 때 가장 많이 듣는 질문입니다. 정답은 "알아서 뒤집을 수 있다면 그냥 놔두시면 된다."입니다. 아기가 뒤집기나 되집기를 하게 되어 자는 도중 알아서 엎드린다면, 아기가 필요할 때 스스로 자세를 돌릴 수 있기 때문에 억지로 눕힐 필요는 없습니다. 다만 처음 재울 때에는 눕혀서 재워야 한다는 사실을 꼭 기억하길 바랍니다.

② 평평하고 단단한 바닥에서 재우자

어른들은 푹신한 침대와 이불을 좋아하는 경우가 많기 때문에 아기도 그런 환경이 더 편할 것이라 생각합니다. 그래서 소파나 쿠션 위에서 재우는 경우도 많죠. 하지만 이렇게 아기를 재우는 것은 대단히 위험합니다.

아주 푹신한 소파나 의자에 처음 앉을 때의 느낌을 기억하나요? 아주 푹신한 곳에 몸이 쑥 들어갈 때 숨이 턱 하고 막히는 느낌이 들어 깜짝 놀라고는 합니다. 아기도 너무 푹신한 곳에서는 오히려 숨을 쉬기 어려울 수 있죠.

푹신한 침대나 이불을 사용할 때 모서리 부분도 굉장히 푹신하다는 것 역시 위험 요소입니다. 아직 굴러다니지 못하는 신생아도 꿈틀거리면서 잠자리 위치를 이동할 수 있는데, 이렇게 잠자리의 구석까지 이동하였다가 푹신한 곳에 끼는 사고가 발생할 수 있습니다. 잠자리의 모서리에 아기가 끼고 빠지는 사고가 발생한다면, 그 사고로 아기가 사망에 이를 수도 있죠. 이 때문에 아기 잠자리를 준비할 때에는 벽이나 울타리에 매트리스를 딱 맞게 설치하는 것이 중요합니다.

평평한 바닥에서 재우는 것이 중요하다는 사실은 최근 쿠션 위에서 아기를 재우는 일이 늘어나면서 더욱 강조되고 있습니다. 아기는 10도 정도의 낮은 경사라도 미끄러져 내려오거나 구르기 쉬워 낙상이나 끼임 사고가 발생할 수 있습니다. 하지만 최근 역류를 방지한다는 이유로 아이가 조금 서 있는 자세에서 잠을 자도록 도와주는 쿠션이 인기인데요. 이 쿠션은 역류를 방지하는 효과가 거의 없을뿐더러 아기의 수면 안전을 위협하기 때문에 소아과 의사로서 사용을 추천하지 않습니다.

③ 잠자는 방은 같이, 잠자리는 따로

영아 돌연사 증후군의 예방을 위해서는 최소한 6개월 이후까지 한 방에서 부모님이 같이 자는 것을 추천합니다. 정확한 이유는 밝혀지지 않았지만, 부모님과 같은 방에서 자는 아기는 영아 돌연사 증후군이 발생할 확률이 낮다는 통계학적인 근거가 있습니다. 그래서 아이의 독립심을 키워 준다는 이유로 너무 이른 시기부터 아기가 혼자 잠을 자는 독립 수면을 하는 것은 추천하지 않습니다.

하지만 아기와 같은 방에서 잔다고 모든 가족이 한 침대에서 자는 것은 오히려 위험할 수 있습니다. 어른이나 더 큰 아이는 자면서 굴러다니고 뒤척이기 때문에 이 과정에서 아기의 숨을 막는 경우가 있고, 결국 아기가 사망까지 이를 수 있다고 합니다. 그렇기 때문에 아기는 따로 침대를 마련하거나 조금 떨어진 곳에서 자는 것이 좋습니다.

④ 아기 잠자리 주변에는 아무것도 없게

아기 베개를 사용해야 좋다고 생각하는 분이 많죠? 하지만 이건 위험한 생각입니다. 아기 고개가 앞으로 숙여진다면 아기들은 숨을 쉬기 어렵고, 어린 아기일수록 이 상황에서 탈출하기 어렵기 때문에 질식이 일어나기 쉽습니다. 이건 비단 아이만의 문제가 아닙니다. 지금 읽고 있는 책을 잠깐 내려놓고 고개를 앞으로 숙여 턱을 목에 대 보세요. 어른도 숨이 막힐 겁니다. 따라서 아기는 베개를 절대 사용하면 안 됩니다!

아기를 눕혀서 재우고 베개도 사용하지 말고 단단한 바닥에서 재우라니, 아기의 두상이 눌릴까 봐 걱정될 수 있습니다. 그래서 이 캠페인의 제목에 "엎드려서 놀아라."라는 말이 있습니다. 아기가 깨어 있을 때 엎드려 노는 터미타임(tummy time)은 두상이 눌리는 것을 방지하고 운동 발달을 촉진하는 좋은 방법입니다. (113쪽 참고) 터미타임은 신생아 시기부터 할 수 있는데요. 아기가 고개를 버틸 수 있는 동안 하면 됩니다. 한 가지 주의할 점은 아기 배가 눌려 수유 직후에 하면 토를 할 수 있으니, 수유 30분에서 한 시간 전에 하는 것이 좋습니다.

아기 주변에 쿠션, 이불, 인형 등을 가져다 놓는 것도 위험한데요. 앞에서도 말했지만 아직 굴러다니지 못하는 아기라도 꿈틀대는 것은 아주 잘합니다. 이런 아기 주변에 쿠션, 인형 등이 있다면 넘어지며 아기 얼굴을 가릴 수 있고, 이불을 덮고 있다면 아기가 의도치 않게 이불을 얼굴로 끌어올려 숨이 막힐 수도 있어요. 그런데 아기는 숨이 막혀도 그 상황에서 빠져나오지 못한다는 사실, 이제 잘 아시겠죠?

⑤ 아기 잠자리는 선선하게

아기가 이불을 사용하면 안 되는 또 한 가지 이유가 있습니다. 바로 아기가 너무 더운 곳에서 잘 경우 영아 돌연사 증후군의 가능성이 높아지기 때문인데요.

아기는 생각보다 시원한 곳에서 자고 생활하는 것이 좋습니다. 그래서 22도 전후의 온도로 조절해 주라고 말씀을 드리는데요. 이 온도는 어른이 실내복을 입을 때 살짝 시원한 정도입니다. 어른이 시원한 온도라도 아기는 보통 긴팔 긴바지를 입고 있기 때문에 추위를 별로 느끼지 못하고, 22도보다 조금 낮아 살짝 추운 정도라도 수면 조끼 등을 입혀 주는 것만으로 충분히 따뜻함을 느낄 수 있습니다.

아기는 춥지 않더라도 손발이 차가울 수 있습니다. 반대로 말하면 아기의 손발이 차갑다고 해서 무조건 추운 상태는 아니라는 것입니다. 아기는 체온을 조절하는 능력이 미숙하기 때문에 심장에서 먼 손과 발은 상대적으로 쉽게 차가워집니다. 그래서 옷을 따뜻하게 입어서 몸 안쪽과 머리는 따뜻하고 땀도 살짝 나는데, 손발은 차가운 경우도 있죠.

그렇기 때문에 아기가 너무 추운 상태가 아닌지 확인하는 방법은 손발이 아니라 다른 곳을 보아야 합니다. 바로 옷 안쪽의 온도와 입술 색깔입니다. 아기가 정말 추운 상태라면 옷 안쪽이 차갑고 입술도 파래지는 증상이 나타날 것입니다. 이때는 방이 너무 추운 상태일 수 있으니 온도를 높여 주어야 하겠지요. 하지만 손발이 차갑다는 이유로 아기 방의 온도를 마구 올린다면, 오히려 아기에게 위험할 수 있다는 사실을 꼭 기억하세요!

⑥ 모유 수유와 공갈 젖꼭지가 도움이 됩니다

정확한 기전은 밝혀지지 않았지만, 모유 수유는 영아 돌연사 증후군을 예방하는 데도 도움이 됩니다. 모유 수유는 이 점 이외에도 여러 가지로 이점이 있어서 많은 전문가가 권장하고 있는데요. 하지만 어떤 수유 방법을 선택할지는 고려해야 할 현실의 문제들이 여럿 있기 때문에, 이 문제에 대해서는 99쪽에서 더 자세히 다뤄 보도록 하겠습니다.

그리고 아기가 잘 때 공갈 젖꼭지를 물고 자는 것이 돌연사를 예방하는 방법 중 하나입니다. 이 사실을 아는 분 중에는, 아기가 잠들 때 잘 물고 있던 공갈 젖꼭지를 놓치면 불안해하며 다시 물려 주는 경우도 있습니다. 자다 놓치는 것을 막기 위해 묶어 두거나 테이프로 붙여 고정하기도 하고요. 하지만 이는 오히려 질식을 유발할 수 있어 위험합니다. 공갈 젖꼭지는 처음에 잠들 때에만 사용하면 충분하고, 아기가 잠든 후라면 더 이상 물려 주지 않아도 됩니다.

⑦ 금연하세요

안전한 잠자리를 위한 마지막 방법은 바로 금연입니다. 흡연이 아기의 건강에 좋지 않다는 사실은 다들 아실 겁니다. 하지만 많은 부모님이 아직 모르는 내용은, 담배 연기로 인해 아기가 수면 중 사망할 확률이 올라간다는 사실인데요. 충격적인 것은 연기를 직접 들이마시는 간접흡연뿐 아니라, 밖에서 담배를 피우고 들어올 때 몸에 묻어서 들어오는 담배 속 화학물질도 아기의 폐에 치명적이라는 사실입니다. 그래서 저는 아기가 있는 집에 가면 이런 이야기를 꼭 합니다.

"부모가 아기에게 줄 수 있는 가장 좋은 선물 중에 하나는 금연입니다."

하지만 담배를 단번에 끊기란 절대 쉬운 일이 아닙니다. 담배를 끊지 못하더라도 대안책이나마 아기를 위해 할 수 있는 일이 있는데요. 바로 아기 방에 들어가고 아기를 만지기 전에, 담배를 피울 때 입었던 옷을 갈아입고 손을 깨끗이 씻는 것입니다. 아기를 위한 최소한의 매너라고 생각하면 좋겠습니다. 이렇게 조심하는 것은 양육자라면 당연히 하는 노력이지만, 아기를 보기 위해 집에 방문하는 손님 중에 흡연자가 있다면 이런 정보를 미리 알려 주는 것도 좋습니다.

아기의 안전한 잠자리를 위한 여러 가지 주의할 점을 자세하게 설명했는데요. 제가 영아 돌연사 증후군의 예방법을 강조하는 이유는, 건강하던 아기가 자다가 사망하는 충격적인 상황을 직접 목격하고 직접 사망 선언을 내려야 했던 경험이 몇 차례 있었기 때문입니다. 위험한 잠자리에서 아기를 구해야 한다는 생각으로 열심히 교육을 하고 있지만, 교육 내용이 잘 전달되기가 어려운 것도 사실입니다.

하지만 앞에서 말한 아기 잠자리 규칙을 통해 영아 돌연사 증후군 발생이 확실히 줄어들고 있습니다. 아기를 돌보는 분이라면 이 내용을 함께 공유해서 우리 아기가 조금 더 안전한 환경에서 자랄 수 있도록 하면 좋겠습니다.

'영아 돌연사 증후군' 영상으로 알아보기

고관절 빠진 건 아닌가요?
진료실 단골 질문

핵심 먼저!

발달성 고관절 이형성증의 의심 증상이 몇 가지 있어요. 응급실에 갈 필요는 없으니까, 병원에 들러서 진료를 받아 보세요. 포대기나 힙시트가 예방에 도움이 되어요.

아이를 돌보다 보면 하루에도 여러 번 반드시 해야 하는 것이 바로 기저귀 갈아 주기죠. 신생아의 기저귀를 갈아 주다 보면 깜짝 놀라는 순간이 있는데, 아기 다리를 들 때 뚝 소리가 나는 순간입니다. 이 소리는 아기 관절에서 나는 소리여서, 아기들이 통증을 느끼거나 문제가 생기는 경우는 거의 없는데요. 그래도 부모님 입장에서는 '혹시 다리뼈가 빠진 건 아니야?'라는 걱정이 들기 마련입니다.

부모님들이 이렇게 걱정하는 이유는 허벅지 뼈가 골반 뼈에서 빠지는 고관절 탈구라는 질환이 실제로 존재하고, 어디선가 이 이야기를 들어보았기 때문일 것입니다. 이렇게 관절에서 소리가 났을 때가 아니더라도 '허벅지 주름이 비대칭이면 고관절 탈구일 가능성이 높다.'

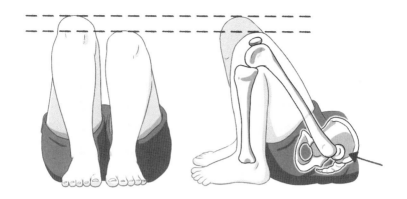

라는 이야기도 많은 분이 알고 있어서, 아기의 고관절이 괜찮은 상태인지 병원에 확인받으러 오는 분들이 정말 많습니다.

사람의 허벅지 뼈와 골반 뼈는 구상관절(ball and socket joint)이라는 구조로 되어 있습니다. 허벅지 뼈의 위쪽 끝은 공과 같은 모양이고, 그 허벅지 뼈가 골반에 닿는 부분은 마치 손바닥으로 반대쪽 주먹을 감싸는 것과 같은 모양으로 되어 있는데요. 이 구조 덕분에 다리뼈가 자유롭게 회전하여 걸어 다닐 수 있지만, 한편으로는 안정성이 떨어져 골반에서 허벅지 뼈가 빠질 수 있습니다. 허벅지 뼈가 골반 뼈에서 빠지지 않게 하기 위해 고관절은 여러 겹의 단단한 구조로 감싸여 있습니다. 문제는 이 구조가 제대로 형성되지 않았거나 관절의 구조가 아직 자리 잡히지 않은 신생아와 어린 소아의 경우 고관절에 문제가 생길 수 있다는 점입니다.

예전에는 이제 막 태어난 신생아에게 고관절 탈구가 발견되는 경우가 많아 선천성 질환으로 생각되었습니다. 그래서 이름도 '선천성 고관절 탈구'라고 불렸죠. 그런데 꼭 선천적인 이유가 아니더라도 아이가 자라면서 고관절 탈구가 생기는 경우도 발견되었고, 허벅지 뼈가 완전히 빠지는 것이 아니라 부분적으로 빠지는 경우, 빠졌다 들어갔다를 반복하는 경우 등 여러 가지 상태가 발생할 수 있다는 것이 밝혀졌습니다. 이제는 이렇게 고관절이 불안정한 질환을 통틀어 '발달성 고관절 이형성증'이라고 부릅니다.

골반과 다리의 기능이 잘 발휘되는 시기는 아기가 걷기 시작하고 나서입니다. 그래서 발달성 고관절 이형성증이 발생했다고 당장은 문제가 되지 않을 수 있는데요. 문제는 아이가 돌이 지나고 걷기 시작하는 시기가 오면, 고관절 이상 때문에 아이의 다리가 비대칭이 되면서 다리를 절거나 오리걸음같이 이상한 걸음으로 걸을 수 있습니다. 나이가 많을수록 치료가 어려워지기 때문에 이른 나이에 발견하고 발생을 예방하는 것이 중요합니다.

고관절 이형성증 눈치 채기

발달성 고관절 이형성증을 집에서 의심할 수 있는 증상 중 가장 유명한 것은 바로 허벅지 주름의 비대칭 현상입니다. 이는 한쪽 허벅지 뼈가 빠진 경우 위치가 틀어지면서 양쪽 다리에 비대칭이 생기기 때문에 발생하는데, 그 비대칭 증상 중 하나로 양쪽 허벅지의 주름 위치가 다를 수 있습니다. 그리고 허벅지뿐 아니라 엉덩이와 서혜부까지 이어지는 주름도 비대칭일 수 있죠. 하지만 이런 피부 주름의 비대칭만으로는 고관절의 이상을 확진할 수 없는데요. 고관절에 이상이 없

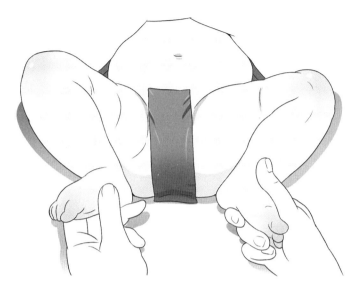

자세히 보면 양쪽 무릎의 위치가 다릅니다.

는 신생아라도 4분의 1 정도는 양쪽 다리의 주름이 비대칭일 수 있기 때문입니다.

피부의 주름보다 고관절의 이상을 잘 보여 주는 증상이 있습니다. 바로 양쪽 다리 움직임의 비대칭입니다. 기저귀를 갈 때 한쪽 다리는 유연하게 잘 벌어지는데 다른 쪽 다리는 움직임이 제한되어 양쪽 다리의 유연성에 차이가 크다면 고관절 이상을 의심해 볼 수 있습니다.

기저귀를 갈 때 확인해 볼 수 있는 한 가지 방법이 더 있는데요. 아이를 똑바로 눕히고 윗몸일으키기 자세처럼 양쪽 무릎은 굽히고 발바닥을 땅에 붙였을 때, 무릎 높이를 비교하는 겁니다. 한쪽 고관절에 탈구가 있는 경우에는 위의 그림처럼 양쪽 무릎의 높이가 다르게 보입니다.

병원에서 진단하기

이렇게 의심이 되는 증상이 있다면 병원에서 진료를 받는 것이 좋은데, 바로 응급실로 달려갈 필요는 없고 다른 질환으로 병원에 가거나 예방 접종을 할 때 물어보아도 괜찮습니다. 가장 좋은 방법은 '신생아 영유아 건강검진'을 받으면서 확인하는 것입니다.

집에서 진단하는 것의 가장 큰 한계는, 고관절 이형성증이 있는 아이 중 3분의 1 이상은 양쪽이 동시에 발생하기 때문인데요. 위에서 설명한 방법은 양쪽 다리가 비대칭인 경우에만 알아볼 수 있고, 양쪽 모두 이상이 있다면 오히려 대칭으로 보이기 때문에 이상이 있다고 생각되지 않는 경우가 많습니다. 그렇기 때문에 이제 막 태어난 아기가 신생아실에 있거나 신생아 영유아 건강검진을 받으러 가는 경우, 위의 증상이 없다고 하더라도 고관절 진찰을 통해 숨겨진 이상은 없는지 확인해 보게 됩니다.

불안정한 고관절의 원인

선천적으로 고관절에 불안정성이 생기는 원인은 유전적인 요인과 가족력이 있습니다. 가족 중에 발달성 고관절 이형성증이 있었던 경우에 아기에게도 발생할 가능성이 높습니다. 그리고 특이하게 여자 아이들에게 더 많이 발생한다는 특징이 있죠.

또한 엄마 배 속에 있을 때의 환경도 영향을 주는데요. 양수가 부족한 양수 과소증이 있던 경우나, 만삭에 머리가 아래쪽으로 향하는 것이 아니라 엉덩이가 아래로 향하는 둔위로 있었던 아기의 경우 고관절 이형성증이 더 잘 생긴다고 알려져 있습니다.

아기가 태어나서도 자세에 따라서 고관절의 안정성이 영향을 받을 수 있습니다. 우리가 흔히 아기에게 해 주지만 실제로는 아기들의 고관절 건강에 좋지 않은 자세가 있는데요. 그것은 놀랍게도 쭉쭉이 자세입니다! 아기 키가 잘 자라기를 기원하면서 아기의 다리를 쭉 뻗어 주는 쭉쭉이 마사지는 실제로는 키 성장에 도움이 되지 않을뿐더러, 허벅지의 위쪽이 골반의 바깥쪽으로 틀어지며 고관절 탈구를 유발할 수 있습니다.

반대로 고관절 건강에 좋은 자세도 있는데요. 바로 어르신들이 아기를 돌볼 때 사용하던 포대기로 아기를 업는 자세입니다. 아기를 포대기로 업게 되면 아기 다리와 엉덩이 모양은 개구리 다리처럼 됩니다. 이렇게 엉덩이와 다리가 엠(M) 자가 만들어지는 자세가 아기의 고관절을 안정하는 자세이고, 이때 엉덩이와 무릎을 함께 받쳐 주는 것이 중요합니다. 아기가 6개월이 될 때까지는 이 자세를 유지해 주어야 고관절 탈구를 예방할 수 있습니다.

실제로 이러한 형태의 포대기를 사용하는 아시아 국가에서 발달성 고관절 이형성증의 발생 확률은 다른 나라에 비해 낮은 편입니다. 그리고 이런 자세가 아기에게 안전하다는 것이 알려지면서 많은 기업이 힙시트라는 제품을 내놓고 있죠. 아기가 6개월이 될 때까지는 힙시트를 사용하거나 포대기를 사용하는 것이 좋습니다.

아기의 고관절 건강은 나중에 걷고 뛰는 데 그리고 성장에 중요할 수 있습니다. 그래서 혹시나 이상이 있을까 봐 걱정을 하는 부모님이 많은데요. 생각보다 간단한 생활 습관 교정으로 충분히 예방할 수 있으니 이런 수칙을 잘 지켜 주고, 이상이 의심되면 병원에서 진료를 받아 보는 것을 추천합니다.

'발달성 고관절 이형성증' 영상으로 알아보기

초보 부모 방탄 육아

자꾸 토를 하는데 괜찮나요?
진료실 단골 질문

핵심 먼저!

자연스러운 일이니 걱정하지 마세요. 게워 내기를 줄이는 요령이 세 가지 있어요.

초보 엄마들이 수유가 끝난 후 아기를 보고 깜짝 놀라는 장면이 있습니다. 아기가 행복한 표정으로 씩 웃으며 입에 분유(혹은 모유)를 흘리고 있는 모습이죠. '이 조그만 아이가 토를 한다니!'라는 생각에 초보 부모님은 쉽게 겁에 질리기 마련입니다. 하루에도 몇 번씩 아기가 토하는 모습을 보고 있자면 불안한 마음에 아기를 안고 병원에 달려오는 분도 많이 있고요. 막상 진료를 보면 소아과 의사들은 이런 말만 하죠.

"아기들은 원래 그래요~."

엄마아빠 속은 타들어 가는데 병원에서는 괜찮다고 해서 답답한 경우가 많이 있을 거예요. 그래서 지금부터 왜 소아과 의사들이 아기가 토를 자꾸 하는데도 괜찮다고 하는지, 왜 부모님이 너무 걱정하지 않아도 되는지 자세하게 설명하겠습니다.

안심해도 되는 이유

사람은 입으로 음식을 먹으면 식도를 통해 위로 내려가게 됩니다. 이때 위로 들어간 음식물이 다시 입으로 올라가지 않도록 우리 몸에 장치가 마련되어 있습니다. 이 장치는 식도와 위의 경계에 숨어 있는데요.

가장 큰 역할을 하는 것이 식도와 위를 연결하는 부위의 괄약근인 '하부 식도 괄약근'입니다. 괄약근은 도넛 모양의 근육으로, 위와 식도의 경계나 항문과 같이 열리고 닫히는 것을 조절해야 하는 곳에서 문지기 역할을 합니다. 그리고 식도와 위가 연결되는 부위는 수직 방향으로 각도가 살짝 꺾여 있습니다. 이 덕분에 위로 내려온 음식물이 식도로 올라가지 않는 것입니다. 즉, 괄약근과 식도의 각도가 음식물의 역류를 막고 있는 것이죠.

그런데 신생아는 위와 식도의 연결 부위가 연약합니다. 문지기 역할을 하는 하부 식도 괄약근의 힘도 약하고, 식도와 위가 수직이 아니라 일직선으로 연결되어 있습니다. 이런 구조적인 미숙함에 더하여, 아기들이 먹는 음식이 액체라는 사실도 아기들이 잘 게워 내는 원인이 됩니다. 점도가 있거나 건더기인 음식은 쉽게 올라가지 않겠지만, 아기는 점도가 거의 없는 액체를 먹기 때문에 더 잘 게워 낼 수밖에 없죠.

아기들은 입 밖으로 분유 혹은 모유를 뱉어 내지 않더라도 하루에도 수십 번 위에서 식도로 먹은 음식물을 올리고 있습니다. 보통 하루에 30번 정도 역류가 일어난다고 해요. 하지만 대부분은 음식물이 식도까지만 올라오고, 입 밖으로 밀려 나오는 경우는 적습니다.

큰 소아나 어른의 입장에서는 보통 몸이 안 좋은 상태에서 토를 하고, 토하는 행위 자체가 매우 힘이 드는 일이기 때문에 혹시나 아기도 힘이 드는 것은 아닌가 걱정되기 마련입니다. 그리고 자주 토하는 어른은 식도염으로 속이 쓰리기도 하고 심한 경우는 통증까지 있어, 우리 아기도 토를 자주 하다 이렇게 아파지는 것은 아닐지 걱정합니다.

하지만 안심하세요! 아기들이 음식을 먹고 게워 내는 것은 상당히 자연스러운 일이고, 이것 때문에 아기들이 아픈 병에 걸리지는 않습니다. 그리고 평생 이렇게 게워 내는 것도 아닙니다. 시간이 지나면 위와 식도 경계에 있는 괄약근의 기능이 발달하고, 아기가 성장하면서 점점 위의 각도가 돌아가며 식도와 수직을 이루게 되어 역류가 덜 생기게 됩니다. 보통 아기가 생후 12개월이 되면 역류 증상은 거의 사라집니다.

아기가 아픈 병도 아니고 1년 안에 좋아진다고 하니 너무 큰 걱정을 할 필요는 없지만, 그래도 몇 가지 사항을 확인해 보면서 혹시나 아기를 구토하게 만드는 질환이 있는지 알아볼 필요는 있습니다.

- 아기의 체중이 잘 늘어나는지?
- 토할 때 너무 힘들어하지는 않는지?

- 분수 토를 반복하진 않는지?

- 토를 하고 바로 배고파하진 않는지?

- 변에서 피가 나오거나, 완전히 까만색 변을 보진 않는지?

- 설사나 변비는 없는지?

- 생후 6개월 이후에 새로 시작된 구토는 아닌지?

위의 질문은 아기들한테 자연스럽게 나타나는 생리적인 역류가 아니라 다른 질환 때문에 나타나는 구토를 암시합니다. 그렇기 때문에 위의 증상이 보인다면 병원에서 진료를 받는 것이 안전합니다.

게워 내기를 줄이는 요령

이런 위험한 상황이 아니라면 아기가 토를 한다고 크게 걱정하진 않아도 되지만, 아이가 자꾸 게워 내는 것이 마냥 반가운 상황은 아니죠. 옷도 갈아입혀야 하고, 자꾸 게워 내면 혹시나 영양분 섭취가 부족하지는 않은지 걱정되기도 합니다. 너무 자주 게워 내는 아기를 도와줄 수 있는 방법은 무엇인지도 함께 알아보죠.

수유 후 20~30분간은 똑바로 안아 준다

이때 중요한 것은 아기가 똑바로 서 있는 각도로 안아 줘야 한다는 점입니다. 이 시간 동안 아기가 소화를 조금씩 하기 때문에 토하는 것을 방지할 수 있습니다. 아기를 안아 주는 동안 트림을 충분히 시켜 주는 것도 좋은 방법이 되겠죠?

똑바로 서 있는 각도가 아니라 다른 각도로 아기를 두는 것은 추천하지 않습니다. 수유가 끝난 아기의 등을 베개나 쿠션으로 받쳐 눕히는 것은 아기의 역류를 막는 데 효과가 없습니다. 아기를 엎드리거나 옆으로 눕히는 것은 역류가 된 음식물이 기도로 넘어가면서 아기에게 호흡 곤란을 일으킬 수 있기 때문에 절대로 하면 안 됩니다. 실제로 이 자세에서는 영아 돌연사 증후군의 가능성이 커집니다.

과식을 하지 않는다

간혹 아기에게 과도하게 많은 양의 수유를 하는 부모님이 있습니다. 수유는 아기가 원하는 만큼 하는 것이 중요한데, 타 놓은 양을 다 먹이기 위해 그만 먹으려고 젖병에서 입을 뗀 아기에게 억지로 수유를 진행하는 분도 있고 아기가 울면 무조건 수유로 달래는 분도 있습니다. 어른도 과식을 하면 구토하는 경우가 있는 것처럼, 아기도 과식하게 되면 게워 낼 가능성이 훨씬 커집니다.

금연한다

담배 연기는 하부 식도 괄약근의 힘을 떨어뜨립니다. 안 그래도 이 괄약근의 힘이 약해 식도 역류가 잘 일어나는 아기들에게는, 담배 연기가 치명적일 수 있습니다. 담배를 피우면 영아 돌연사 증후군의 가능성이 커지고 폐의 건강도 악화하고 식도 역류까지 늘릴 수 있다니, 백해무익한 담배는 끊는 것이 좋겠습니다.

특별히 병이 있지 않은데도 너무 많이 게워 내면서 성장이 잘 일어나지 않는 아기에게는 일반 분유가 아닌 역류 방지 분유를 먹이기도 합니다. 이 분유는 점도가 높아 끈적하기 때문에 아기들이 쉽게 게워 내지 못합니다. 이 분유를 먹일 때 주의할 점은 반드시 소아과 전문의와 특수 분유를 먹일지 상의해야 하고, 이 분유를 먹이기로 했다면 젖병 꼭지의 구멍을 더 넓게 찢어 줘야 합니다. 그렇지 않으면 끈적한 분유가 젖병에서 잘 나오지 않아 아기가 수유하는 데 어려움을 겪습니다.

특수 분유를 먹여야 하는 경우가 아니라면, 아기가 분유를 게워 내는 것 때문에 분유를 바꿀 필요는 없습니다. 아기가 게우는 것은 꼭 고쳐야 하는 문제가 아니라 시간이 지나면 나아지는 문제이고, 분유를 바꾸는 것은 아기에게도 엄마에게도 힘든 일이기 때문입니다. 새 분유에 적응하기 힘든 아기도 있고, 지금껏 잘 먹던 분유가 있는데 새 분유를 먹고 오히려 배가 아파지고 토하는 아기도 있기 때문이죠. 분유 회사의 광고를 보고 분유를 바꿔야 하는지 많이 고민하는데, 저는 개인적으로 특별한 이유가 없다면 분유를 다른 것으로 교체하는 것은 좋은 육아법이 아니라고 생각합니다.

아기들이 자꾸 게워 내면 처음에는 걱정도 되고, 옷과 이불을 세탁해야 해서 귀찮기도 합니다. 하지만 시간이 지나고 아이가 더 이상 게워 내지 않는 때가 되면, 웃는 얼굴로 입가에 분유나 모유를 머금던 아이의 모습이 그리워질 때가 올 것입니다. 이 모습 또한 그 나이 대에만 보여 주는 귀엽고 소중한 모습이기 때문이죠. 아기가 게워 내는 것은 크게 걱정하지 않아도 되는 문제입니다.

급히 병원에 데려가야 할 때
진료실 단골 질문

아기를 처음 병원이나 산후조리원에서 데리고 오면 소위 '멘붕'이 시작됩니다. 분명 인터넷과 책에서 많이 공부했던 내용인데, 아기를 보다 보면 많이 잊어버리기도 하고 지금 아기가 보이는 모습이 내가 공부했던 그 내용인가 헷갈리기도 합니다. 특히 어른한테서 잘 보이지 않는 증상이 보이거나 병원이나 조리원에서 별 언급이 없던 모습이 아이한테 관찰될 때는 당장 병원에 가야 하는지 고민이 되기도 합니다.

실제로 응급실에서 근무하다 보면 응급실로 당장 올 문제가 아닌데도 한밤중에 신생아를 데리고 병원에 다급히 달려 오는 분들이 있습니다. 그런 경우 대부분은 별다른 이상이 없는 경우가 많아서 "이런 모습은 지켜보셔도 됩니다."라고 설명하지만, 설명을 듣는 부모님의 얼굴에서는 지울 수 없는 불안감과 허탈함이 느껴지고는 합니다.

아기의 건강이 걱정되는 일이 생긴다면 병원에 가서 의사의 진료를 받아 보는 것이 당연히 안전한 선택이지만, 신생아를 데리고 병원에 간다는 것이 간단한 일만은 아니기 때문에 고민이 되는 것도 사실입니다. 병원에서 대기 시간이 길어진다면 기저귀도 갈고 수유도 해야 해서, 신생아를 데리고 병원에 가는 것은 정말 쉽지 않습니다.

응급실에 가야 하는 증상

반대로 병원에 급하게 잘 와서 신생아 집중치료실(NICU)로 입원을 하고 아기가 빠르게 치료를 받는 정말 다행이라고 생각되는 경우도 있는데요. 이렇게 설명하면 도대체 언제 어느 증상을 보고 신생아인 아기를 데리고 병원에 가는 것이 좋을지, 정답을 알려 달라고 물어볼 겁니다. 그래서 소아과 의사가 생각하는, 병원이 닫은 시각이라도 급하게 진료를 보러 응급실에 달려가야 하는 신생아의 증상을 알려 드리겠습니다.

① 38도 이상의 열이 난다

소아에게 열이 나는 질환은 정말 흔합니다. 신생아 시기를 지나서 어린이집이나 유치원에 다니는 아이들을 보면, 감기를 달고 사는 경우가 정말 많습니다. 그래서 열이 나서 고생하는 아이도 많은데요. 이렇게 열이 나는 아이라고 응급실에 무조건 달려와야 하는 경우는 거의 없습니다. 오히려 많은 소아과 전문의가 "아이들이 열이 난다고 무조건 응급실로 올 필요는 없다."라고 이야기하는 상황이죠. 하지만 신생아의 경우는 다릅니다.

생후 3개월 미만의 아기는 열이 나는 경우 정말 큰 병이 원인일 확률이 높습니다. 그중에서도 특히 생후 1개월 미만의 신생아는 더 위험하죠. 물론 감기와 같이 가벼운 바이러스 질환에 의해서 아기가 열이 날 수 있지만, 그것과 별개로 다른 세균성 질환에 의해 열이 나는 경우도 있습니다. 감기로 인한 발열인 줄 알았는데, 알고 보니 감기와 더불어 요로감염이나 패혈증같이 위험한 질환이 함께 있는 아이도 어렵지 않게 만날 수 있죠.

신생아 감염이 위험한 이유는 여러 가지가 있습니다. 일단 신생아 시기에는 면역력이 약합니다. 엄마에게 받은 항체로 여러 가지 질환을 막아 내고는 있지만, 아기 본인의 면역력이 약하여 쉽게 감염이 되기도 하고 가벼운 감염이 큰 병으로 진행하는 경우가 많습니다. 특히 선천적인 질환이 있거나 임신 37주 미만에 태어난 이른둥이(미숙아) 아기 같은 경우 면역력이 더 약해 감염병에 취약합니다.

엄마가 가지고 있던 바이러스나 세균이 임신 중 아기에게 전달되는 경우도 있습니다. 이런 현상을 '선천 감염'이라고 부르는데, 태어나자마자 증상이 발생하여 아기가 힘든 경우도 있지만 태어나고 며칠 뒤에 증상이 발생하여 나중에 집에 가서 발견하는 경우도 있습니다.

이런 여러 이유로 생후 3개월 미만의 아기, 특히 신생아는 발열이 발생하는 경우 여러 가지 검사를 받습니다. 일단 혈액 검사를 통해 염

중 수치나 몸에 다른 이상이 발생했는지 확인하고, 피에 균이 있는 패혈증은 없는지 균 배양 검사도 하죠. 또한 아기들에게 흔하게 발견되는 요로감염이 있는지 확인하기 위하여 소변 검사를 시행하고, 아기들에게 치명적일 수 있는 뇌수막염이 있는 것은 아닌지 뇌척수액 검사까지 시행하기도 합니다. 그리고 호흡기 감염에 대한 검사도 진행하죠. 신생아들은 패혈증 같은 심각한 병이 있더라도 열 말고 다른 증상이 없는 경우가 많아 진단을 하려면 많은 검사가 필요합니다.

이렇게 힘든 검사를 하고 세균 감염이 의심되면 항생제 치료를, 바이러스 질환이 발견되는 경우 항바이러스제를 투여하는 일도 생기는데, 많은 부모님이 신생아에게 약 특히 항생제나 항바이러스제를 사용한다고 하면 걱정합니다. 이 작은 아기에게 약을 주는 것이 안전한지 불안하고, 항생제나 항바이러스제를 막연히 두려워하는 것이 우리나라 부모님의 특징이기도 하죠.

하지만 안심해도 됩니다. 소아과 의사 중에서도 신생아를 치료하는 의사는 더욱 조심성이 많고 걱정이 많은 사람들입니다. 그래서 아기에게 해가 되는 결정은 절대로 하지 않죠. 아기에게 해가 되는 약을 쓸 것이라는 걱정은 전혀 하지 않아도 좋습니다. 오히려 약을 사용하지 않으면 아기가 위험해질 수 있는 상황이라서 약을 사용한다고 생각하세요. 더불어 아기들에게 안전하다고 밝혀진 약을 안전한 용량으로만 사용한다는 사실도 알고 있으면 좋겠습니다.

3개월 미만의 아기가 열이 난다면 그 원인이 되는 질환 때문에 위험할 수도 있지만, 열 자체로도 아기의 상태가 악화될 수 있는데요. 우리도 열이 나면 몸이 여기저기 아프고 입맛이 없고 소화가 잘 안 되는 것처럼, 아기도 열이 나면 통증이 있을 수 있고 먹는 양도 줄어듭니다. 거기다 몸이 뜨거워지면서 피부로 증발되는 수분의 양이 많아져 탈수가 생길 수도 있어요. 탈수는 신생아의 건강에 굉장히 치명적입니다! 이 문제에 대해서는 ③에서 더 자세히 살펴보겠습니다.

하지만 병원에 가기 전 확인해 보아야 할 것이 있습니다. 일단 예방접종을 맞은 당일 저녁에 열이 난다면 접종열일 가능성이 있는데, 접종열은 특별한 치료를 하지 않아도 좋아지기 때문에 따로 병원에 갈 필요가 없습니다. 다음 날도 열이 계속 된다면 병원에 가세요.

의외로 많은 아기가 옷이 두꺼워서 체온이 올라 병원에 오는 경우가 있습니다. 아기가 추울까 봐 너무 두꺼운 옷을 입히고 이불까지 덮어 줄 때가 있는데, 이때 더워서 아기의 체온이 올라가기도 합니다. 아이가 열이 나는데 너무 두꺼운 옷이나 이불을 덮고 있었다면, 얇은 옷 한 겹만 입히고 체온이 떨어지는지 관찰해 보세요. 아기가 진짜 열이 난다면 옷을 시원하게 입혀도 열이 계속 날 거예요.

② 체온이 낮다(35도 미만)

아기의 손발은 쉽게 차가워집니다. 하지만 몸 안쪽까지 차가워지며 체온계로 35도 미만의 체온이 측정된다면 바로 병원으로 가야 합니다. 아기의 저체온증은 열과 마찬가지로 심각한 세균 감염인 패혈증의 증상일 수 있는데요. 열만 있는 경우보다 오히려 저체온일 때 더

초보 부모 방탄 육아

위험할 수 있습니다. 신생아는 패혈증에 걸렸지만 다른 증상 없이 저체온만 나타나는 경우가 있어 주의가 필요합니다.

아기가 열이나 저체온이 발생했을 때 얼른 병원에 가는 것도 중요하지만, 더욱 중요한 것은 감염이 되지 않도록 최선을 다하는 것입니다. 아기가 생후 3개월이 되기 전에는 집에 손님이 오거나 외출하는 것을 최대한 자제하는 것이 좋습니다.

생후 백일까지는 여러 감염으로 인한 사망이 더욱 쉽게 일어난다는 사실은 우리 선조들도 잘 아는 사실이었습니다. 백일 동안 생존한 것을 축하하는 백일 잔치의 전통이 그 증거라고 할 수 있습니다.

③ 소변 양이 줄어든다

소아에게 탈수는 감기 같은 가벼운 질환으로 생길 수 있지만 건강에 치명적인 영향을 줄 수 있는 위험한 상태입니다. 탈수는 감기나 구내염 등으로 인해 잘 못 먹어서 생기기도 하고, 설사로 인해 변에서 수분 손실이 많거나, 열이 나거나 날이 너무 더워서 수분 손실이 발생하는 경우에도 생길 수 있습니다.

발열이나 제대로 못 먹고 설사나 구토 등으로 수분 손실이 발생하는 장염과 같은 소화기 증상이 생기면 탈수를 예상하기가 쉽습니다. 하지만 이런 경우를 제외하고도 신생아의 수유를 방해하며 탈수를 일으키는 상황은 생각보다 다양합니다.

일단 아이들이 감기 증상으로 수유 때 숨이 차서 수유를 충분히 하지 못하는 경우가 있는데요. 이런 경우는 호흡 곤란이 우선 관찰되기 때문에 알아차리기 쉽지만, 더 귀엽고 안타까운 경우가 바로 코감기에 걸렸을 때입니다. 신생아는 코가 막힐 때 입으로 숨 쉬는 것을 어려워합니다. 그렇기 때문에 입에 무언가 물고 있는 수유 상황에서는 코가 막힌 아기가 숨쉬기 힘들어하여 수유를 제대로 진행하지 못하는 경우가 있습니다.

아기에게 탈수가 생겼는지 집에서 확인하기 가장 쉬운 방법은 바로 소변을 잘 보는지 확인하는 것입니다. 의학적으로 탈수 증상을 파악하는 방법은 많지만, 집에서 객관적으로 확인하기 좋은 방법은 기저귀를 얼마나 자주 갈아 줘야 하는가입니다. 대부분의 신생아는 소변을 자주 보는데 4~6시간 동안 아기가 기저귀에 소변을 보지 않았다면 이건 소변 양이 많이 감소한 것을 의미합니다. 소변 양이 감소한 것을 확인했다면 아이에게 탈수가 생겼다고 생각해야 하고, 탈수는 신생아의 건강을 빠르게 악화할 수 있기 때문에 바로 병원에 가야 합니다.

반대로 아기가 탈수를 일으킬 만한 증상이 있는데도 피부가 평소처럼 뽀송하고 소변도 잘 보고 있다면 탈수로 진행되지 않은 것일 수 있으니 조금 지켜볼 수 있습니다. 하지만 쉽게 탈수로 진행될 수 있기 때문에 잘 못 먹는 등의 증상이 남아 있다면 아이의 상태를 주의 깊게 관찰해야 합니다.

④ 상태가 처진다

아이의 상태가 처지는 것은 탈수가 심하거나 심한 경우 혈압이 떨어지는 등 현재 상태가 심각하다는 것을 의미할 수 있습니다. 하지만 말을 하지 못하는 아기의 상태가 안 좋은 것을 부모님이 알아차리기는 쉽지 않지요. 아기의 상태를 확인할 수 있는 방법을 지금부터 설명하겠습니다.

우선 아기가 잘 먹고 잘 노는지 반응이 좋은지 봐야 합니다. 우리가 몸이 많이 아파서 손가락 하나 까딱할 수 없을 때를 생각해 보세요. 아기가 많이 아프다면 수유를 할 때 먹으려는 의지와 힘이 없고 평소 좋아하는 모빌이나 소리를 들려 줘도 반응이 없을 것입니다. 이럴 땐 아이의 상태가 안 좋을 가능성이 높습니다.

그렇다면 아이가 자고 있을 때 아이의 상태를 어떻게 알 수 있을까요? 가장 쉬운 방법은 아이를 깨웠을 때 잘 일어나고 밤중 수유를 할 때 일어나서 잘 먹는지 보는 것입니다. 아이가 편하게 자고 있었다면 깨웠을 때 잘 일어나 수유도 잘 하겠죠. 몸이 아프고 힘들어 칭얼대느라 잠을 잘 못 자는 경우도 있어, 편안하게 잘 자는지 확인하는 것도 중요합니다.

아이의 상태가 평소보다 좋지 않을 때는 이미 심각한 상태일 가능성이 매우 높습니다. 물론 아이가 자극에 아무런 반응이 없고 숨도 안 쉬고 심장도 뛰지 않는 상태라면 바로 119에 신고하고 병원에 오겠지만, 이런 경우가 아니더라도 아기가 자극에 약한 반응을 보이거나 하면 응급실로 최대한 빨리 가야 합니다.

⑤ 숨쉬기 힘들다

말을 하지 못하는 아기가 호흡 곤란이 있는지 확인하는 것은 초보 부모님에게 어려운 일일 수 있습니다. 신생아들은 복식 호흡으로 숨을 쉬기 때문에 숨이 편안한지 헷갈리는 경우도 많습니다.

그래서 저는 부모님들께 "아기가 울지 않는데도 꼭 크게 울 때처럼 숨을 쉬면 호흡 곤란이 있는 것입니다."라고 말합니다. 아기가 울 때 보면 숨을 들이마실 때 가슴에 힘을 많이 주면서 온 힘을 다해 공기를 마십니다. 이때 나오는 증상이 갈비뼈가 보일 정도로 힘을 주거나, 목 아래쪽이 움푹 들어가게 숨을 쉬거나, 목 근육에 힘을 주거나 하는 것입니다. 이렇게 온 힘을 다해 숨을 쉬는 모습이 보인다면 호흡 곤란이 있는 것이기 때문에 얼른 병원에 방문해야 합니다.

위의 설명은 모든 소아나 성인에게도 공통적인 내용인데요. 모든 사람이 호흡이 곤란한 상황일 때 병원에 얼른 가야 하는 것이 맞지만, 신생아는 여러 가지 이유로 호흡 곤란 상황이 위험할 수 있습니다. 일단 몸에 보관 중인 산소가 모자라기 때문에 숨을 쉬기 힘든 상황을 오래 버틸 수 없고, 아기들에게는 숨을 쉬는 것조차 많은 근육을 사용하는 행동이라 숨 쉬기에 지쳐 숨을 멈추는 경우도 있습니다. 그리고 숨을 몰아쉬면 그 숨을 통해 수분 손실이 발생하여 탈수가 생기는 경우도 있죠.

신생아들의 심정지 원인 중 가장 많은 부분을 차지하는 것이 바로 숨을 쉬지 못하는 '호흡 부전'입니다. 그 정도로 신생아는 숨을 잘 쉬는 것이 중요하기 때문에 위의 증상이 보인다면 얼른 병원에 방문하기 바랍니다.

초보 부모 방탄 육아

⑥ 이상 행동을 한다(경련)

경련이라는 것은 전기 신호로 움직이는 우리의 뇌에 비정상적인 전기 신호가 발생하여 몸에서 이상 행동이 나타나는 것을 의미하는데요. 신생아 시기에도 경련이 나타날 수 있습니다.

뇌 자체의 이상으로 경련이 발생할 수도 있지만 다른 질환으로 인해 몸에 전해질 이상이 생겨 경련을 하는 경우도 있고, 아기에게 장염을 잘 일으키는 로타 바이러스는 특이하게 장염과 더불어 경련을 유발하기도 합니다.

아기들이 갑자기 이상한 행동을 한다면 그 행동이 경련인지 아닌지 부모님이 보고 판단하기는 어렵습니다. 소아과 전문의라고 하더라도 판단을 내리기 쉽지 않은 경우가 있어 뇌파 검사나 혈액 검사 등의 정밀 검사가 필요할 때도 있죠. 그렇기 때문에 집에서 지켜보는 것보다는, 아기의 이상 행동을 핸드폰 동영상으로 찍은 후 병원으로 내원하는 것을 추천합니다. 아기의 이상 행동 동영상은 의사들이 올바른 진단을 내리는 데 매우 큰 도움이 됩니다.

⑦ 아이가 높은 곳에서 떨어졌다면(사고)

신생아 시기에는 작은 충격에도 아이가 쉽게 다칠 수 있습니다. 가장 쉽게 다칠 수 있는 원인은 바로 낙상인데요. 신생아 아기는 아직 위험한 곳에 가거나 위험한 물건을 가지고 노는 일이 없기 때문에 침대, 소파, 부모님이 안다가 떨어져 발생하는 낙상으로 인해 부상을 당하는 일이 많습니다.

아직 아기가 굴러다니지 못한다고 아이를 높은 곳에 안전장치 없이 혼자 두는 경우가 있습니다. 요즘은 기저귀 교환대가 잘 나와서 특히 이곳에 올려두고 잠시 다른 물건을 가지러 자리를 비우는 경우가 많은데요. 아이들은 뒤집거나 굴러다니지는 못하지만 꿈틀꿈틀 대다가 높은 곳에서 떨어질 수 있습니다.

그리고 제가 병원에서 겪었던 마음 아팠던 사고 중 하나는, 초보 부모님이 아기를 안는 것이 어색해 이 자세 저 자세로 바꿔 가며 불편하게 안아 주다가 아기를 떨어트려 병원에 왔던 일입니다. 신생아였던 그 아기는 뇌출혈이 생겨 입원치료를 받게 되었는데요. 부모님도 그렇고 의료진도 충격을 받았던 사고였습니다.

사고라는 것은 우리가 예측하지 못한 곳에서 발생합니다. 예방이 가장 중요하겠지만 사고가 발생했을 때, 특히 신생아가 머리를 다친 경우라면 얼른 병원에 방문하는 것이 좋습니다.

'신생아 황달'이 뭐예요?

피부가 귤처럼 노랗게 변한다고 해서 이름 붙여진 황달. 어른에게는 심각한 질환의 신호일 수 있지만, 신생아의 경우 80퍼센트 이상이 가지고 있는 아주 흔한 증상입니다. 흔하다고 해서 문제가 생기지 않는 것은 아니어서, 신생아 황달로 신생아 집중치료실(중환자실)에 입원하는 경우가 많고 이 때문에 신생아를 둔 부모님이 많이 걱정하는 문제이기도 합니다.

'황달'이 생기는 원인

황달은 우리 몸에 '빌리루빈'이라는 물질이 쌓이면서 생기는 질환입니다. 빌리루빈은 핏속의 적혈구가 수명이 다하여 파괴되면 자연스럽게 나오는 물질로, 간과 쓸개를 통해 대변으로 배출됩니다. 빌리루빈의 색이 노란색에서 초록색 계열이기 때문에 변 색깔이 황금색으로 보이기도 하고, 빌리루빈이 너무 많아지면 피부가 노랗게 보이는 황달 증상이 생기는 것입니다.

신생아에게 황달이 흔한 이유

아기들은 엄마 배 속에서 태아이던 시절 가지고 있던 적혈구와 태어나서 가지고 살아가는 적혈구의 모양이 다릅니다. 적혈구는 산소를 운반하는 역할을 하는데, 물속에서 살아가는 태아일 때는 적혈구의 구조가 달라야 생존이 가능하다고 이해하면 좋습니다. 그런데 태아일 때의 적혈구 수명은 짧기 때문에, 태어나고 나서 적혈구의 세대 교체가 이루어지며 한 번에 많은 빌리루빈이 만들어지고 이 때문에 정상적으로도 신생아들은 황달이 잘 생기는 것입니다.

언제 병원에 가야 할까요?

신생아는 생후 일주일 정도에 빌리루빈 수치(흔히 말하는 황달 수치)가 10~12mg/dL로 오릅니다. 하지만 생후 24시간 이내에 수치가 빠르게 오르거나, 빌리루빈 수치가 20mg/dL 이상이거나, 생후 2주 이후에도 지속적으로 수치가 높다면 신생아과의 전문적인 진료가 필요하여 대

학병원으로 전원되어 진료받게 됩니다.

빌리루빈 수치가 높은 경우 뇌에 빌리루빈이 축적되어 신경계에 후유증이 생기는 '핵황달'이 생길 수 있을뿐더러, 지나치게 빌리루빈 수치가 높게 만드는 기저 질환이 있는 경우가 있기 때문에 정밀 검사와 치료가 필요할 수 있습니다.

집에서 아이의 황달 수치를 측정할 수 없기 때문에 아이가 많이 노랗게 보이거나, 처지고, 잘 안 먹고, 소변 양도 줄어드는 등 이상이 보인다면 가까운 소아청소년과 병원에서 진료받는 것이 중요합니다.

모유 황달이 생기면 모유를 끊어야 할까요?

모유 수유를 하면 황달이 더 잘 생기게 됩니다. 모유 수유를 하는 아기에게 생기는 황달을 '모유 황달'이라고 하는데 이는 모유의 고유한 특성 때문으로 추정됩니다. 다행인 것은 모유로 인한 황달은 보통 핵황달이 생길 만큼 황달 수치가 많이 올라가지 않고, 하루 정도만 모유를 중단하여도 수치가 잘 떨어져서 그 이후에는 다시 모유 수유를 해도 된다는 것입니다. 모유로 인해 황달 수치가 높다면, 진료를 받고 정말 수유를 중단해야 하는 문제인지 상담하는 것이 좋습니다.

아이를 데리고 병원에 가는 일은 항상 어렵고 힘듭니다. 아이가 힘든 경우도 많죠. 그래서 아이가 아플 때 언제 병원에 데려가는 것이 좋고 언제 집에서 지켜봐도 되는지 위의 기준으로 판단해 보면 좋습니다. 하지만 위의 기준이 모든 상황을 설명하지는 않기 때문에 제가 부모님께 항상 드리는 말씀이 있습니다.

"그래도 아이가 안 좋아 보이면 병원에 데리고 오세요. 그 어느 검사보다 부모님의 촉이 정확할 때가 있습니다."

그리고 부모님이 보기에 한밤중 응급실로 아기를 데려가야 하는지 애매한 경우가 있는데요. 이럴 땐 '119'에 전화를 걸어보세요. 119에 전화를 하면 응급의료상담 서비스를 제공받을 수 있습니다. 너무 당황한 나머지 허둥지둥 병원에 찾아가는 것보다는 전문적인 상담을 받아 보고 대처하는 것이 아기에게 더 안전한 방법일 수 있습니다.

생후 14~35일
영유아 건강검진

핵심 먼저!

2021년에 생후 14~35일 신생아를 대상으로 하는 검진이 생겼어요.

우리나라에는 아기를 위한 국가 건강검진 제도가 있습니다. 바로 '영유아 건강검진'이죠. 아이들의 건강 상태를 가까운 병의원에서 무료로 검진받을 수 있는 아주 좋은 제도인데요. 아이가 태어나기 전부터 이 제도가 있다는 것을 알고 있는 분들도 있지만, 아이를 맡기는 기관에서 결과지를 요청받고서야 검진 제도를 아는 분들도 꽤 있습니다. 특히나 요즘은 소아과 의원에서 진료 한번 받는 것도 어려운 '소아과 오픈런'의 시대이기 때문에 영유아 건강검진을 예약하는 것도 쉽지 않아 검진을 귀찮아하는 부모님이 많죠. 신생아를 병원에 데리고 간다는 일이 쉬운 일이 아니기도 하지만, 이런 좋은 제도를 놓치는 분들이 많다는 것은 참으로 안타까운 일이 아닐 수 없습니다.

생후 14~35일 건강검진

영유아 건강검진이 처음 시작된 2007년에는 1차 검진이 생후 4~6개월 아기를 대상으로 했습니다. 2021년도가 되어서 생후 14일~35일의 신생아를 대상으로 하는 검진이 추가되었지요. 비교적 최근에 '신생아 검진'이 도입되다 보니 이 시기의 아기도 검진을 받을 수 있다는 사실을 모르시는 부모님도 많습니다. 2021년 이전에 나온 육아 서적이나 인터넷에 올라와 있는 정보는 이 검진을 언급하지 않으니, 잘 모르고 검사를 받지 않고 넘어가는 경우가 많습니다. 실제로 2022년도에는 전체 신생아 중 절반이 이 검진을 받지 않았다고 하네요.

저는 영유아 건강검진을 굉장히 강조하는 의사 중 한 명입니다. 영유아 건강검진은 아이의 건강 상태를 확인하는 의미도 있지만, 그 이상의 역할을 하는 아주 유익한 제도인데요. 이 검진에서 아이들의 전신을 확인하여 혹시나 숨겨져 있을지 모르는 질병을 발견할 기회를 가지게 되고 성장 상태를 확인하여 아이가 잘 자라고 있는지 알 수 있습니다. 그리고 생후 9개월 이후에는 많은 부모님이 궁금해하고 걱정하는 발달 상황을 확인하여, 발달 지연은 없는지 혹은 더 자세한 검사를 받을 필요는 없는지 알아보게 됩니다.

이뿐만 아니라 아이를 키우면서 부모님이 알아야 할 내용도 교육하게 되는데요. 영양 교육, 정서 및 사회성 교육, 안전사고 예방 교육, 개인위생 교육, 전자미디어 노출 교육 등 육아에 도움이 되는 내용과 함께 취학 전 준비 사항까지 확인해 볼 수 있도록 내용이 준비되어 있습니다. 아주 자세하고 방대한 내용을 담고 있지는 못하지만, 의학적으로 가장 기본적이고 올바른 정보를 담고 있다는 점에서 의미가 큽니다.

영유아 건강검진을 받으면 확인할 수 있는 사항
- 아이의 전신 건강 상태
- 아이의 성장 상태
- 아이의 발달 상태(생후 9개월 이후)
- 육아에 도움이 되는 의학 정보
- 취학 전 준비 사항(생후 30개월 이후)

상담을 받을 수 있다

영유아 건강검진이 부모님들에게 유용한 가장 큰 이유는 소아청소년과 전문의와 육아와 관련된 상담을 할 수 있는 시간이라는 점인데요. 평소라면 어디가 아프거나 예방 접종을 맞으러 병원에 가서 진료실에서 진료에 필요한 대화만 짧게 하고 나오는 경우가 대부분이지만, 영유아 건강검진 시간은 대부분의 소아과 선생님이 상담을 준비하고 시간을 마련하기 때문에 평소에 궁금했던 점을 질문하고 상담받을 수 있습니다.

처음 아기를 키우는 초보 부모님은 아기를 보면서 궁금한 점이 한두 가지가 아닐 겁니다. 아기가 태어났던 병원의 신생아실에선 분명 다 괜찮다고 했는데, 엄마 눈에는 이상해 보이는 것이 발견되기도 하고, 아기를 직접 키우다 보니 이렇게 먹이는 게 맞는지, 이렇게 자는 건 괜찮은 건지 궁금한 것이 정말 많아집니다. 이럴 때 소아과 선생님을 만나서 올바른 정보를 얻을 수 있다면 굉장히 유익한 시간이 되겠죠.

또한 분만 병원과 조리원의 신생아실에서 미처 발견하지 못했거나, 지켜봐야 한다고 들었던 점을 따로 진료를 잡지 않고 영유아 건강검진을 통해 확인할 수 있다는 점에서도 부모님 입장에서는 굉장히 큰 도움이 됩니다.

그래서 영유아 건강검진은 받는 시기가 예방 접종 일정과 가능한 한 맞추어져 있습니다. 영유아 건강검진만을 위해 병원에 방문해도 되지만, 예방 접종 일정에 병원에 방문하여 건강검진까지 받는 것이죠. 신생아 시기에는 'BCG 접종'과 'B형 간염 2차 접종'(1차는 태어나자마자 태어난 병원에서 맞습니다)이 예정되어 있기 때문에, 이 접종들을 하러 병원에 방문해야 합니다. 이때 건강검진까지 받는다면 아이 데리고 병원에 가는 횟수를 줄일 수 있습니다.

영유아 건강검진은 국가에서 무료로 진행하는 사업이지만, 그 안에 담긴 내용은 상당히 깊이 있습니다. 하지만 공짜이기 때문에 별로일 것이라는 인식을 가지고 있는 분들이 따로 비싼 돈을 주고 여러 검사를 받는 경우도 보게 되는데요. 꼭 필요한 아이라면 이런 비싼 비용의 검사를 받는 것이 좋겠지만, 건강하게 자라고 있는 보통의 아이는 그런 검사를 굳이 받을 필요는 없습니다. 영유아 건강검진만 잘 챙기더라도 아이에게 혹시 있을지도 모르는 문제의 가능성을 짚어 볼 수 있고, 이를 통해 추가 검사가 필요하다고 이야기를 듣는 경우에 정밀 검사를 받아 보는 것도 매우 좋은 방법입니다.

아이에게 좋은 것을 해 주고 싶은 마음은 모든 부모님이 똑같이 가지고 있습니다. 하지만 비싸다고 항상 좋은 것은 아니라는 점을 꼭 기억하세요. 영유아 건강검진은 무료이지만 상당히 좋은 제도입니다.

모유 수유와 분유 수유
육아 더하기

핵심 먼저!

정답은 없어요. 부모님들에게 맞는 방식을 선택하세요.

아기가 태어나기 전 부모님의 머리를 아프게 하는 고민거리 중 하나는 수유 방법의 선택일 것입니다. 수유의 방법은 크게 모유와 분유 두 가지밖에 없지만, 모유 수유를 했던 사람은 모유가 좋다, 분유 수유를 했던 사람은 분유가 좋다고 말하기 때문에 아직 선택하지 못한 예비 엄마들은 머리가 더 지끈거릴 수밖에 없습니다. 그렇다고 우리 아이가 유일하게 먹는 음식을 남의 이야기만 듣고 선택할 수는 없죠. 지금부터 모유와 분유에 대해 객관적으로 비교해 보면서, 어떤 수유 방법이 나와 내 아이에게 더 맞는지 현명하게 선택할 수 있도록 제가 돕겠습니다.

모유 수유의 장점과 단점

"모유가 아기에게 가장 좋은 식품입니다."

이 말은 놀랍게도 분유통 뒷면이나 분유 회사의 홈페이지에 들어가면 쉽게 찾아볼 수 있는 문구입니다. 분유 회사에서 제품에 이런 문구를 넣다니 신기하지만, 사실은 식품의약품안전처 고시에 의해 의무적으로 표시해야 하는 사항입니다. 하지만 이런 문구를 법적으로 넣어야 한다는 사실은 많은 전문가가 모유가 사람에게 가장 적합한 식품이라고 생각한다는 것을 의미하기도 합니다.

모유에는 사람이 건강하게 자라기 위한 면역 물질과 수많은 성장 물질이 포함되어 있습니다. 그래서 분유 회사들이 만들고자 하는 궁극적인 분유는 모유와 가장 유사한 분유입니다. 그렇기 때문에 분유들을 비교해 보면 모유의 어떤 물질이 더 포함되어 있는지 서로 경쟁하는 것을 볼 수 있습니다. 이러한 경쟁이 과도해지다 보니 식품표시광고법에서 분유 등의 광고에 모유와 비교하는 것을 금지하고 있지만, 판매 정보를 조금만 자세히 들여다보면 모두 '자기네 분유가 모유와 비슷하다.'는 이야기를 돌려 말하고 있다는 것을 쉽게 알 수 있죠.

모유가 분유에 비해 갖는 건강상의 이점은 정말 많습니다. 모유 수유를 하는 아이는 그렇지 않은 아이에 비해 신경 발달의 측면에서 이득이 많고, 소화 기능의 발달, 질병 예방 등의 효과가 있습니다. 배앓이, 영아 돌연사 증후군, 요로 감염, 호흡기 질환, 장염, 중이염 등등 아이에게 나타나는 많은 질환이 모유 수유를 하는 아이에게 적게 나타난다는 것은 잘 알려진 사실입니다. 그리고 모유 수유를 하는 영유아의 입원 확률이나 사망률도 더 낮다고 알려져 있습니다.

모유 수유가 육아의 측면에서 가져다주는 가장 큰 장점은 바로 안정적인 애착을 줄 수 있다는 점입니다. 영유아의 신경 발달과 애착 형성에 있어서 가장 중요하게 생각되는 요인 중 하나는 스킨십인데요. 모유는 자연스럽게 엄마와 아이가 살을 맞닿은 상태에서 수유를 진행하기 때문에 영아기의 초기 애착 형성에 있어서 큰 도움이 된다고 알려져 있습니다.

이렇게 건강상의 이점이 많기 때문에 다양한 나라의 소아과학회, 세계보건기구 등 여러 단체의 전문가들이 모유 수유를 권장하고 있고 특히 세계보건기구에서는 24개월까지 모유 수유를 하는 것이 좋다고 이야기하고 있죠.

모유 수유가 장점이 많다고 해서 완벽한 방법이라고 할 수는 없습니다. 바로 수유 과정에서 생기는 여러 가지 어려움과 현실적인 한계가 분명히 존재하기 때문이죠. 모유 수유를 하고 싶지만 분유 수유를 선택할 수밖에 없는 분들도 많이 있습니다. 그 이유는 무엇일까요?

일단 모유를 선택한 순간 수유는 온전히 엄마의 몫이 됩니다. 이건 단순히 육체적으로 힘들어진다는 문제를 떠나서(물론 이 부분도 큽니다) 워킹맘이 출산 후 복직했을 때 수유를 유지할 수 없다는 문제를 가지고 있습니다. 30대 부부 중 절반 이상이 맞벌이라는 통계도 있으니, 이 점이 현실적으로 문제가 될 수밖에 없죠.

출근을 하더라도 유축을 해서 집에 가져오면 되지 않느냐고 물어보는 분도 있지만, 이는 현실을 너무 모르고 하는 말입니다. 우리나라에서는 마음 편히 유축할 수 있는 공간이 있는 직장을 찾기가 매우 어렵고, 그런 공간이 있더라도 일정 시간마다 유축을 하러 자리를 비우는 것을 이해해 주는 곳은 많지 않습니다.

모유 수유는 엄마에게 신체적 고통을 주기도 합니다. 유방 울혈, 유선염, 유두 상처 등 모유 수유는 고통을 수반하는 과정입니다. 물론 이러한 문제는 초기에 대부분 해결되어 시간이 지날수록 수유가 편해지기는 하지만, 이 고통이 너무 커 모유 수유를 포기하는 분도 있습니다. 그리고 모유 수유를 하고 난 뒤 가슴 모양에 변화가 생긴다는 점도 많은 분이 고민하는 부분이죠.

모유 수유는 분유를 구매하는 비용이 들지 않지만, 엄마의 자유라는 비용이 듭니다. 밤 수유를 하는 동안 엄마는 편히 잠을 잘 자유가 없고, '육퇴' 후 맥주 한 잔과 같은 음식 선택의 자유도 제한됩니다. 그리고 몸이 아플 때 복용할 수 있는 약도 제한되고, 어디 외출이라도 한다면 안전하게 수유할 수 있는 장소를 꼭 물색해 놓아야 하죠.

많은 어머님이 아기에게 모유를 주고 싶어 합니다. 이는 우리나라의 모유 수유와 관련된 통계를 보면 알 수 있습니다. 대다수의 어머님이 초유만큼은 아기들에게 주고 있죠. 하지만 모유 수유 비율은 시간이 지날수록 점점 줄어들고, 특히 가장 많이 모유를 중단하는 때가 아기가 2~3개월이 되는 시기입니다. 바로 복직 시기이죠.

안타깝게도 우리나라는 모유 수유를 하기에 그렇게 좋은 나라가 아직 아닌 것 같습니다. 짧은 출산 휴가 시기가 지나고 많은 어머니가 일터로 복귀해야 하고, 대부분의 일터는 모유 수유를 이어 나가기 불가능한 환경입니다. 이러한 점에서 어머님들에게 모유 수유란 커다란 결심이 필요한 일이 되어 버린 것 같습니다.

분유의 장점과 단점

분유는 아기의 건강을 생각했을 때 여러 가지 부족한 면이 많습니다. 아기에게 잘 맞지 않은 분유를 먹이면 토하기도 하고, 배앓이도 하고, 변비나 설사를 하기도 하죠. 위에서 언급했지만 모유에 비해 상대적으로 건강에 도움이 덜 되는 면도 있습니다.

하지만 분유의 영양분이 모자라기만 한 것은 아닌데요. 모유만 먹는 아기들은 태어난 직후부터 비타민D, 생후 4개월부터는 철분제를 보충해 주어야 하는데, 분유 회사들은 이 점을 대비해 분유에 충분한 양의 비타민D와 철분을 첨가해 둔 경우가 많습니다. 이런 분유를 먹는다면 완전 모유 수유를 하는 아이에 비해 오히려 영양제를 덜 챙겨 먹어도 된다는 장점이 있죠.

하지만 분유 수유를 위해서는 여러 가지 준비물이 필요하고, 손이 많이 가지요. 젖병을 사야 하는데 어떤 젖병을 쓸지도 고민이고, 젖병을 단계별로 구매해야 하고, 젖병을 세척하기 위한 물품도 준비해야 합니다. 분유 타고 젖병을 씻고 소독하는 것이 어찌나 번거로운지 서너 시간의 수유 주기도 너무나 짧게 느껴집니다. 그래서 분유를 타 주는 기계, 젖병을 씻어 주고 소독해 주는 기계가 개발이 되어 부모님들께 아주 인기죠.

그리고 분유라는 제품은 결국 공장에서 만들고, 집에서 직접 타 먹이는 것이다 보니 안전성에 대한 불안감이 존재합니다. 특히 '사카자키균'이라는 분유에서 잘 자라는 세균이 있는데, 이 균에 감염된 아기들은 사망까지 이르기도 합니다. 이러한 세균이 증식할 수 있다는 점 때문에 분유 회사들이 안전하게 생산하고 유통하는 것이 무척 중요하고, 집에서도 분유를 제시된 방법으로 잘 타고 보관하는 것이 중요합니다.

이런 여러 가지 단점에도 불구하고 분유를 선택하는 분들이 가장 중요하게 생각하는 장점은 바로 누구나 할 수 있다는 점일 것입니다. 수유를 하는 사람이 꼭 엄마일 필요가 없다는 것은 엄마가 사회생활을 하고, 밤 수유 시간에도 편히 잘 수 있고, 아기 돌보는 일에 다른 사람의 도움을 받을 수 있다는 것을 의미하죠. 그리고 음식이나 아플 때 약 처방을 받는 것에 제한이 없다는 것도 분유를 선택하시는 분들이 생각하는 큰 장점 중 하나입니다.

모유와 분유, 선택은?

모유와 분유의 장단점을 비교해 보니 각 수유 방식의 특징이 보이죠? 모유 수유는 엄마와 애착이 커지고 건강에도 이점이 많다는 장점이 있고, 분유 수유는 편의성이 좋다는 무시할 수 없는 장점이 있다고 정리해 볼 수 있겠습니다.

그럼 어떤 수유 방법을 선택하는 것이 좋을까요? 아기의 건강을 돌보는 소아과 의사로서 모유 수유가 더 좋다고 생각하고 모유 수유를 권하고 있기는 하지만, 각 가정의 상황에 맞는 방법을 선택하는 것이 현실적으로 맞는 방법이라고 말씀드립니다. 육아는 현실입니다. 아기도 살아가야 하지만, 부모님도 함께 살아가야 하는 것이 바로 육아죠. 우리 가족이 도저히 할 수 없거나, 가정의 철학과 전혀 맞지 않는 수유 방법을 선택하는 것은 결코 행복한 육아로 가는 길이 아닙니다.

전국의 아기들이 모유를 먹고도 분유를 먹고도 잘 자라고 있습니다. 지금 이 책을 보는 여러분도 아기였던 시절에 모유를 먹었던 분도 분유를 먹었던 분도 있을 겁니다. 어떤 수유를 했든지 우리는 모두 이렇게 잘 자라 한 아이 혹은 여러 아이의 훌륭한 엄마와 아빠가 되었습니다.

육아라는 것은 정답이 정해져 있는 객관식보다는 서술형 시험 같다는 생각이 들 때가 많습니다. 부모로서 아이에게 더 좋은 것을 주고 싶은 마음은 모두가 같겠지만, 이렇게 정답이 없는 문제를 고민할 때에는 누군가의 이야기보다 우리의 상황에 맞출 때 더 좋은 답을 찾을 수 있다고 생각합니다.

마지막으로 육아와 관련된 팁을 하나 더 알려드릴게요. 혹여나 주변에 "모유 안 먹으면 큰일 난다."라거나 "반드시 분유를 먹어야 한다."와 같은 극단적인 이야기를 하는 분이 있다면, 아이 키우는 문제에서만큼은 조금 거리를 두어도 좋습니다. 그런 분은 나중에도 결코 큰 도움이 되지 못하고, 오히려 갈등이 생길 가능성이 높습니다.

2장.

___

2~3개월
우리 아기 지키기

: 콧물 대처법, 흔들린 아이 증후군,
둥근 머리 만들기

백일이 되면 체중이 두 배가 늘어 6.6킬로그램 정도가 돼요.
앉혀 놓으면 잠시 앉아 있을 수 있어 백일 사진을 찍을 수 있어요.
"아", "어" 모음을 말하기 시작해요.

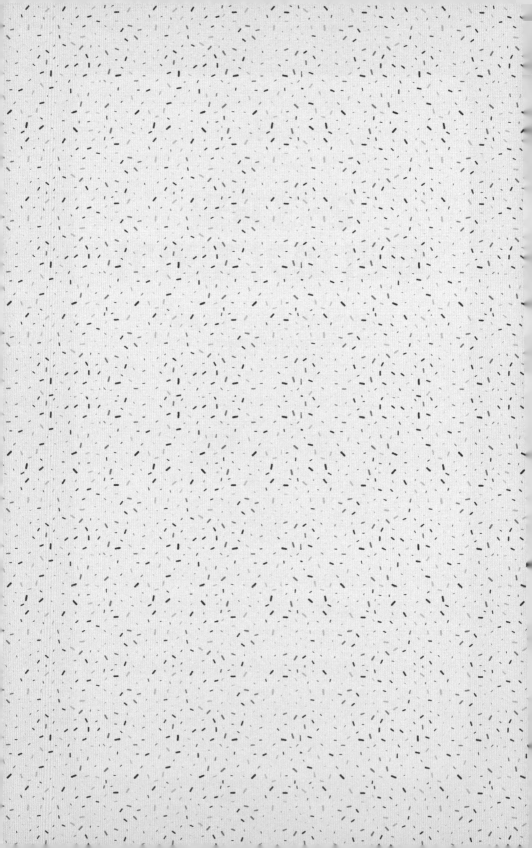

터미타임을 조금씩 늘려요
운동 발달

핵심 먼저!

터미타임을 하면 좋은 시간, 자세, 요령을 알아두세요.

집에서 아기를 돌본 지 한 달이 넘어가면서, 아이 키우는 일에 조금씩 적응이 되어 가고 있나요? 처음 집에 왔을 땐 아무것도 하지 못하던 아이가 이제는 고개를 돌리기도 하고, 조금씩 움찔대면서 뒤집기도 할 것 같은 모습을 보이면 기특하고 신기할 거예요.

돌 이전 아기의 운동 발달은 최종 목표가 '일어서서 걷는 것'이라고 생각하면 되는데요. 아이들이 1년 동안 겪는 운동 발달은 우리가 누워 있는 자세에서 일어나는 과정을 생각하면 편합니다. 우리가 누웠다 일어나는 과정을 상상하면서 아이들이 1년 동안 겪는 운동 발달 과정을 살펴볼까요?

2~6개월

일단 누워 있는 자세에서 자유롭게 운동해야 합니다. 먼저 머리를 움직여 고개를 가누어야겠죠? 우리도 잠에서 깨어나서 눈을 뜨면 가장 처음 하는 운동이 고개를 돌리는 거잖아요. 그래서 아기도 누워서 고개를 돌리는 운동부터 시작하게 됩니다. 고개 돌리기가 가능해지면 그다음 바닥에서 할 수 있는 운동은 굴러다니기입니다. 아기의 입장에서는 뒤집기와 되집기(엎드린 자세에서 누운 자세로 도는 것)가 굴러다니기에 해당하죠. 점차 코어의 힘이 강해지는 시기라고 보면 됩니다.

7~9개월

바닥에서 굴러다녔으면 그다음은 앉아야겠죠? 누워 있다가 앉는 것은 중력을 이겨 내는 힘든 운동이기 때문에 아기가 바로 혼자 일어나 앉지는 못합니다. 우리도 깊은 잠을 자다가 갑자기 깼을 때 금세 일어나지 못해도 누가 일으켜 세우면 앉아 있을 수 있잖아요. 아기도 누워서 굴러다니는 단계를 넘어서면 혼자 일어나는 것까지는 아직 힘들지만, 앉혀 주면 혼자 앉을 수 있게 됩니다. 바닥에서 움직임도 더 자유로워져서 배밀이도 합니다. 그리고 이 시기는 중력에 대항해 버티는 힘은 생긴 것이라서 살짝 잡아 준다면 다리를 펴고 선 자세에서 버틸 수 있습니다.

10~12개월

그다음 단계는 중력을 이겨 내는 단계인데요. 우리가 침대에서 누위 있다 일어나 앉고 서서히 일어나는 그 운동을 아기도 해 나가는 시기입니다. 이 시기의 아이는 혼자 앉고, 기어다니고, 물건을 잡고 서기도 합니다. 그리고 점점 걷기 시작하는 아이들이 생기죠.

위에서 설명한 운동 발달 단계는 순서는 아이들이 모두 같지만 발달 시기는 크게 다를 수 있습니다. 이것은 운동 발달뿐 아니라 모든 발달 분야에서 마찬가지인데요. 지금은 아이들이 이런 과정을 겪는다는 것을 대략적으로 이해하면 충분하고, 자세한 설명은 뒤에서 천천히 하도록 하겠습니다. 2장에서는 2~3개월 아기에 대한 이야기를 나눌 것입니다. 그럼 백일을 앞둔 아기들이 겪는 운동 발달에 대해서 살펴보겠습니다.

터미타임이 중요하다

앞선 1장에서 안전한 잠자리에 대해 말씀드린 내용을 기억하나요? 이때 강조했던 두 가지가 바로 "누워서 재우고, 단단하고 평평한 바닥에서 재워라."입니다. 이 내용을 설명하면 열 분 중 아홉 분은 이런 질문을 합니다. "그럼 뒤통수가 평평해지지 않나요?"

아이의 두상은 모든 부모님의 걱정거리입니다. 부모님 입장에서 아기가 지금 말랑말랑한 머리뼈를 가지고 있는데 누워만 있어 주로 눕는 방향의 머리가 눌려 평평해질까 봐 걱정됩니다. 아이들은 태어날 때 엄마의 산도를 잘 통과하기 위해 머리뼈가 다섯 조각으로 나뉘어 있는데요. 이 뼈가 모두 합쳐지기 위해서는 길면 2년의 시간이 필요하기 때문에 부모님이 걱정하는 게 당연합니다.

부모님의 걱정을 덜어드리고 이 시기 아이의 운동 발달을 촉진하기 위하여, 영아 돌연사 증후군 예방 캠페인의 이름에 "엎드려 놀아라(tummy time)."라는 말이 들어가 있는 것인데요. 아기들의 둥근 머리를 만들기 위해 할 수 있는 노력에 대한 이야기는 141쪽에서 나누도록 하고, 지금은 터미타임에 대한 이야기를 나눠 보고자 합니다.

고개를 가눈다는 것은 누워 있는 자세에서 원하는 쪽으로 얼굴을 돌리는 것부터, 엎드려 있는 자세에서 턱을 들고 고개를 좌우로 돌리기 시작하고, 앉은 자세에서 머리를 고정하는 것 등을 의미합니다. 2~3개월 아기는 이제 막 고개를 가누기 시작하기 때문에 이 시기의 아이가 할 수 있는 운동은 눕거나 엎드린 상태에서 고개를 좌우로 돌리거나, 엎드린 상태에서 턱을 겨우 드는 정도죠. 백일은 되어야 엎드려 놔도 팔로 몸을 받쳐 머리와 가슴을 들 수 있어서 지금 엎드려 놓으면 고개를 바닥에 푹 부딪히기 일쑤입니다.

그런데 이 시기에도 터미타임을 하라니, 걱정이 되기 마련입니다. 사실 저는 아예 고개를 가누지 못하는 신생아 시기부터 터미타임을 시작하라고 권고합니다. 안전한 방법으로만 한다면 신생아 아기도 충분히 터미타임을 즐길 수 있습니다.

언제

우선 터미타임을 언제 하는지가 중요합니다. 안 그래도 잘 게워 내는 아기들을 수유 직후 엎드리게 한다면 당연히 웩 하고 토를 하겠죠?

터미타임. 위 그림은 신생아부터 백일까지, 아래 그림은 백일 이후의 자세입니다.

그래서 터미타임을 하기에 적절한 시간은 수유하기 20~30분 전쯤입니다. 수유하기 직전에 하면 아이가 배고파 짜증을 내서 안 그래도 힘든 터미타임을 제대로 할 수 없겠죠. 수유하기 20~30분 전쯤이 아이들의 위가 비고 힘든 운동이 끝나면 바로 수유를 할 수 있어 아주 좋은 타이밍입니다. 물론 자는 아이를 깨워서 하지는 말고요. 아기가 말똥말똥한 상태에서 해야 합니다.

자세(113쪽 그림을 함께 보세요)

자, 고개를 가누지 못하는 아이를 데리고 터미타임을 해 보도록 하겠습니다. 아이들을 엎드린 자세로 만들고 양팔을 모아 팔꿈치로 바닥을 지지하게 만들어 주세요. 엎드려서 얼굴에 꽃받침을 만드는 자세와 같이 만들면 되는데, 손은 바닥에 두면 됩니다. 이때 어깨와 팔꿈치를 최대한 가운데로 모아 주세요. 이렇게 자세를 잡아 주면 아이는 목의 힘이 부족하더라도 꽤나 잘 엎드린 자세를 유지할 수 있습니다. 하지만 이 자세가 편한 자세라는 것은 아닙니다. 자기 몸을 잘 가누지 못하는 아기들에게 이 자세는 굉장히 힘이 들 수 있습니다. 하지만 모든 발달은 힘든 과정을 넘어서는 일종의 훈련이 필요하죠. 터미타임도 마찬가지예요. 이 운동을 잘 해내야 아기가 다음 단계 발달도 잘 해낼 수 있습니다.

횟수와 시간

처음 시작할 때는 욕심을 내지 마세요. 자세를 유지하는지만 보아도 충분합니다. 신생아의 경우 목표를 하루에 두세 번, 한 번에 3~5분 정도 유지하는 것을 추천합니다. 아기가 이 시간이 지나도 잘 버틴다면 아이가 힘들어할 때까지 기다려 주세요. 터미타임 훈련이 잘 된 생후 2개월 아기는 보통 15분 정도 버틸 수 있는 힘을 가지게 됩니다. 가장 중요한 건 아기가 버틸 수 있는 만큼, 천천히 시간을 늘려 가는 겁니다.

요령

아기가 점점 긴 시간을 버티게 하려면 흥미를 유발하는 것이 좋습니다. 아무것도 없는 맨 바닥에 엎드려만 있게 하는 것은 아기에게도 지루한 일이죠. 그래서 아기가 좋아하는 장난감을 눈앞에 두는 것을 추천합니다. 이때 손에 닿을락 말락 한 거리에 두는 것이 좋아요. 그럼 아이들이 열심히 장난감을 쳐다보기도 하고, 힘이 더 생긴다면 손을 뻗어 잡으려고도 할 것입니다. 그렇게 아이가 반응을 잘 보이면, 장난감을 아기 주변에 쭉 둘러서 놔 주세요. 그럼 아이가 주변의 장난감을 잡기 위해 손을 뻗거나 구르려고 노력하면서, 자연스럽게 운동 발달이 이루어지게 됩니다.

아기가 주변에 놓인 장난감에 흥미가 없을 땐 엄마아빠가 누워서 가슴 위에 아이를 엎드리게 하는 것도 좋습니다. 아이는 익숙한 사람의 얼굴을 보면 흥미를 느끼고 잡고 싶어 하기 때문에, 이 자세에서 아기를 바라보면 아기도 엄마아빠의 얼굴을 잡고 싶어 하며 재밌어 할 것입니다. 이런 놀이는 아기와 애착이 쌓이는 좋은 시간이 되기도 합니다.

터미타임은 힘들 수 있는 하나의 훈련 과정입니다. 아기를 엎드린 자세로 혼자 두고 한눈을 팔면, 아기가 지쳐 고개를 앞으로 푹 숙이며 사고로 이어질 수 있죠. 그래서 터미타임에 대해 설명할 때 강조하는 것이 안전입니다. 아기의 바로 옆에서 한시도 눈을 떼지 않는 것이 중요합니다! 가만히 지켜만 보는 것보단 장난감이나 엄마아빠의 얼굴을 보여 주며 자극해 주고, 그 과정에서 아이는 코어의 힘을 기르고 팔다리로 움직이려고 노력하며 구르기와 배밀이 등의 운동을 할 수 있게 됩니다.

도전할 기회 마련해 주기

아이들이 발달을 이뤄 내는 과정을 보면, 무언가 하고 싶어 하는 마음이 생겨 잘 안 되는 행동을 반복하다 결국 성공에 이릅니다. 그런데 간혹 아이들이 애쓰는 모습을 안쓰럽게 보는 분들이 있어요. 하지만 이것은 아이들이 발달을 이룰 수 있는 기회를 오히려 박탈하는 행동입니다.

'아기들은 알아서 큰다.'라고 말하는 분들이 있죠. 이 말은 절반은 맞고 절반은 틀립니다. 아기들은 기회가 주어진다면 스스로 발전을 이룹니다. 이 점에서 절반은 맞는 이야기이죠. 하지만 아기에게 도전과 성취의 기회를 주지 않는다면, 아이는 아무것도 이루어 낼 수 없습니다. 실제로 저는 진료실에서 아기가 울까 봐 하루 종일 안고만 있었던 부모님을 만난 적이 있는데요. 안타깝게도 이 아이는 생후 10개월이 될 때까지 앉는 자세를 취할 수도 없었습니다. 아기가 스스로 앉을 기회를 주지 않았기 때문이죠.

안전에 이상이 없는 한, 아기도 도전을 계속해야 합니다. 이 과정에서 부모님은 아기가 다치지 않게 보호하는 보호자 역할을 해야 하지만, 아기가 다음 단계에 호기심을 느낄 수 있도록 돕는 조력자 역할도 해야 합니다. 터미타임도 마찬가지입니다. 터미타임은 안전하게만

한다면 아기들이 고개를 가누고, 뒤집고, 되집고, 기어나갈 수 있도록
돕는 건강한 훈련법입니다.

자기 목소리를 내요
언어, 사회성 발달

아기의 울음이 중요하다는 사실. 1장에서 함께 살펴보았죠? 울음은 아기가 자기를 표현하는 수단이자 언어입니다. 인간은 언어라는 도구를 사용해서 의사소통 하는데, 아기들은 울음에서 우리가 쓰는 단어, 문장 등 더 발전된 언어를 배워 나가게 됩니다. 놀랍게도 태어난 지 2개월이 된 아기들도 언어 발달을 시작합니다.

언어라는 것은 기본적으로 다른 사람과 소통을 위해 존재하기 때문에, 아기들이 언어 발달을 시작했다는 것은 '사회성 발달'을 시작했다는 것과 비슷한 의미로 볼 수 있습니다. 2개월이 넘어가는 아기는 이런 의미에서 사회성 발달을 보이는데요. 아직 우리가 생각하는 사회적 활동을 하는 것은 아니지만, 본인이 익숙하고 좋아하는 사람을 알아보고 반응합니다. 이 반응의 가장 대표적인 모습이 바로 많은 부모님의 마음을 녹이는 '사회적 미소'죠.

두 가지 반응 - 웃음과 울음

신생아도 미소를 짓기는 합니다. 주로 자는 동안 관찰되는 신생아의 예쁜 미소를 '배냇짓'이라고 하죠. 배냇짓은 아기들이 행복한 꿈을 꾸고 있는 듯한 모습이어서 정말 사랑스러운데, 사실 의학적으로 보면 신생아의 배냇짓은 감정과는 상관이 없습니다. 신생아는 얼굴을 움직이는 신경과 근육이 미숙해서, 자는 동안 미소 짓는 것처럼 신경과 근육이 움직이는 것일 뿐이에요.

하지만 사회적 미소는 배냇짓과 다릅니다. 이름에서 알 수 있듯이 이는 미숙한 근육 조절로 생기는 미소가 아니라, 익숙한 사람에 대한 반응으로 아기가 지어 보이는 미소입니다. 주 양육자의 목소리에 반응하기도 하고, 익숙한 얼굴을 보는 것에 반응하기도 합니다. 아이들이 엄마아빠의 얼굴을 보고 미소를 짓는다고 생각해 보세요. 정말 사랑스럽겠죠? 그래서 사회적 미소는 아기와 부모의 관계가 크게 발전하는 계기가 되기도 합니다.

생후 2~3개월의 아기는 주변 사람의 얼굴과 목소리에 좋은 반응만 보이는 것이 아닙니다. 불쾌한 자극에도 반응을 하게 되는데요. 엄마아빠가 평소와는 다르게 언성이 높아지거나, 본인을 혼내는 것 같은 소리를 내면 그 소리에 반응하여 울음을 터뜨립니다. 아기가 우는 모습도 귀엽기 때문에 괜히 무서운 소리로 겁을 주어 울게 만드는 분도 있는데요. 굳이 이런 놀이를 하며 행복해하는 것은 별로 바람직하지 않습니다. 이제 애착을 형성해 나가는 단계이기 때문에, 애정을 쏟아 주고 사랑을 표현하기에도 시간이 모자랍니다. 아기 앞에서 부모님이 서로 언성을 높이는 일도 피해야겠죠?

물론 무서운 소리에 아기가 우는 반응이 절대적인 것은 아니어서 사회성 발달의 척도로 삼기에는 어려울 수 있습니다. 그렇기 때문에 아기가 무섭게 해도 잘 울지 않는 것 같다고 병원에 찾아오는 것은 곤란해요. 병원에서는 "나중에 사회성 발달이 확연히 나타날 때쯤 다시 한번 평가해보자."는 답변만 할 겁니다.

아기의 말 배우기를 돕는 방법 - 따라 하기

아기들은 사회성이 발달하며 주변에 대한 반응이 늘어나고 그만큼 표현하는 방법도 발달합니다. 지금까지는 울음을 통해서만 본인이 하고 싶은 이야기를 전해 주었다면, 이제는 '우', '아' 같은 모음을 발음하며 소리를 내기 시작합니다. 이 소리를 아기가 그냥 우연히 내는 것이라고 생각하고 넘어가는 분도 많은데요. 아기가 모음 소리를 낸다는 것은 굉장히 큰 발달입니다.

초등학교를 다닐 때 리코더라는 악기를 배웠던 기억 모두 있죠? 초등학교 저학년 아이들이 리코더를 처음 배우며 내는 소리는, 음악이라기보다는 "빽빽" 소리에 가깝습니다. 음정이 있기는 하지만 숨을 뱉는 힘 조절을 하지 못하여 온 힘을 다해 소리를 내죠. 하지만 리코더를 전공한 사람의 연주를 들어 본 적이 있으세요? 같은 악기라는 사실이 믿어지지 않을 정도로 다양한 강약과 음률이 있는 아름다운 소리를 들을 수 있습니다.

신생아의 울음은 리코더를 처음 배운 아이의 연주 소리와 같습니다. 온 힘을 다해 소리를 낼 뿐이죠. 하지만 아기가 모음을 소리 내기 시작한다는 것은, 마치 숙련된 리코더 연주자가 음악을 연주하는 것처럼 발성을 할 때 힘을 조절하기 시작한다는 것입니다. 아기는 숨을 조심스럽게 내쉬면서 성대의 움직임을 조절합니다. 그러면서 울음소리보다 훨씬 더 아름답고 귀여운 소리를 낼 수 있게 되는 거죠. 물론 아직은 우리가 '말'이라고 부르는 소리를 낼 수는 없습니다. 그 이유는 우리가 말소리를 내기 위해서는 입술도 잘 움직여 주어야 하고, 혀 같은 입안 근육도 잘 조절해야 하기 때문이죠. 하지만 그 이전에 아름다운 목소리를 내기 위해서 숨과 성대를 우리 아이가 조절하기 시작한 것입니다. 정말 대견하죠?

언어의 발달을 돕기 위한 가장 중요한 방법은 바로 사회성을 이용하는 것입니다. 말을 한다는 것은 결국 본인의 생각과 감정을 표현하는 것이고 이는 아이의 사회성을 바탕으로 합니다. 그래서 아이가 모음을 내는 것을 넘어서서 다음 단계의 말을 배워 나가기 위해서는 다음과 같은 노력을 해 주는 것이 도움이 됩니다.

아이가 내는 소리를 따라 해 주세요. 부모님이 아이의 말을 따라 하는 것은 아이가 소리에 흥미를 느끼게 하고 추후에는 올바른 발음을 알려 주는 좋은 방법이 됩니다. 이 시기의 아이는 본인이 내는 소리를 엄마아빠가 따라 해 준다면 의사소통이 된다고 느끼고 소리를 더 많이 내려고 노력할 것입니다.

또한 아기는 부모님의 행동을 모방하려고 노력하기 때문에 아기의 얼굴을 마주하고 아기가 내는 소리를 따라 하고 다른 말을 해 주는 것은 아기가 소리를 더 정교하게 내는 데 도움이 됩니다. 아기는 엄마아빠가 말을 할 때 움직이는 입술의 모양을 보고 그런 움직임을 만들고 싶어 하게 되는데요. 이 모방을 통해 아기는 모음의 다음 단계인 자음 소리를 내는 연습을 시작할 수 있게 됩니다.

이 글을 읽는 분들께 전하고 싶은 안타까운 소식이 있습니다. 아기가 울음소리 이외에 다른 소리를 추가로 내면서 의사소통을 시작하기는 하지만, 아직 아기의 주 의사소통 방식은 울음입니다. 아직은 울면서 기본적인 소통을 하기 때문에 울음이 줄어들었다고 하기는 어려워요. 앞으로도 당분간 아기가 우는 소리에 잘 반응해 주어야 합니다. 하지만 아기가 내는 소리에 집중하면서 아기에게 더 다양한 소리를 들려준다면, 아이 키우는 일이 더욱 재밌어질 겁니다. 부모님 모두 아이와 모음 말하기 한번 해 보세요!

움직이는 것도 잘 봐요
인지 발달

핵심 먼저!

수유할 때 많이 이야기해 주세요. 아이의 호기심에 함께해 주세요.

태어난 지 한 달이 채 되지 않은 신생아 시기에는 시력도 좋지 않고, 안구를 움직이는 신경과 근육이 미숙합니다. 겨우 눈앞 20~30센티미터 정도에 놓여 있는 물체를 응시할 수 있는 정도죠. 안구를 움직이는 것이 워낙 미숙하다 보니 양쪽 눈이 따로 움직이며 사시처럼 보이기도 해서 걱정하는 마음에 병원에 데려오기도 합니다. 진료를 해 보면 대부분은 정상적인 상태이지만요.

시간이 지나면서 아기의 시력은 점차 좋아지게 됩니다. 생후 2개월이 넘어가면 안구의 움직임이 발달하여 움직이는 물체를 보게 되고, 볼 수 있는 범위도 180도가 됩니다. 자신보다 앞에 있는 물체는 거의 볼 수 있게 되는 것이죠.

눈과 손의 움직임이 점차 조화로워지면서, 눈으로 보는 물체를 잡으려는 노력도 합니다. 신생아의 손바닥에 손가락이나 다른 물체를 대 보면 그것이 무엇인지도 모르고 무조건 꼭 잡는 '파악 반사'가 나타나지만, 이제는 점점 내가 원하는 물체를 잡는 시기가 오게 됩니다.

아이가 본인이 원하는 물체를 바라보고 손으로 잡는 것은 단순히 신경계가 발달하고 아기가 활발해진다는 것만을 의미하는 것이 아닙니다. 이것이 가능해지며 아이들의 세계는 점점 넓어집니다. 이 발달은 앞으로 이루어질 인지 발달과 운동 발달의 밑거름이 되죠. 이런 중요한 시기에 아이의 발달 단계에 맞추어 어떻게 하면 잘 놀아 주고 잘기를지 생각해 볼 필요가 있습니다.

많이 이야기하기, 특히 수유할 때!

이 시기는 아직 멀리까지 시력이 닿는 것은 아니기 때문에 가까운 물체만 선명하게 볼 수 있지만, 익숙한 것을 알아보고 알아듣고 반응하면서 인지 및 사회성 발달도 이루어집니다. 눈 자체의 시력도 점차 좋아지고 내가 보는 것이 누구인지 더 잘 알아보는 시기이기 때문에, 아이가 알아볼 수 있을 정도의 거리에서 많은 이야기를 해 주는 것을 추천합니다.

아기와 눈을 맞추고 교감을 할 수 있는 좋은 순간 중 하나가 수유할 때입니다. 분만 후에 몸조리도 다 끝나지 않은 상태에서 매일 밤을 새우며 수유를 하다 보면, 수유하는 순간은 오히려 휴식 시간으로 느껴지기도 합니다. 아직도 아기 보는 것이 서툰 아빠라면, 수유할 때 잘 먹이는 것에 너무 집중하다 보니 아이와 교감할 여유가 없는 분도 있죠. 하지만 아기가 무언가 먹을 때만큼 행복하고 마음의 여유가 있는 순간은 별로 없습니다. 아이는 수유를 하면 마음이 편해지고, '오 나에게 이렇게 맛있는 걸 주는 사람은 누구지?' 하며 지금 나를 안고 있는 사람을 궁금해합니다. 그래서 초보 부모님이 아이와 애착을 쌓는 좋은 방법 중 하나가 수유 시간에 많은 교감을 하는 것이라고 말하죠.

요즘 외식을 할 때 가족들의 모습을 보면, 함께 이야기 나누며 행복하게 식사하는 모습을 보기가 점점 어려워집니다. 아이들은 각자 핸드폰을 하고 있고, 부모님도 별로 말이 없이 식사만 하다가 나가는 경우가 많은 느낌이에요. 식사 시간의 핸드폰 사용은 다른 사람과 소통을 막는 원인이 되기도 하지만 건강한 식습관을 방해하는 주요한 요소이기 때문에, 영유아 식사 교육에서도 하면 안 되는 일이라고 교육을 하는데요. 실제로 이 내용이 지켜지는 집은 별로 없어 안타깝습니다.

저는 행복한 식사 시간이 행복한 가정을 만든다고 생각합니다. 그리고 수유는 아기에게 식사 시간입니다. 아기가 태어난 지금부터 식사 시간을 행복하게 보내려고 노력해야, 앞으로 아이와 함께 살아갈 날 동안 식사 시간이 화목하고 행복할 수 있다고 생각합니다. 그런 의미에서 다시 강조할게요. "틈이 날 때마다 얼굴을 마주하고 말을 걸어 주세요. 특히 수유할 때요!"

아이의 운동을 도우면서 놀아 주기

유년기 시절 잠자리를 잡을 때 잠자리의 눈앞에서 손가락을 빙빙

돌린 기억 다들 있으시죠? 그렇게 하면 잠자리가 어지러워져 자기를 잡으려는 움직임을 알아채지 못하기 때문에 아주 효과적인 방법입니다. 같은 이유로 생후 한 달이 되지 않은 신생아 아기에게는 빙빙 도는 모빌을 달지 말라고 말씀을 드립니다. 아직 안구 운동 발달이 되지 않은 신생아는 눈앞에서 도는 모빌을 쫓아가지 못해 어지러울 수 있는데요. 어지럽지 않다고 하더라도, 멀리 매달려 있는 모빌이 선명하게 보이지 않기 때문에 움직이는 모빌을 사용하기에는 시기상조라고 설명합니다. 신생아에게는 가만히 있는 모빌이나 주변에 가만히 두고 집중할 수 있는 초점 책이 더 적합합니다.

하지만 아이가 움직이는 물체에 반응하여 눈을 움직이기 시작한다면, 이제 움직이는 모빌이 아주 좋은 장난감이 되는데요. 천천히 움직이는 물체를 보면서 아이는 안구 운동을 더욱 발전시키고, 눈으로 보는 것을 잡으려고 하는 시기이기 때문에 손을 뻗으며 열심히 운동을 합니다. 이때 모빌을 너무 천장 높이 설치하면 아기가 잘 보지 못해 흥미를 갖지 못할 수 있고, 반대로 너무 낮게 설치하면 아기가 모빌을 잡고 넘어뜨려 안전사고가 발생할 수 있습니다. 그렇기 때문에 아이가 팔을 뻗었을 때 10~20센티미터 정도 떨어지는 높이가 적당합니다. 그리고 아이가 점점 더 운동이 발달하면서 팔을 위로 잘 뻗거나 앉으려고 하는 시기가 온다면 모빌을 더 높게 설치하다가 사용을 중지하는 것이 안전합니다.

물론 모빌 사용은 필수가 아닙니다. 모빌을 설치하기 어려운 환경이거나 아이가 모빌에 관심을 가지지 않는 경우에는 사용하지 않아도 됩니다. 아기의 시선을 끌 수 있는 딸랑이를 눈앞에서 조금씩 움직이며 잡을락 말락 하게 흔들어 주다 결국 아이가 잡게 해 주는 놀이도 아기는 매우 좋아하고요. 아기 주변에 인형이나 장난감을 두면, 아기가 이리저리 눈도 굴리고 잡으려고 하면서 고개를 돌리려고 노력할 수 있게 되죠. 이는 목을 가누는 발달을 촉진하는 데 도움이 될 수 있습니다. 그리고 이 방법은 터미타임을 할 때 매우 효과적이라는 것, 기억하시죠?

아이의 호기심에 함께하기

아이가 보는 시야가 넓어진다는 것은 생각보다 큰 변화를 가져옵니다. 아이는 막 태어났을 때는 눈앞에 놓여 있는 것만 겨우 볼 수 있습니다. 아이의 시선은 하나의 점에 불과하죠. 아이가 보는 세상은 0차원이나 다름없습니다. 하지만 이제 아이는 좌우로 180도나 되는 범위를 볼 수 있습니다. 아이의 시선이 하나의 선을 형성하며, 아이의 세상은 1차원이 됩니다.

이렇게 아이가 보고 느끼는 세상은 점차 고차원이 될 것입니다. 기어다니기 시작하면서는 바닥과 닿은 2차원의 면을 느끼게 되고, 서고 걷기 시작하면서 드디어 3차원 공간을 인지할 수 있게 됩니다. 개미는 2차원의 면만 인지할 수 있다고 하고, 사람은 4차원을 보고 인지할 수 없다고 합니다. 우리가 인식하는 차원의 단계가 한 단계 올라가는 것은 그만큼 큰 변화이자 발달이라고 할 수 있습니다. 그 엄청난 일을 우리 아이가 해내고 있죠.

태어난 지 2개월 정도 된 아주 작은 아기도 그 눈을 들여다보고 있으면 호기심이 넘치는 눈빛을 쉽게 볼 수 있습니다. 아무것도 모르는 것 같은 아기라도 '아니, 이건 뭐지?!' 하며 주변을 탐구하는 노력을 계속하고 있는 것이죠. 이제는 신생아 시기보다 한 차원 높은 시선을 갖게 되었으니, 아기의 호기심을 자극하는 대상이 주위에 넘치고 있을 것입니다.

생각보다 힘든 육아로 많이 지칠 때는 마음 한편에 '아이가 혼자 잘 놀아주었으면 좋겠다.'고 생각하게 되기도 합니다. 솔직히 고백하자면 저도 그럴 때가 있었습니다. 하지만 어느 순간 주변을 살피며 신기하게 탐구하는 아이의 눈빛을 보자, 모빌을 보며 잘 놀아 주기를 바랐던 스스로를 반성하게 되었습니다. 그리고 아기가 혼자 지내는 시간도 필요하지만, 세상을 많이 보여 주는 것이 중요한 교육이 되겠다고 생각했죠. 생후 백일이 되기 전에는 아직 면역력이 약하기 때문에 춥거나 더운 야외나 사람이 많은 곳의 산책을 추천하지 않습니다. 그렇기 때문에 아기에게는 매우 넓은 세상일 우리 집을 자주 구경시켜 주어야겠다고 생각했어요. 그래서 아이를 안고 집 안 구석구석을 구경시켜 주며 이런저런 설명을 하며 많은 시간을 보냈습니다. 특히 트림을 시킬 때 이렇게 시간을 보내는 것을 좋아했습니다.

저희 아이가 그 시기의 기억을 가지고 있을 것이라고 생각하지는 않습니다. 하지만 지금도 신기하고 궁금한 것이 넘쳐나는 아이를 보고 있자면, 아기일 때부터 세상을 알려 주고자 했던 제 노력이 의미 없는 것은 아니었다는 사실을 깨닫게 됩니다. 아이에게 더 넓은 세상을 보여 주고 알려 주고자 하는 노력과 아이와 많이 소통하고 행복한 시간을 가지려는 노력은, 어쩌면 아기일 때부터 부모가 가져야 하는 하나의 습관이지 않을까 하는 생각을 합니다.

통잠으로 가는 길, 수면 습관 들이기

핵심 먼저!

2~3개월부터 수면 교육을 실행해요. 목욕, 30분에서 1시간 뒤 수유, 30분 동안 트림, 잠들기 순서를 추천해요. 수유와 수면을 분리하세요.

저희 병원에서는 전공의 생활을 할 때, 처음 일을 하는 부서로 발령이 되면 첫 며칠간은 매일 당직을 서는 "에당(에브리데이 당직)을 선다"는 말이 있었습니다. 하지만 소아과 의사들 사이에서는 "우리는 에당이지만 부모님들은 '애당'을 선다."라고 이야기하고는 했는데요. 여기서 애당은 애기를 돌보며 서는 당직을 의미했습니다. 전공의 시절의 당직은 그 끝이 있어서 버틸 수 있었지만, 끝이 없는 애당이 얼마나 힘든 일인지 소아과 의사인 저도 아이를 낳고서야 제대로 알 수 있었습니다.

아이를 키우며 당직을 선다고 말하는 이유는, 아기가 밤에 자다가 잘 깨기 때문입니다. 아기를 키우면서 부모님이 해야 하는 다양한 일

중 기저귀 갈기, 수유하기, 목욕시키기 등은 금방 익숙해지지만, 아기를 재우느라 밤을 지새우는 일은 절대로 익숙해지지 않죠. 실제로 아기를 재우는 일은 결코 만만한 일이 아니어서 육아 서적마다 육아 전문가마다 아기 수면 교육에 대한 다양한 방법을 제시하고 있습니다.

그런데 전문가들이 다양한 방법을 제시하고 있다는 것은 한 가지 중요한 사실을 의미합니다. 바로 아기 수면 교육에는 정답이 없다는 것이죠. 그래서 오늘은 특정 수면 교육법에 대한 내용보다, 많은 전문가가 동의하는 아기의 건강한 수면 습관을 위한 요령에 어떤 내용이 있는지 살펴보려고 합니다.

수면 교육 꼭 필요한 걸까?

'수면 교육'이라는 말은 아이를 키워 본 적이 없는 분들에게는 매우 낯설 수 있습니다. 졸리면 그냥 자면 되는데 왜 굳이 자는 것을 가르쳐야 하는지 의문이 들 수도 있는데요. 안타깝게도 아이는 자는 것에 대한 교육이 필요합니다.

우리에게는 "졸리면 잔다."는 개념이 아주 당연하죠. 졸린 느낌이 들면 엎드리거나 누워서 눈을 감으면 잠이 온다는 사실을 잘 알고 있습니다. 하지만 아기는 '졸리다'라는 불편한 느낌을 어떻게 해소하는지 잘 모를 거예요. 잠을 자면 해결이 된다는 것을 알더라도, 어떻게 하면 잠에 들 수 있는지, 어떻게 하면 잠에 들 수 있는 편안한 마음 상태가 되는지 알지 못합니다. 그렇기 때문에 아기가 졸려 할 때 "그게 졸린 거야."라고 말해 주고 어떻게 하면 잠에 들 수 있는지 가르쳐 주는 과정이 필요한데, 이를 수면 교육이라고 합니다.

수면 교육에 정답이 있을 수 없는 이유는 아이가 얼마나 예민한지 진정이 잘 되는지 등의 성향에 따라 교육 방식이 달라지고, 또 아이가 어떤 감각이 예민한지에 따라서도 달라지기 때문입니다. 그리고 수면 자체가 가정마다 다른 하나의 문화이기 때문에 각 가정의 상황에 맞추어 적용해야 하는 면도 있죠.

아기를 어떻게 재울 것인지는 우리 가족이 수면에 대해서 어떤 문화를 가지고 있는지 생각해 보고 아이의 성향에 맞추어 수면 환경을 맞춰 가는 것이 중요합니다. 그래서 저는 사실 교육이라는 말보다 수면 분위기 혹은 수면 환경이라는 말을 더 선호합니다. 우리 가족이 편안한 수면 환경을 일관되게 유지해 주면서, 아이에게 편안한 분위기를 만들어 주는 것이 수면 교육의 목표라고 생각하면 좋겠습니다.

시기: 2~3개월부터

아기가 잠을 자는 것은 어른과는 조금 다릅니다. 이 차이를 올바르게 이해하는 것이 수면 환경을 만들어 가는 데 첫걸음이 될 텐데요. 아기의 잠과 어른의 잠은 어떤 점에서 차이가 있는지 함께 알아보겠습니다.

우리의 잠은 크게 두 단계로 나뉩니다. 모든 사람은 잠을 자면서 꿈을 꾸는 단계로 알려진 '렘(REM) 수면'과 깊게 자는 단계인 '비렘(non-REM) 수면' 단계를 거치는데요. 이 두 단계가 짝을 지으며 하나의 수면 주기를 갖습니다. 성인의 경우 수면 주기가 90분 정도이고, 신생아 시기에는 60분 정도로 어른보다 주기가 짧습니다.

모든 사람은 자다가 수면 주기가 끝나면 잠시 깨고는 하는데, 어른들은 대부분 무의식 상태에서 다시 잠들기 때문에 기억을 하지 못합니다. 하지만 자다가 갑자기 깨어났을 때나 아침에 일어나서 개운하다고 느낄 때는 이 수면 주기가 몇 번 끝나고 깨어난 순간인데요. 아이들도 수면 주기가 한 번 끝날 때마다 잠에서 깨어날 가능성이 있습니다. 그런데 그 시간이 60분, 즉 한 시간마다 돌아오다 보니 밤에 자다가 자꾸 깨는 모습을 보이는 것이죠. 아기의 수면 환경을 만들어 줄 때에는 아기는 새벽에 원래 자주 깬다는 점을 기억하고, 깨는 모든 순간이 정말 완전히 깬 건 아니다(우리가 새벽에 잠시 깨어나도 기억 못 하는 순간이 있는 것처럼요.)라는 사실도 기억해야 합니다.

신생아는 낮과 밤을 잘 구분하지 못한다는 사실도 알아 두어야 합니다. 아기가 하루의 흐름을 느끼기 시작하는 때는 생후 2~3개월은 되어야 합니다. 그렇기 때문에 지금 이 시기에는 낮과 밤에 따라 생활 패턴이 달라진다는 것도 몸소 가르쳐 주어야 합니다. 그렇지 않으면 낮과 밤이 바뀌는 골치 아픈 상황이 벌어질 수 있습니다. 그래서 생후 2개월 정도부터는 수면 교육을 시작하는 게 좋다고 전문가들은 이야기합니다.

아기의 수면에 대한 관심과 고민은 부모님 두 분이 함께해야 합니다. 한 명이 오롯이 담당하기에는 너무나 힘든 일이고, 특히 분만 후 몸이 아직 회복이 덜 된 산욕기의 어머니가 아기와 함께 밤잠을 설치는 일은 너무 가혹한 일이죠. '애당'은 엄마만 서는 것이 아닙니다. 아빠도 함께하는 것이 좋고, 오히려 아빠가 수면 교육을 담당하는 것이 통잠으로 가는 지름길이라는 연구 결과가 있기도 합니다. 그렇기 때문에 아빠도 함께 가족 내의 수면 환경을 공부해야 합니다.

수면 의식의 중요성

아기가 졸려서 울 때 어떻게 대처해야 하는지는 수면 교육법에 따라 다양합니다. 한번 눕히면 아무리 울어도 가만히 놔두라는 방법부터 충분히 안아 주라는 방법까지 극단의 방법이 존재하고 또 각각의 방법마다 장단점이 있기 때문에 어느 방법을 선택하는 것이 좋은지 단정하기는 어렵습니다. 하지만 모든 수면 교육법에서 강조하는 것이 바로 졸리기 전에 해야 하는 일들입니다.

아기와 한 달 반에서 두 달 정도 지내다 보면, 아기의 생활 패턴을 알 수 있게 됩니다. 몇 시쯤 수유를 하고, 몇 시쯤 잠을 자는지 대략의 규칙이 생기죠. 이 패턴이 잡힌다는 것은 아기가 하루의 흐름을 인지하기 시작했다는 것을 의미하기 때문에, 언제 자야 하는지 알려주는 데 좋은 계기가 됩니다. 물론 패턴이 명확하지 않은 아기도 생후 2개월 정도가 되면 언제 자야 하는지 가르쳐 줄 필요가 있습니다. 이때 아기에게 잠을 자야 한다고 알려 주는 방법을 '수면 의식'이라고 합니다. 아기에게는 자라고 아무리 말해 보았자 소용이 없기 때문에, 수면 의식을 통해 주변 환경을 잠자는 환경으로 바꾸어 주어야 합니다.

가장 먼저 조성해야 하는 환경 변화는 바로 낮과 밤의 구분입니다. 아기는 이제 낮과 밤이 서로 다르다는 것을 알아야 하기 때문에 어른들이 명확히 구분해 주어야 합니다. 그 방법은 빛을 이용하는 것으로, 아주 간단합니다. 해가 떠 있는 아침과 낮에는 집 안을 밝게 해 주세요. 커튼을 열고 집의 조명을 밝게 하면 됩니다. 아이가 낮잠을 잘 때도 암막 커튼으로 너무 어둡게 하지 말고 얇은 커튼으로 직사광선만 가려 주고, 어느 정도 밝은 환경에서 잠을 재우는 것이 좋습니다. 반대로 밤에는 커튼으로 외부의 빛을 가리고, 집 안 조명을 조금 어둡게 바꾸어 주세요. 그래야 아이도 조금 차분한 상태에서 잠을 잘 준비를 합니다. 이 시간은 보통 오후 6시쯤으로 추천합니다.

수면 의식이라는 것은 아이한테 이제 잘 때가 되었다는 것을 알려 주는 일종의 의식을 의미합니다. 여러 가지 방법이 있지만 가장 추천하는 방법은 목욕을 시키고, 집의 조명을 낮추고, 조용한 환경을 마련하고, 백색소음이나 잔잔한 음악을 이용하는 것입니다. 오후 7시 정도가 되면 본격적인 수면 의식에 들어가는 것이 아기가 너무 늦게 잠에 들지 않도록 하는 방법입니다. 물론 정확한 시간은 아기의 수유 시간에 따라 차이가 있을 수 있습니다.

전문가들이 공통적으로 이야기하는 것은 수면 의식의 내용이 아니라 매일 일관되게 수면 의식을 지키는 것이 중요하다는 점입니다. 수면 의식이 잘 잡힌 아이는 누가 재우더라도 의식만 잘 지켜준다면 쉽게 잠들 가능성이 높은데요. 엄마는 아이를 잘 재우는데 아빠는 잘 재우지 못하는 집이 있다면 수면 의식을 일관되게 적용하고 있는지 확인해 보는 것이 좋습니다.

대부분 아빠들은 수면 의식을 잘 모르기도 하고, 늦게까지 일을 하는 경우 아기의 수면 의식을 방해하거나 아기 얼굴을 보고 싶은 마음에 겨우 잠든 아기를 깨워 수면을 방해할 때가 많은데요. 이러다 아기가 잠에서 깨기라도 한다면 부부싸움이 발생할 수도 있습니다. 그런 갈등을 줄이기 위해서라도 아기의 수면에 대해 부모님이 함께 고민하고 원칙을 세우는 것이 좋겠습니다.

새벽에 아기가 잠시 깨어나서 "끙~" 한다고 바로 안고 재우지 않는 것이 좋습니다. 그 이유는 앞서 말한 아기의 수면 패턴과 관련이 있습니다. 아기가 한 시간에 한 번 정도 깰 수 있는데, 이때 깬다고 완전히 정신이 명료해지며 각성 상태가 되는 것이 아닙니다. 수면 주기가 한 번 끝나면 우리가 기억하지 못하지만 마치 잠에서 깬 것 같은 상태가 될 수 있는데, 다시 잠에 들 수 있도록 기회를 주는 것이 좋습니다. 아기가 완전히 잠에서 깨어 크게 우는 것이 아니라 조금 뒤척이거나 "깽~" 하는 정도라면 그냥 놔둬 보세요. 이 과정을 통해 아기는 잠에서 깨더라도 스스로 잠드는 법을 배울 수 있게 됩니다. 밤에 깨더라도 다시 혼자 잠드는 것, 이것이 통잠입니다.

수유와 수면의 분리

수면 의식을 설명할 때 강조하는 것은 바로 수유와 수면의 분리입니다. 아기는 배가 부르면 졸리기 쉽습니다. 그래서 수유를 하며 잠이 들기도 하고 수유가 끝난 직후에 바로 잠을 자는 경우가 있는데요. 이런 습관은 여러 가지 이유로 바람직하지 않습니다.

아기는 본인이 잠이 들었을 때의 상황을 기억하고 자다가 중간에 깼을 때 그 환경을 다시 만들어 주기를 바랍니다. 안아서 재웠다면 중간에 깼을 때 다시 안아서 재워 주기 바라고, 토닥토닥 두드려서 재웠다면 다시 두드려 주기를 원합니다. 마찬가지로 수유를 하며 잠이 든 아기가 깼을 때 수유를 해 줘야 다시 잠이 드는 경우가 있는데요. 이는 새벽에 수유를 하는 밤중 수유를 끊는 데 방해가 되고, 일부 아이는 만 3~4세가 넘어도 새벽에 일어나 물이나 우유를 꼭 1리터 정도 마셔야 잠을 자는 모습을 보이기도 합니다.

수유 직후에 잠을 자는 것은 아기의 역류와 배앓이를 악화할 수 있는데요. 아기가 수유하고 나서 깊이 잠들어 버리면 트림을 충분히 시키기 힘든 경우가 많습니다. 특히 분유 수유를 하는 아기가 트림을 충분히 하지 못한다면 배가 부른 것 때문에 자려고 눕혔을 때 게워 내는 경우가 많죠. 그리고 뱉어 내지 못한 공기가 장으로 내려가면서 장에 가스가 빵빵하게 차서 통증을 유발하는 배앓이(영아 산통)를 일으킬 수 있습니다.

먹고 바로 자는 습관은 구강 건강에도 좋지 않습니다. 아직 치아가 나지 않은 아기도 하루의 마지막 수유를 하고 난 뒤에는 깨끗한 수건으로 잇몸을 닦아 주는 것을 추천하는데요. 그 이유는 아기 입안에 충치 균이 있는 경우 잇몸 안에서 자라고 있는 치아를 약하게 하고 나중에 충치를 유발할 수 있기 때문입니다.

이렇게 여러 가지 이유로 수유를 하고 일정 시간이 지난 이후에 수면을 하는 것이 좋습니다. 그래서 수면 의식을 계획할 때에는, 아기가 수유를 하기 30분에서 1시간 전에 목욕을 하고 수유를 하고 30분 이상 충분히 트림을 시킨 다음, 잠자리에 들어가는 순서로 만드는 것이 좋습니다.

아빠가 재우기를 추천합니다

"아이가 저렇게 우는데 어쩜 당신은 깨지도 않아?!"

신생아를 키우는 거의 모든 아빠가 한 번쯤 이 말을 들어 보았을 겁니다. 실제로 한 연구진이 연구를 해 보니, 아기의 울음소리에 아빠가 덜 예민하다고 합니다. 본능적인 현상이라 어쩔 수가 없다고 하는데요. 남자의 이러한 특성을 이용하여, 수면 교육을 아빠가 전담하는 것도 좋은 방법이 될 수 있습니다.

위에서 아기가 새벽에 잠깐씩 깨더라도 반응하지 않고 스스로 자도록 놔두는 것이 통잠으로 가는 중요한 방법이라고 설명했는데요. 아기의 울음소리에 상대적으로 둔감한 아빠가 아기랑 함께 잔다면, 아기가 잠깐씩 깨는 것에 반응을 하지 않아 수면 교육에 오히려 도움이 됩니다. 이스라엘의 한 연구진이 실제로 실험을 시행했는데요. 결과는 놀라웠습니다. 아빠와 함께 자는 아이가 엄마와 함께 자는 아이보다 통잠을 잘 확률이 높았습니다.

아빠가 수면을 도와주어야 하는 이유는 엄마를 위해서이기도 합니다. 분만 후 6주까지 산모들은 '산욕기'라는 힘든 시기를 겪게 되고, 분만 후 찾아오는 기분의 변화로 산후 우울증을 겪는 산모도 정말 많습니다. 수면 교육을 시작하는 시기의 엄마는 몸과 마음이 모두 힘든 상태이기 때문에, 육아 중 가장 힘든 일을 아빠가 담당하는 것이 아내에게 큰 도움이 될 수 있습니다.

우리 아기를 먼저 보기

육아와 아이 교육법을 공부하다 보면 가장 놓치기 쉬운 부분이 바로 '우리 아이'입니다. 책이나 유튜브를 보면 볼수록 다른 아이의 사례와 우리 아이를 비교하게 되고, 특정 전문가가 제시하는 방법을 너무 신뢰하면 그 방법에 우리 아이를 끼워 맞추게 됩니다. 이 방법이 우리 아이와 잘 맞는다면 효과적인 육아법이 될 수 있지만, 오히려 부작용이 나타나는 경우도 많습니다.

육아법을 다양하게 공부하는 것이 나쁘다고 말하는 것이 아닙니다. 다만 방법론은 우리가 사용할 수 있는 도구와 같다고 말하고 싶습니다. 우리가 중요한 일을 할 때는 어떤 도구를 어떤 방법으로 활용할지 선택하기 전에, 해야 할 일이 무엇이고 가장 중요한 점이 무엇인지부터 아는 것이 좋습니다. 그래야 올바른 방법을 선택할 수 있죠.

아이를 키우는 일도 마찬가지입니다. 아이를 키울 때 부모님이 알아야 할 아주 기본적인 정보가 있는 반면, 그 기본을 바탕으로 응용하는 것에 대한 정보도 많이 있습니다. 그리고 아이를 키우는 일의 가장 핵심에는 바로 '우리 아이'가 있죠.

특정 육아 도서나 특정 전문가의 이야기만 믿고 아이를 그 틀에 맞추어 키우는 방법은 정말 많은 부모님이 선택하는 방법이지만, 사실은 육아를 반대로 하고 있는 것일지도 모릅니다. 부모님이 해야 하는 첫 번째 노력은 바로 우리 아이가 어떤 특징을 가지고 있는지, 어떤 성향인지 파악하는 것입니다. 그다음 우리 아이에게 적용할 적당한 육아법을 찾아 나서는 것이죠.

우리 아이에 대한 판단은 부모님이 맡아 주세요. 우리 아이를 가장 잘 아는 사람은 엄마아빠가 되어야 합니다. 저는 이 책의 남은 부분에서 부모님이 알아야 할 육아의 기본 정보들을 알려 드릴게요. 지금까지 많은 책을 보았다고 그게 무의미한 것이 아닙니다. 지금까지 공부한 내용을 우리 아이를 바라보면서 다시 한번 정리하는 기회를 가지면 더욱 편하고 행복하게 아이를 키울 수 있을 거예요.

둥근 머리를
만들어요!

핵심 먼저!

터미타임과 자는 방향 바꾸기를 활용하세요. 교정 베개는 사용하지 마세요.

예쁜 두상. 모든 부모님이 바라는 것이죠. 아기 머리를 둥글게 만들어 준다는 베개가 선풍적인 인기를 끌 만큼 아기의 동그란 머리는 부모님의 큰 관심사입니다. 사실 저도 아기들을 매일 돌보고 있지만 동그란 머리의 아기를 보면 작은 공 같아 귀엽게 느껴지는데요. 이렇다 보니 두상을 예쁘게 만들어 주는 방법에 대한 질문도 많이 받게 됩니다.

아직 엄마 배 속에서 태어나지 않은 태아는 엄마의 산도를 나오기 위해 머리뼈가 다섯 개로 나누어져 있습니다. 이 상태는 제왕절개라는 분만 방법이 만들어지기 전, 인류에게 내려온 진화의 산물인데요. 그래서 모든 아기는 다섯 개로 나누어진 머리뼈를 가지고 태어납니다. 그렇기 때문에 이제 막 태어난 신생아의 머리를 만져보면 말랑말

랑하다는 느낌이 들고, 머리뼈 사이에 간격이 있어야 좁은 산도에서 머리뼈가 서로 모이며 머리를 일시적으로 작게 만들 수 있기 때문에 숫구멍(숨구멍이라고 잘못 부르기도 하는)이 앞뒤로 하나씩 만져집니다.

진통을 겪지 않고 제왕절개로 태어난 아기들은 산도를 통과하지 않아 머리 모양이 눌리는 일이 별로 없지만, 진통을 겪었던 아기이거나 자연분만을 통해 태어난 아기는 엄마의 산도 모양으로 머리가 조금 길쭉하게 변형되어 나오기도 합니다. 이 모양 변화는 다행히 수일 내로 정상 상태로 돌아오지만, 초보 부모님은 이 모습에 놀라기도 하여 신생아실에서는 아기의 머리를 겉싸개 등으로 가려 두기도 합니다.

머리뼈가 비대칭으로 합쳐질 때

아기의 머리가 동그랗고 예쁘게 되기 위해서는 일단 아기의 머리가 건강해야 합니다. 아기의 머리가 건강하다는 것은 머리 안쪽의 뇌가 정상적인 모양을 갖추고 있어야 한다는 의미이기도 하고, 머리뼈가 건강해야 한다는 의미이기도 한데요. 마치 서로 다른 나라가 국경이라는 경계선을 가지고 있는 것처럼, 다섯 개의 머리뼈가 서로 맞닿아 있는 부분에는 '봉합선'이라는 경계선이 있습니다. 생후 1~2년의 시간 동안 아기의 머리뼈가 조금씩 자라면서 이 봉합선과 숫구멍이 닫히는데, 이렇게 머리뼈가 합치는 과정이 대칭으로 이루어져야 머리가 둥글게 만들어집니다.

하지만 어떤 이유에서든 머리뼈가 비대칭으로 합치는 경우에는 찌그러지는 모양으로 변형되고, 이러한 질환을 '두개골 조기유합증'이라고 부릅니다. 이 질환을 치료하지 않는다면 얼굴뼈도 변형할 수 있고, 머리뼈 내의 뇌 성장에도 영향을 줄 수 있어 수술로 치료합니다. 이 질환으로 인해 머리가 비대칭으로 성장하는 것을 '두개골 유합증으로 인한 사두증'이라고 부릅니다.

이처럼 사두증이란 머리뼈가 비대칭으로 모양이 잡히는 것을 말하는데, 사두증을 유발하는 것은 꼭 두개골 조기유합증 같은 질환만 있는 것이 아닙니다(아기 머리 모양에 따라 '단두증'이라는 표현도 있지만 더 널리 쓰이는 '사두증'을 사용하겠습니다). 두개골 조기유합증은 희귀 질환이기 때문에, 많은 부모님이 걱정하는 머리뼈 모양의 비대칭은 '자세성 사두증'에 속합니다.

자세성 사두증이란 아기가 한 자세를 오랫동안 유지하며 누워 있을 때, 머리에서 지속적으로 눌리는 부분이 평평해지는 것을 말합니다. 이 질환은 예방이 가능할 뿐더러 이상이 발견되었을 때 수술이 아닌 치료법이 있어 많은 부모님이 관심을 가지고 예민하게 생각합니다.

그래서 영아 돌연사 증후군의 예방법을 설명할 때 단단한 바닥에서 아기를 눕혀서 재우라고 하면 아기 머리가 평평해진다고 반발하는 부모님이 꼭 있고, 그 마음이 이해가 되기도 합니다. 이제부터 아기를 누워서 재우면서도 머리를 둥글게 만드는 방법을 설명하겠습니다.

둥근 머리를 위한 눕기 요령

터미타임

아기의 머리가 평평하게 눌리지 않으려면 압력을 받는 시간과 강도를 줄여 주는 것이 좋습니다. 하지만 그렇게 하기 위해서 푹신한 침대, 이불, 베개를 받쳐 주는 것은 아기의 생명을 위협하는 행동입니다. 따라서 어쩔 수 없이 푹신한 잠자리는 단념해야 합니다. 깨어 있는 시간에 최대한 머리가 눌리지 않도록 도와주어야 하는데, 그 방법이 바로 아기가 엎드려서 노는 터미타임입니다. 터미타임은 아기의 운동 발달에 도움을 주고, 영아 돌연사 증후군을 예방하면서 자세성 사두증을 예방하는 데도 도움을 주는 아주 좋은 방법입니다. 터미타임을 어떻게 하는지에 대해서는 113쪽에 적었으니, 한 번 더 읽어 보시는 것을 추천합니다.

그런데 터미타임을 하루 종일 하고 있을 수는 없죠? 아기가 어쩔 수 없이 누워 있는 시간이 있는데요. 아기가 깨어 있는 동안이라면 아기의 양쪽에 번갈아 가며 장난감을 놓거나, 아기가 좋아하는 어른이 양쪽으로 왔다 갔다 하며 고개를 자주 돌릴 수 있도록 도와주는 것이 좋습니다.

자는 방향 바꾸기

하지만 자세성 사두증으로 고민이 많은 부모님이 공통적으로 말하는 점이 바로 아기가 잘 때입니다. 사두증이 올 정도의 아기는 대부분 잘 때 고개를 특정 방향으로 돌리고 자는 것을 선호합니다. 이미 머리 한쪽이 평평하기 때문에, 둥근 쪽 머리보다 평평한 쪽 머리를 대고 자는 게 아이도 편하죠. 그래서 머리를 둥글게 만들어 주고 싶은 마음에 고개를 이리저리 돌려보지만, 아기는 금세 본인이 편한 자세로 고개를 돌리곤 합니다.

그럼 어떻게 하는 것이 좋을까요? 아기의 머리를 돌리는 것보다 더 효과적인 방법이 있습니다. 바로 아기가 자는 방향을 주기적으로 반대로 돌려 주는 것인데요. 아기는 잠이 들 때 보통 엄마나 아빠가 있는 곳을 바라보며 잠이 듭니다. 그래서 매일 같은 위치에서 아기를 재운다면, 아기는 특정한 방향을 바라보며 잠자는 것을 좋아하게 되죠.

예를 들어 아기 침대가 벽에 붙어 있는데, 엄마가 항상 아기의 왼쪽에서 아기를 재운다고 해 볼게요. 이런 경우에는 아기가 엄마가 있는 왼쪽을 보다가 잠이 들 가능성이 높습니다. 이렇게 매일 잠을 재운다면 아기는 왼쪽으로 고개를 돌리고 자는 것이 습관이 되어, 왼쪽 뒤통수가 상대적으로 납작해지는 자세성 사두증이 생길 수 있습니다. 이럴 땐 아기의 고개를 억지로 돌려 봤자 다시 원래대로 돌아오겠죠.

그래서 이런 습관이 생기기 전부터 아기가 잠들 때 고개를 좌우로 번갈아 가며 돌리도록 만드는 것이 중요한데요. 그 방법은 바로 <u>아기를 반대로 눕히는 것</u>입니다. 위의 경우처럼 오른쪽에 벽, 왼쪽에 엄마를 두고 잠드는 아이를 머리와 발의 방향을 반대로 돌려서 재운다고 생각해 봅시다. 그럼 이번에는 아기의 오른쪽에 엄마, 왼쪽에 벽이 오게 되겠죠. 아기는 엄마를 보며 잠이 들고 싶어, 이번에는 왼쪽이 아닌 오른쪽을 보며 잠이 들게 됩니다. 이렇게 돌려 주는 것을 매일 하면 좋겠지만, 신경 쓰기 힘든 분들은 일주일에 한 번 정도 해 주어도 좋습니다.

교정 베개는 사용하지 마세요

한편 아기의 두상을 예쁘게 만들어 준다고 알려진 방법 중에 별로 효과적이지 않고 안전하지도 않은 방법이 있는데요. 일명 '두상 교정 베개'를 사용하는 것입니다. 아기의 두개골 모양을 변형하기 위해서는 꽤나 강한 압력이 지속적으로 작용해야 합니다. 그렇기 때문에 부드러운 베개로는 머리뼈를 교정하는 효과를 볼 수 없죠. 그리고 베개를 사용하는 경우 아기 고개가 앞으로 쏠려 숨쉬기 어려워지기도 하고, 버둥거리다 질식이 일어나는 경우도 있어 아기들이 자다가 갑자기 사망하는 영아 돌연사를 유발하기도 합니다. 결론적으로 두상 교정용 베개는 두상 교정의 효과도 없을뿐더러 오히려 위험한 제품입니다. 실제로 미국 식품의약품안전처에서는 이 베개의 사용을 2022년부터 금지하고 있으나, 아직 우리나라에서는 안전 기준이 마련되지 않고 오히려 활발한 마케팅으로 마치 꼭 구입해야 하는 제품처럼 알려져 있어 소아과 의사로서 굉장히 안타까운 상황입니다.

아기가 어린 나이에 생길 수 있는 여러 가지 질환은 생각보다 간단한 생활 습관으로 예방이 가능한 경우가 많습니다. 영아 돌연사 증후군 같은 끔찍한 질환도 안전한 잠자리를 만드는 습관으로 예방이 가능하고, 사두증도 터미타임과 잠자는 방향 돌리기로 예방이 가능합니다. 많은 육아 용품 업체가 자기네 제품을 사용해야만 이런 상황을 예방할 수 있다고 홍보해서 부모님의 마음을 불안하게 만드는 것은 문제라고 생각합니다. 안 그래도 아기와 관련해선 하나하나 걱정되고 불안한 부모님의 마음을 이용해 과도한 공포 마케팅을 하는 업체는 반성이 필요합니다. 초보 부모님은 '정말 이 물건이 필요할까?' 하는 의문이 들 때 바이럴 광고를 접할 가능성이 높은 인터넷에 질문하기보다 병원에서 상담받는 것을 추천합니다.

'머리 둥글게 키우기' 영상으로 알아보기

너무 흔들지 마세요, 흔들린 아이 증후군

핵심 먼저!

아이를 달랠 때는 안고 걷는 것이 좋아요. 몸으로 놀 때 너무 과격한 움직임을 피해 주세요.

아기가 가지고 있는 놀라운 감각 기능이 몇 가지 있습니다. 안아 줬다가 눕히면 바로 우는 등 감각, 아기를 안고 걷다가 멈추거나 자동차에 태우고 가다가 멈추면 울음을 터뜨리는 움직임 감각 등이죠. 실제로 아기는 안아서 가만히 서 있는 것보다 안고 걷거나 살살 흔들어 주면 좋아합니다. 그래서 많은 부모님이 아기가 울 때 이 방법을 흔히 사용합니다. 바운서에 아기를 눕혀서 살살 흔들어 주면 잘 놀기도 합니다.

그런데 분명 아기를 잘 안아 주었는데 울음이 멈추지 않는다면, 이제 부모님은 당황하기 시작합니다. 특히 한밤중에 어르고 달래고 보듬어 주고 덩실덩실 흔들어 줘도 그치지 않는 울음으로 온 동네가 시끄러워진다면, 엄마아빠의 스트레스도 최고조에 이릅니다. 이때 부모님이 가장 많이 실수하는 것이 바로 '너무 열심히 흔들기'입니다.

흔들린 아이 증후군은 왜 생길까

아기를 안고 흔드는 행동 자체가 문제인 것은 아닙니다. 살살 흔들어 준다면 말이죠. 그런데 이렇게 아기의 울음이 극한까지 치달으면, 당황하는 마음과 빨리 달래야 한다는 마음이 합쳐져 아기를 더 '열심히' 흔들기 마련입니다. 이때 엄마아빠는 부드럽게 흔들고 있다고 생각하지만, 옆에서 보면 생각보다 강하게 아기를 흔들고 있는 경우가 많습니다. 어떻게 이렇게 잘 아냐고요? 병원 입원실에서 이런 모습을 거의 매일 목격하거든요.

아기를 세게 흔들면 안 된다는 것, 거의 모든 부모님이 알고 있을 겁니다. 하지만 그 이유를 아기 머리가 무겁고 목 힘이 약해서 목이 다칠까 봐라고 알고 있는 분이 대부분입니다. 그렇기 때문에 목만 잘 잡아 주면 아기를 조금 세게 흔들어도 된다고 생각하는데요. 물론 목 부상도 중요한 문제이긴 하지만, 목을 아무리 잘 잡아 주더라도 아기를 잘못 흔들면 큰 부상으로 이어질 수 있습니다. 그 질환을 "흔들린 아이 증후군"이라고 부릅니다.

우리 뇌는 단단한 두개골로 보호를 받고 있습니다. 두개골은 뇌를 딱 맞게 감싸고 있는 것이 아니라 약간의 공간을 두고 있고, 이 공간을 뇌척수액이라는 액체가 채우고 있습니다. 마트에서 두부를 사면 플라스틱 용기에 물이 담겨 있고 그 안에 두부가 있죠? 뇌도 그렇게 보호받고 있다고 생각하면 됩니다. 이 구조는 머리 바깥에서 전해지는 충격을 뇌척수액이 완화해 준다는 장점이 있고, 또 아기의 뇌와 두개골이 성장하는 속도가 서로 다르더라도 그 안의 공간이 비좁지 않도록 여유를 둘 수 있다는 이점이 있습니다.

그런데 바깥의 충격을 완화해 주는 머리 구조 때문에 아기들은 오히려 머리가 흔들리는 상황에서 뇌가 다칠 위험이 올라가는데요. 일단 영유아의 뇌는 어른의 뇌보다 부드럽습니다. 그래서 충격에 약하죠. 또 아기는 머리 크기가 몸에 비해 상당히 큽니다. 아기들이 만 2세가 되면 체중은 어른에 비해 한참 작지만 뇌 무게만큼은 성인 뇌의 약 75퍼센트까지 자랍니다. 그런데 아기는 목 힘이 약하죠. 그 결과 외부의 흔들림이 머리로 더 잘 전달됩니다.

이렇게 머리에 전달되는 진동으로 인해 아기의 머리 속에 둥둥 떠 있는 뇌가 이리저리 흔들리며 두개골에 부딪히고 혈관도 찢어지면서 뇌진탕이나 뇌출혈 등 손상이 발생하는 것을 흔들린 아이 증후군이라고 부릅니다. 이 질환은 만 2세 미만의 아이에게 흔하게 발생하고, 머리 부상이 있고 난 수일 또는 수개월 후 사지마비, 실명, 경련 등의 후유증을 남기고 심하면 사망에 이르게 합니다. 이런 무시무시한 질환은 아기를 상하게 흔드는 아동 학대의 현장에서도 발견되는 소견이지만, 생각보다 일상생활에서 어렵지 않게 발견됩니다.

몇 년 전 일본에서는 8시간 동안 차량에 탑승했던 생후 3개월 된 아기가 몇 주 뒤 뇌출혈로 사망하는 사건이 있었습니다. 뇌출혈의 원인이 바로 흔들린 아기 증후군이었는데요. 아주 어린 아기가 성인은 잘 느끼지 못하는 차량 진동에 장시간 노출되면 뇌출혈을 겪을 수 있다는 사실을 알게 한 슬픈 사건입니다.

조심해야 하는 것

이렇듯 아기의 머리가 흔들리는 것은 위험할 수 있습니다. 따라서 아기를 달랠 때는 굳이 위아래 혹은 앞뒤로 흔드는 것보다 안고 걷는 것이 낫습니다. 그 정도의 약한 진동으로도 아기를 달랠 수 있어요. 아이가 좋아한다고 바운서에 태워서 힘차게 흔들어 주는 것도 조심해야겠죠?

아기를 장시간 차에 태우는 행동도 피하는 것이 좋습니다. 차량에서 느껴지는 작은 충격이 누적되면 뇌가 손상될 수 있기 때문에, 태어난 지 몇 개월 되지 않은 어린 나이에는 장거리 여행을 피하는 것이 좋고 오랜 시간 차량에 타야 한다면 1~2시간에 한 번은 휴게소에 들러 휴식을 취하는 것이 좋습니다. 특히 명절에 집안 어른들께서 아이 보고 싶다고 먼 길을 오라고 하신다면, 이런 위험이 있으니 긴 여행은 피하는 것이 좋다고 알려 주세요. 기차를 타도 좋겠고요.

몸으로 놀 때 너무 과격한 움직임은 피해 주세요. 성향에 따라 과격한 움직임을 즐거워하는 아이가 있는데, 아이가 좋아한다고 아이를 돌리고 던지는 등 충격이 가해질 수 있는 놀이를 해 주는 분들이 있어요. 돌이 지난 아이가 이제 잘 걷기 시작하면 엄마아빠와 놀자고 장난을 치기도 해서 조금 더 과격하게 놀아 주고 싶은 마음이 들 수도 있죠. 하지만 항상 기억하세요! 두 돌이 될 때까지는 흔들린 아이 증후

군이 잘 생긴다는 사실을. 아이가 좋아하는 큰 자극이 아이에게 오히
려 해가 되는 경우도 많답니다.

콧물을 뽑아도 되나요?
진료실 단골 질문

핵심 먼저!

콧물 뽑아 주기가 자극이 되어서 아기를 더 불편하게 할 수 있어요. 하루 세 번 이내가 적당해요.

"아이 코가 막히는데 코를 계속 뽑아 줘도 되나요?" 81쪽에서 신생아가 병원에 꼭 가야 하는 경우를 설명할 때, 아기들이 코가 막혀 수유를 하지 못하는 경우에는 병원에 가는 것이 좋다고 말씀드렸죠. 그런데 수유를 방해할 정도로 코가 막히지는 않더라도 아기들이 그르렁거리면서 코가 막히는 소리를 내는 경우가 많아, 이 문제로 진료실에서 상담을 원하는 부모님이 정말 많습니다. 이런 마음을 잘 아는 의료용품 회사들이 신생아용 코 석션기와 코에 뿌려 주는 생리식염수 제품을 여러 가지 개발하여 판매하고 있죠. 그중 몇 가지는 육아 필수품처럼 여겨지고 있기도 합니다.

아기는 원래 코가 잘 막힙니다

아기들은 워낙에 코가 잘 막히는 것이 사실입니다. 신생아 시기의 아기, 신생아 시기를 갓 벗어난 아기의 코는 구조적으로 잘 막힐 수밖에 없습니다. 콧구멍은 작고, 코 점막은 예민하기 때문이죠. 안 그래도 좁은 숨길이 자극에 예민해서 조금만 자극되어도 붓고 콧물이 나오니 아기들의 코는 뻥 뚫려 있는 날이 더 적을지도 모릅니다.

아기의 코 점막을 자극하는 원인은 여러 가지가 있는데, 그중 대표적인 것이 온도와 습도입니다. 아기가 가장 좋아하는 온도는 22~24도 습도는 40~60퍼센트 정도인데, 집 안 온도를 이렇게 딱 맞추기가 쉽지 않은 것이 현실입니다. 외출이라도 한다면 외부 온도와 습도를 아이에게 편하게 맞춰 주는 것은 불가능합니다.

빼 주고 싶은 유혹이 또 다른 코 막힘의 원인입니다

이렇게 예민한 코에서 콧물이 나오면 그 자체로도 작은 콧구멍을 막기 쉽고, 콧물이 굳어 코딱지가 되면 그 코딱지가 콧구멍을 막는 또 다른 방해물이 되기도 합니다. 그래서 부모님의 마음속에서 콧물이나 코딱지를 빼 주고 싶은 마음이 솟구칩니다!

콧물을 빼 주는 석션기는 다양한 형태로 나오고 있는데요. 스포이드 형태로 손으로 빼는 제품부터 어른이 입으로 숨을 들이마시면 콧물이 뽑히는 제품, 기계로 뽑아 주는 자동식 제품까지 다양합니다. 형태와 동작 방식은 각기 다르지만 공기를 빨아들여 콧물을 제거하는 원리는 모두 같습니다. 아이의 콧물을 빼 주면 당장 숨쉬기 편해질 것

같아 일부 부모님은 수시로 코 석션기를 사용하기도 하는데, 이렇게 사용하면 오히려 아기의 코가 더 막힐 수 있습니다.

우선 아기의 콧물이 코막힘의 원인이 아닐 수도 있습니다. 코감기에 걸려 본 적 있죠? 콧물이 많이 나와서 코를 자꾸 풀어도 코가 답답하고 꽉 막힌 느낌, 한번쯤 겪어 본 적이 있을 겁니다. 그 이유는 콧물이 많이 나오기는 해도 정말 내 코를 막고 있는 것은 코의 점막이 부었기 때문입니다. 콧물이 모두 빠져 나오더라도 코가 막힌 상황은 변함이 없는 거죠.

아이의 코가 막히는 경우도 마찬가지입니다. 콧물이 나오고는 있지만 코 점막이 부은 것이 코막힘의 원인인 경우에는, 콧물을 빼 주는 것이 해결책이 되지 않을 수 있습니다. 오히려 석션기의 압력과 석션기의 끝이 코에 닿으면서 생기는 자극 때문에 코막힘만 악화할 수 있습니다.

코딱지를 빼줄 수 있는 코 면봉 같은 제품도 여러 가지가 있는데요. 이런 제품도 너무 많이 사용하면 오히려 코가 더 막히게 만들 뿐입니다. 코딱지는 공중에 떠 있는 것이 아닙니다. 어딘가에 붙어 있기 때문에 코 밖으로 나오지 못하는 것인데요. 코딱지가 붙어 있는 곳이 바로 코의 점막입니다. 그래서 코딱지를 빼 준다는 것은 코 점막에 붙어 있는 무언가를 떼어 내는 것이고, 코 점막을 자극할 수 있습니다.

코에 식염수를 넣는 제품도 많습니다
코에 식염수를 넣는 제품은 건조한 날씨에 콧속 습도를 높여 주거나, 여러 가지 오염 물질이나 알레르기 유발 물질인 알레르겐을 씻어 내기 위해 코 세척을 하려고 개발된 제품이 많습니다. 알레르기 비염은 신생아 시기에 진단되지 않기 때문에, 신생아를 위한 코 세척 제품은 주로 코 안의 습도를 올려 주는 데 초점이 맞춰져 있죠.

수영장이나 바닷가에서 물놀이를 하다가 코에 물이 들어갔을 때! 그 순간 느껴지는 불편감은 모두 잘 알 것입니다. 우리 코는 물이 들어오면 통증이 느껴지는데, 체온과 비슷한 온도와 우리 몸과 같은 나트륨(Na) 농도를 가진 물이라면 코에 들어오더라도 신기하게 불편감이 느껴지지 않습니다. 우리 몸은 0.9퍼센트의 나트륨 농도를 가지고 있습니다. 의료용으로 만들어진 0.9퍼센트 나트륨 용액을 생리식염수라고 부릅니다. 그래서 콧속에 물을 넣는 제품은 모두 생리식염수로 만들어져 있습니다.

신생아의 코 세척용 제품도 모두 생리식염수로 제작되었습니다. 그럼 이 제품들을 사용하는 것은 문제가 없는 것 아니냐고 생각하는 분이 많은데, 연약한 아기들에게는 이런 제품도 함부로 사용하면 안 됩니다.

일단 생리식염수가 한 번에 너무 많이 코로 넘어 오면 아기가 깜짝 놀라며 사레 들리는 경우가 생깁니다. 생리식염수는 그 자체로는 몸에 무해하기 때문에 폐에 흡인이 되는 경우에도 별다른 문제가 생기지 않지만, 사레 들리게 되면 기침을 하다 코의 점막이 붓는 경우도 생기고 기침을 심하게 하면 구토를 하는 경우도 있기 때문에 주의가 필요합니다.

신생아용 코 세척 제품이 생각보다 분무되는 세기가 강하다는 것도 주의해야 합니다. 코가 막힌 상태에서 코 세척을 강하게 하면, 코와 연결된 귀의 압력이 올라가며 중이염이 발생할 수도 있고 생리식염수가 귀로 타고 올라가 이 또한 중이염의 원인이 될 수 있다는 문제가 있습니다. 저도 몇 가지 제품을 직접 사용해 보았는데 따가운 느낌이 든 제품들이 있었습니다. 이 정도 느낌도 아기의 코에는 자극이 됩니다.

그래서 아기 코 막힐 때 어떻게 할까요?

우선 코 석션은 너무 자주 해 주면 안 됩니다. 가장 추천하는 방법은 콧물이 너무 많이 나오는 경우 코 바깥쪽의 콧물만 빼 주는 것인데요. 이마저도 너무 자주 하면 좋지 않기 때문에 평소에는 흐르는 콧물만 닦아 주다가 하루에 3번 정도, 수유하기 직전과 자기 직전에 콧물을 제거해 주는 것이 좋습니다.

콧물이 밖으로 나오지 않는데 코 안쪽에 찐득한 콧물이 많은 경우라면, 생리식염수를 먼저 넣어 주고 석션을 해 주세요. 콧속에 수분을 공급하면 찐득한 콧물이 묽어지며 밖으로 나오기 더 쉬워지는데요. 굳이 코 세척을 하지 않더라도, 목욕을 하고 난 직후에도 콧물은 묽어지기 마련이니 목욕 직후에 석션을 해 주는 것도 한 가지 방법입니다. 이때에도 수유 직전과 자기 직전에 하루 3번 정도 해 주는 것을 잊지 마세요.

코 세척은 굳이 제품을 구매하지 않아도 좋습니다. 약국에서 20밀리리터 정도의 작은 단위로 판매하는 생리식염수 제품이 있는데요. 이런 제품과 일회용 약병을 구매한 다음, 약병에 생리식염수를 담아 한쪽 코에 한두 방울씩 떨어뜨려 주는 것도 좋은 방법입니다.

선생님은 아이 키우실 때 어떻게 하셨나요?

아기들의 코는 아기가 불편해하지만 않는다면 최대한 건드리지 않는 것이 좋습니다. 저 역시 아기가 코가 막혀 수유를 제대로 못 하거나 잠을 못 잘 때 외에는 콧물이 나거나 코가 조금 막히는 것은 별로 신경 쓰지 않았는데요. 코 세척은 필요한 경우에만 생리식염수를 따로 구매해 약병에 담아 한두 방울 넣어 주는 식으로 했고, 코 석션기는 구매하지 않았습니다. 대신 깨끗한 가제 손수건을 깨끗한 물로 적셔 부드럽게 코를 문질러 주기만 했습니다. 그리고 온도와 습도를 맞춰 주고 환기를 자주 하는 환경 관리에 집중했습니다.

아이 코가 막힐 때 기침이나 발열 같은 다른 감염 증상이 없고 잘 먹고 잘 잔다면 너무 걱정할 필요는 없습니다. 다만 다른 증상이 있거나 누런 코가 계속 나온다면 병원에서 진료받는 것을 추천합니다.

'콧물이 난다고 꼭 약을 먹을 필요가 없는 이유' 영상으로 알아보기

먹여야하는 영양제가 있나요?
진료실 단골 질문

핵심 먼저!

비타민D와 철분을 제외하면 따로 필요하지 않아요.

"선생님은 아이한테 어떤 영양제를 먹이는지 궁금해요!"

제가 강연과 진료에서 정말 많이 듣는 질문입니다. 우리 아이가 건강하기를 바라는 것은 부모라면 아주 당연하게 가지는 마음이기 때문에, 아이에게 몸에 좋은 것을 먹이고 싶은 마음도 당연하죠. 그 마음은 신중하게 분유를 선택할 때부터 시작되어 영양제로 이어집니다. 그런데 우리가 이 고민을 하기 전에, 영양제가 무엇인지 올바르게 이해할 필요가 있습니다.

영양소 이해하기

우리가 생존하고 활동하는 에너지를 만들고 우리 몸을 구성하는 데는 다양한 재료들이 필요하고, 그 재료들을 영양소라고 부릅니다. 가장 대표적인 영양소는 "3대 영양소"라고 불리는 탄수화물, 단백질, 지방입니다. 그중 탄수화물은 우리 몸을 움직이는 데 가장 먼저 사용되는 에너지원입니다. 단백질은 탄수화물과 더불어 에너지원으로도 사용되지만, 우리 몸의 근육과 항체 같은 다양한 물질을 구성하죠. 지방은 에너지를 저장하는 역할과 호르몬 등을 구성합니다. 사람은 3대 영양소를 음식으로 섭취하고, 아기들은 수유를 통해 이 영양소들을 섭취하기 때문에 아이가 잘 먹고 잘 자라고 있다면 3대 영양소의 섭취를 걱정할 필요는 없습니다.

3대 영양소 이외에도 다양한 영양소가 우리 몸에 필요한데, 이를 "미량 영양소"라고 부릅니다. 미량 영양소는 비타민과 무기질로 구분할 수 있는데요. 3대 영양소와 달리 많은 양을 섭취할 필요는 없지만 모두 다양한 역할을 하고 있습니다. 그중 비타민은 우리 몸의 여러 가지 기능과 물질대사를 조절하는 역할을 하고 있습니다. 많은 분들에게 익숙한 이름인 비타민A, B, C, D, E, K 등은 사람이라면 누구나 꼭 필요한 미량 영양소이고, 아기도 마찬가지입니다.

무기질은 뼈를 구성하는 칼슘, 온몸 곳곳 산소 공급을 담당하는 헤모글로빈의 주요 성분인 철, 단백질 합성에 중요하고 면역력에도 중요한 역할을 하는 아연 등이 대표적입니다. 갑상선 기능에 중요한 아이오딘과 근육 운동에 중요한 역할을 하는 마그네슘 등의 무기질도 우리가 살아가는 데 필요하죠.

아기에게 필요한 영양소

이렇게나 많은 영양소가 우리 몸을 건강하게 하는 데 필요하지만, 많은 분의 우려와는 다르게 대부분의 영양소는 식사로 공급받을 수 있습니다. 하지만 음식으로 섭취하지 못하는 영양소도 있고, 수유라는 방법으로 충분한 양을 섭취하지 못하는 영양소도 있죠. 신생아의 특성상 결핍이 잘 생기는 영양소도 있습니다. 이런 영양소들은 몸이 필요한 만큼 보충을 해 주는 것이 좋습니다.

비타민K

사람이 태어나자마자 처음으로 비타민을 공급받는 통로는 영양제도 수유도 아닙니다. 놀랍게도 아기가 태어난 직후 병원에서 비타민 주사를 놓는데요. 이때 놓는 비타민은 바로 비타민K입니다. 비타민K는 우리 몸에서 혈액 응고에 중요한 역할을 하기 때문에 결핍되면 여기저기 피가 나는 출혈성 질환이 생기게 됩니다. 그런데 신생아는 태반을 통해 엄마로부터 비타민K를 충분히 얻지 못하고, 비타민K 생성에 중요한 간의 기능이 미숙하기 때문에 결핍이 일어나기 쉽습니다. 우리나라 같이 의료 서비스가 발달한 나라에서는 이제 막 태어난 신생아에게 기본적으로 비타민K를 투여하기 때문에 문제가 생기지 않지만, 비타민K를 공급받지 못해 결핍증이 생긴 아기들은 위장관 출혈이나 뇌출혈 등으로 생명이 위험한 경우도 발생할 수 있습니다.

비타민D

하지만 우리가 궁금한 건 집에서 보충해 주어야 할 영양소죠? 일단 주목해야 하는 것은 비타민D입니다. 비타민D는 우리 몸의 칼슘을 잘 쓰이게 도와주는 물질로, 뼈를 튼튼하게 하는 데 도움을 줍니다. 한창 성장해야 하는 아기에게 매우 중요한 영양소이죠. 비타민D는 다른 영양소와 다르게 우리 몸에서 스스로 합성을 할 수 있는데요. 피부가 햇빛을 받게 되면 피부 밑에서 비타민D가 생성됩니다. 아기들은 엄마 배 속에 있을 때 태반을 통해 전달받기도 하죠.

문제는 우리나라 사람들은 피부 미용과 생활 습관의 변화로 햇볕을 쬐는 시간이 모자라기 때문에, 비타민D 결핍이 매우 흔합니다. 비타민D 부족은 임신부에게도 흔한 증상이기 때문에 배 속 아기에게 전달할 비타민D가 부족한 문제가 발생합니다. 태반을 통과하는 양도 부족해 아기도 결핍증이 생기기 시작합니다. 따라서 신생아는 태어나자마자 비타민D를 보충해 주는 것이 좋은데요. 요즘 분유는 대부분 비타민D가 포함되어 있지만, 모유에는 양이 부족한 경우가 많기 때문에 보충을 해 주어야 합니다. 아기에게 하루에 필요한 비타민D의 양은 400IU인데, 분유 수유를 하는 아이더라도 하루에 먹는 분유로 이 양을 채우지 못한다면 따로 영양제로 보충해 주는 것이 좋습니다.

철분

아기에게 보충해 주어야 하는 또 다른 영양소는 바로 철분입니다. 철분은 우리 몸의 산소 공급에 매우 중요한 역할을 하는데요. 우리 몸속에서 산소는 핏속의 적혈구를 통해 전달되는데, 적혈구에서 산소를 붙들어 주는 헤모글로빈을 구성하는 가장 중요한 물질이 철분입니다. 불이 붙기 위해서 산소가 꼭 필요한 것처럼, 우리 몸에서 에너지를 만들 때도 산소가 반드시 필요합니다.

철분이 모자라서 생기는 대표적인 질환이 빈혈입니다. 빈혈은 우리 몸 곳곳에 산소가 충분히 도달하지 못해서 생기는 증상으로, 어지럼증과 여러 가지 기능 저하를 불러일으키고 심하면 실신과 심장병까지 일으킬 수 있습니다.

신생아는 몸이 빠르게 자라나기 때문에 그만큼 혈액을 많이 만들어 내야 해서 철분 소모가 많습니다. 이때 필요한 철분은 엄마 배 속에서 엄마로부터 받은 양과 수유를 통해 공급받은 양으로 채웁니다. 하지만 생후 3개월이 넘어가면서 엄마 배 속에서 받아 저장한 철분이 고갈되고, 수유로 섭취하는 철분의 양도 점점 모자랍니다. 그렇기 때문에 생후 3~4개월이 되면 아기가 철분제를 섭취하기 시작해야 해요. 돌 전의 아기는 만삭아의 경우 하루에 몸무게 1킬로그램당 1밀리그램(5킬로그램 아이라면 5밀리그램, 최대량 15밀리그램), 이른둥이 아기는 몸무게 1킬로그램당 2~4밀리그램(최대량 15밀리그램)을 섭취하는 것이 좋습니다.

분유에는 충분한 철분이 들어 있는 경우가 많지만, 모유 수유를 한다면 철분제를 복용하는 것이 좋습니다. 하지만 분유 수유를 하는 아이라고 하더라도, 성장이 더디고 잠도 잘 못 자고 많이 보채는 등 철결핍 증상이 의심되는 경우에는 철분제를 복용하는 것이 좋습니다.

이럴 땐 가까운 소아과에서 철 결핍에 대한 상담을 받아 보고 복용을 결정하면 좋겠습니다.

철분제를 어른이 복용했을 때는 소화 불량과 변비가 나타나는 경우가 많지만 소아는 철분제로 인한 소화기 부작용이 나타나는 경우가 드뭅니다. 다만 너무 많이 복용하지 않도록 주의해 주세요.

유산균(프로바이오틱스)

우리 몸속과 피부에는 수많은 세균이 살아 가고 있는데요. 그중 우리에게 도움을 주는 세균을 '유익균'이라고 합니다. 유익균은 우리 몸의 면역 기능을 도와주고, 여러 화학 작용을 통해 우리 몸의 기능을 보조합니다. 요즘 많은 분이 관심을 갖고 여러 제약 회사에서 강조하는 유익균이 바로 장내 세균입니다.

최근 장내 세균에 대한 많은 연구가 이루어지고 있는데요. 그 연구들은 장 안에 어떤 균이 많거나 모자라면 건강에 무슨 문제가 생기는지, 어떤 균을 보충해 주는 것이 건강에 도움이 되는지에 주로 관심을 가지고 있습니다. 그리고 이런 연구 결과를 토대로 "변비에 도움 되는 균!"과 같은 광고가 많이 퍼져 있습니다.

실제로 제가 받는 영양제 관련 질문 중 가장 높은 빈도를 차지하는 것이 "어떤 유산균이 좋아요?"라는 질문입니다. 그리고 저의 대답은 항상 일관적인데요. "아직 잘 모릅니다."

실망스럽죠? 그런데 사실입니다. 현재까지 연구되어 합의된 내용, 많은 전문가가 프로바이오틱스의 효능에 대해 동의하는 부분은 이 정도입니다. "프로바이오틱스가 장염, 항생제 설사 등의 치료에 도움을 줄 수는 있으나, 어느 균종을 얼마만큼 복용했을 때 건강에 유의미한 도움을 준다고 말할 수 없다."

유산균제와 프로바이오틱스를 판매하는 측에서는 "우리 회사가 판매하는 균을 먹으면 이런 효과가 있습니다!"라며 연구 결과를 광고에 넣는데, 아쉽게도 특정 균이 일정 수준 이상의 효과를 보이는 연구는 연구 대상자가 수십 명 정도인 소규모 연구이거나 심지어 동물 실험 결과에 불과한 경우가 많습니다. 그런 효과가 있다는 균을 더 많은 수의 사람을 대상으로 실험했을 때 명확한 효과를 보이는 결과가 거의 없어요. 이 때문에 의사 입장에서는 "무슨 균이 탁월하게 좋으니, 이걸 드세요!"라고 말할 수가 없는 겁니다.

다른 영양제들

건강하게 태어나서 수유를 잘하고 잘 먹고 있다면 비타민D와 철분을 제외하고 보충이 필요하지는 않습니다. 대부분 모유와 분유를 통해 아기가 충분히 섭취하고 있을 거예요. 그렇기 때문에 굳이 돈을 들여 다른 영양제를 챙겨 줄 필요는 없고, 아이가 건강하게 수유하는지 한 번 더 살펴보는 것이 좋습니다.

하지만 아이가 진단받은 질환이 있거나, 성장 지연이 있거나, 잠을 잘 못 자고 깨어 있을 때 잘 놀지 않는 등 건강상의 다른 이상이 보인다면, 보충이 필요할 수 있으니 가까운 소아과에서 상담을 받아 보면 좋겠습니다.

예방 접종 다 맞아야 해요?
진료실 단골 질문

> **핵심 먼저!**
>
> 꼭 맞으셔야 해요. 조금 늦어지는 것은 문제가 되지 않으니, 아이가 아플 때는 피해 주세요.

보통 병원은 아프면 방문하는 곳이라는 인식이 강합니다. 하지만 임신을 하고 아기를 낳아서 길러 보면서, 꼭 아플 때가 아니더라도 진료를 보는 일이 많다는 사실을 깨닫는 분이 많아집니다. 특히 아기는 병원에 갈 일이 정말 많은데요. 아기가 자주 아파서 병원에 가는 일도 많지만, 영유아 건강검진과 예방 접종과 같이 아프지 않더라도 병원에 갈 일이 있기 때문입니다.

병원이라는 곳이 대기도 오래 해야 하고, 직장에 다니는 양육자라면 시간을 내서 한 번 가기도 힘든데, 아프지도 않은 아이를 데리고 병원에 가는 일이 과제처럼 느껴지기도 합니다. 물론 아이를 위해서라고 하지만, 현실적인 어려움을 무시할 수는 없죠.

그래도 영유아 건강검진은 아이의 발달 상태를 확인하고 평소 궁금한 점을 물어볼 수 있는 시간이어서 유익하게 활용하는 분들이 있지만, 예방 접종은 부담감이 훨씬 큽니다. 예방 접종이라는 것은 대부분 주사라는 아픈 과정을 겪어야 하고 접종을 하고 난 뒤에 부작용도 생기는 경우가 꽤나 흔하기 때문에, 아이에게도 부모님에게도 썩 유쾌한 경험이기 어려운데요. 그런 힘든 경험을 가끔 하면 좋겠지만, 잊을 만하면 또 주사 맞으러 병원에 오라는 문자를 받는 것이 바로 예방 접종입니다. 이건 단순히 기분 탓만은 아닌 게, 우리나라의 표준 예방접종 일정표를 보면 수많은 약을 빽빽한 일정에 맞추어야 한다는 것을 알 수 있죠.

이 책에서 예방 접종을 맞는 질환이 어떤 것인지 자세히 설명하기는 어렵습니다. 그 내용만 해도 책 한 권 이상이 나오거든요. 우린 그런 어려운 이야기보다 왜 우리 아이가 이렇게 많은 주사를 맞아야 하는지 그 이유와, 예방 접종 후 생길 수 있는 이상 반응에 대하여 알아보도록 하겠습니다.

예방 접종은 무엇일까?

우리 몸에는 외부의 물질로부터 우리 몸을 지키는 면역 체계가 있습니다. 면역 체계가 움직이는 기본적인 원리는 '내가 아닌 모든 것'을 공격하는 것입니다. 단순한 원리 같지만, 사실은 여러 가지 면역 세포가 굉장히 복잡한 과정을 거쳐서 내 몸을 지키고 있는데요. 의학은 면역 체계가 작동하는 복잡한 과정을 보조함으로써 우리 몸이 감염과 싸우는 것을 도와줍니다.

우리가 가지고 있는 면역 체계는 크게 두 가지가 있는데요. 하나는 면역 세포가 직접 균과 맞서 싸우는 '세포 면역', 다른 하나는 항체와 같이 균 등을 공격하는 물질을 내뿜어 싸우는 '체액 면역'입니다. 세포 면역은 적군과 직접 싸우는 군인을 생각하면 좋고, 체액 면역은 저 멀리서 미사일을 쏘는 것이라고 이해하면 좋습니다.

세포 면역은 외부 물질과 직접 싸우기 때문에 보통은 즉각적으로 반응이 일어납니다. 반면에 체액 면역은 싸워야 하는 상대방에 대한 정보를 수집하고 딱 맞는 무기(항체)를 생산하는 과정이 필요하기 때문에 시간이 조금 오래 걸릴 수 있다는 차이점이 있습니다. 그렇다면 반응 속도가 빠른 세포 면역만으로 우리 몸을 지키면 되지 않을까 생각이 들기도 하지만, 일대일로 싸우는 싸움은 효율이 좋지 못하기 때문에 대량 생산한 항체로 광범위한 공격을 할 수 있는 체액 면역이 함께 있어야 우리 몸을 효율적으로 지킬 수 있습니다.

예방 접종은 새로운 적을 만났을 때 대응 시간이 느린 체액 면역이 감염에 빠르게 반응할 수 있도록 우리 몸의 면역 세포를 예습시키고 훈련시키는 과정입니다. 우리가 예방하고자 하는 세균이나 바이러스의 일부를 잘라서 약을 만들거나, 활성화를 떨어뜨리거나 죽인 상태에서 약을 만들어 이 약을 우리 몸에 주입하는 것이 예방 접종인데요. 이렇게 만든 약을 백신이라고 합니다. (코로나19 사태 이후로 mRNA 백신이라는 새로운 형태의 약도 개발되었지만, 국가 예방접종에 포함되지 않은 내용이라 생략합니다.)

이렇게 백신을 몸에 투여하면 우리 몸은 생전 처음 만나는 세균과 바이러스에 대항하기 위해 면역 작용을 일으키고, 이 과정에서 적과 싸웠던 기억을 면역 세포 안에 각인을 시켜 둡니다. 면역 세포 안에 특정 균이나 바이러스에 대한 기억이 각인되어 있다면, 추후에 그 균 혹은 바이러스가 우리 몸에 들어왔을 때 훨씬 더 빠르게 체액 면역 반응을 일으킬 수 있습니다. 백신 안에는 실제로 병을 일으키지 않는 균이나 바이러스가 들어 있기 때문에 아프지 않게 병을 예방하는 효과를 가질 수 있습니다.

실제로 예방 접종이 감염병을 예방하는 효과는 대단합니다. 주요 예방 접종 대상 질환의 경우 백신을 사용하기 전보다 99퍼센트 이상 감소했다고 하며, 천연두와 같은 질환은 아예 지구상에서 박멸되기도 했습니다.

하지만 예방 접종이 만능은 아니어서 모든 질병을 예방하기도 어렵고, 주사 한 번에 면역 세포에 기억이 각인되지 않는 질환도 있으며, 어느 질병은 면역 세포가 시간이 지나면 점점 그 기억을 잃어 가는 것도 있죠. 그래서 똑같은 약을 일정 기간 간격으로 여러 차례 맞아야 하는 경우가 생기는 겁니다. 이래서 예방 접종 일정은 참 복잡하고 아이를 데리고 병원에 가야 하는 일이 많아지게 되죠.

우리나라의 소아 예방 접종

우리나라는 만 12세 이하의 소아가 지정된 기관에서 특정 질병의 예방 접종을 무료로 받을 수 있는 사업을 시행 중입니다.

무료 예방 접종의 대상으로 선정된 질환들은, 걸렸을 때 심각한 결과를 초래하거나 전파력이 높아 사회적으로 부담이 증가되는 질환입니다. 그중에서도 백신의 예방 효과가 뛰어나고, 아이들에게 안전하다는 것이 밝혀지고, 가격의 측면에서 효율적인 약을 선정하여 접종을 시행합니다.

　예방 접종의 안전성을 걱정하는 분들이 있는데요. 일부에서는 백신에 대한 음모론으로 인해 꼭 필요한 예방 접종을 받지 못하는 아이들도 생기고 있습니다. 하지만 이미 안전성이 확인된 약만 국가 접종에 포함된다는 점과, 국가 접종 사업을 시행하면서도 계속해서 안전성을 관찰하고 문제가 생기는 약품은 접종 대상에서 제외하는 등 탄탄한 안전 체계를 갖추고 있으니 너무 걱정하지는 않았으면 좋겠습니다. 천문학적인 돈을 써 가면서 나라의 미래인 아이들에게 해가 되는 일을 하는 국가는 없을 거예요.

　복잡한 예방 접종 일정은 병원에서 나누어 주는 아기 수첩에 나와 있고, 병원이나 보건소에서 접종 후에 표시해 주기 때문에 우리 아이가 어떤 일정으로 접종을 맞으면 될지 확인하기 편합니다. 온라인으로 확인하는 방법도 있는데요. '질병관리청 예방접종도우미' 사이트에 들어가면 간단한 인증 후 우리 아이가 지금까지 맞은 예방 접종 정보와 앞으로 일정을 확인할 수 있습니다. (온라인은 전산에 입력을 하는 시간 때문에 접종 후 며칠 지나서 확인할 수 있습니다.)

질병관리청 예방접종도우미

아이가 아프면 접종을 미뤄도 될까?

이론상 예방 접종은 면역력에 이상이 생긴 상황이 아니라면 상태에 상관없이 접종할 수 있습니다. 하지만 예방 접종 자체가 아이가 열이 나게 하거나 건강 상태가 나빠지게 할 수 있기 때문에, 보통은 아이가 아픈 상태라면 접종을 하지 않는 것을 권고합니다. 그 이유는 예방 접종 후에 발열 등의 증상이 생기고 상태가 안 좋아졌을 때, 아이의 상태 변화가 기존에 앓고 있는 질환이 악화된 것인지 백신의 부작용인지 알기 힘들기 때문입니다.

건강한 아이라면 일정에 맞추어 접종하는 것이 어려운 일이 아니지만, 감기에 계속 걸리며 고생하는 아이 같은 경우는 접종 일정이 계속 밀리는 경우가 있어 걱정하는 분이 많습니다. 이런 걱정을 하는 양육자에게 안심이 되는 소식은, 대부분의 백신은 조금 늦어지는 것으로 문제가 되지 않는다는 것입니다. 하지만 백신 종류에 따라 차이가 있을 수 있으니 아이가 자주 아파 소아과에 방문하는 가정이라면, 앞으로 남겨 둔 예방 접종 일정에 대해 진료 시에 한번 상의하면서 상태가 괜찮을 때 맞추면 되겠습니다.

다만 아이가 특정 질환으로 인해 '면역 글로불린'과 같은 면역 치료제를 사용했거나, 면역력을 낮추는 역할을 하는 '스테로이드 치료'(주사 혹은 먹는 약)를 오래 받은 경우에는 백신을 맞아도 효과가 없어 일정 기간 예방 접종을 미루는 경우가 있기 때문에, 미리 소아과 선생님과 상의하는 것이 좋습니다. 그리고 기저질환이 있는 아이도 질환에 따라 예방 접종 일정이 다르거나 접종이 제한되는 경우가 있기 때문에 주치의 선생님과 상의하는 것이 좋습니다.

예방 접종의 부작용은 무엇이 있을까?

예방 접종의 부작용에 대해 가장 유명하고 가장 많은 분이 걱정하는 것이 '접종열'입니다. 접종열은 예방 접종을 맞은 날 발열이 시작되어서 하루에서 이틀 정도 지속되는 경우를 말하는데요. 다른 질병 때문에 생기는 발열과 다르게 치료하지 않아도 금방 좋아지고, 상태가 악화되는 가능성도 낮다는 특징이 있습니다. 그래서 접종을 맞은 날 발열이 생긴다면 너무 걱정하지 말고 해열제도 꼭 필요한 경우가 아니라면 줄 필요가 없다고 말씀드립니다. 열이 나더라도 아이가 힘들어하지 않고, 잘 놀고 잘 잔다면 굳이 해열제를 줄 필요는 없습니다. 다만 발열이 이틀 이상 지속된다면 다른 질환 때문에 열이 나기 시작한 것일 수 있어 진료가 필요합니다.

그리고 주사를 맞은 부위에 국소적인 이상 반응이 생길 수 있는데요. 아무래도 주사로 피부를 찌르는 것이기 때문에 일시적인 통증과 작은 상처가 생기는 것은 어쩔 수가 없지만, 주사 맞은 부위의 주변이 많이 빨개지고 통증이 심하거나 물집이 잡히는 등 이상 반응이 생긴다면 병원에서 진료를 받는 것이 좋습니다.

의사들이 두려워하는 이상 반응은 바로 '알레르기 반응'입니다. 코로나19 예방 접종이 시작될 때 뉴스에서 가장 많이 나왔던 이야기가 바로 "아나필락시스"입니다. 이는 심한 알레르기 반응의 일종으로, 몸에 발진이 나며 간지럽고 입술이나 목 등이 부으면서 심하면 호흡곤

란과 혈압 저하가 나타나는 질환인데요. 백신을 맞고 이런 반응이 나타났다면, 백신에 알레르기 반응이 나타났다고 볼 수 있습니다.

이런 반응은 접종 후 30분 내에 나타나는 경우가 많은데요. 그래서 모든 예방 접종 후에는 병원에서 30분간 머물다 가라는 안내를 받게 됩니다. 이 사실을 알더라도 병원에서 기다리는 것이 지루하기 때문에 먼저 병원을 떠나시는 분도 있지만, 예방 접종 후 알레르기 반응이 결코 드문 일이 아니니 이상 반응은 없는지 지켜보다가 귀가하는 것을 추천합니다. 이 반응은 접종 직후에 나타나지 않고 몇 시간이 지나서 나타나는 경우도 있으니, 집에서 만약 알레르기 반응이 보인다면 바로 병원에 찾아가는 것이 좋습니다.

특수한 예방 접종

아이의 연령에 따르는 것이 아니라 시기에 따라 하는 예방 접종이 있습니다. 바로 가을 겨울에 접종하는 독감(인플루엔자) 접종과 호흡기 세포 융합 바이러스(RSV) 예방 접종입니다.

인플루엔자 예방 접종은 생후 6개월 이후에 맞을 수 있는데 태어나서 처음 맞을 때는 4주 간격으로 두 번 접종하고, 그 이후부터는 1년에 한 번씩만 맞으면 됩니다. 인플루엔자에 감염되면 심한 발열과 호흡기 증상으로 고생하는 경우가 많고 폐렴 등의 합병증이 나타나는 경우도 많은데, 이러한 심각한 반응은 예방 접종을 통해 예방할 수 있어 아이를 키우는 집이라면 모든 가족 구성원이 반드시 접종할 것을 권고합니다. 예전에는 계란 알레르기가 있으면 인플루엔자 백신을 맞을 수 없었지만, 백신 제조 기술이 발달하여 계란 알레르기가 있더라도 접종할 수 있는 백신이 있으니 진료실에서 미리 말하면 됩니다.

RSV 예방 접종은 이른둥이로 출생하였거나 심장병이 있어 치료받는 아이들을 대상으로 하는 접종이기 때문에, 만삭에 태어난 건강한 아이는 맞지 않는 주사입니다. 접종 대상에 해당되는 분들은 주치의 선생님과 상의해서 꼭 접종하세요.

시기와 상관없이 예방 접종을 챙겨야 하는 특수한 상황도 있는데요. 바로 해외로 나가는 경우입니다. 아이가 해외로 여행을 가거나 이민을 준비하는 경우에는 현지에서 진행하지만 우리나라에서는 하지 않는 예방 접종을 미리 챙겨야 할 수도 있고, 현지에서 유행하는 질환을 예방하기 위해 예방 접종을 맞아야 하는 경우도 있습니다. 따라서 출국 두 달 정도 전에 미리 어떤 예방 접종을 맞아야 할지 챙겨야 합니다. 질병관리청에서 운영하는 '해외감염병 NOW(http://해외감염병 NOW.kr/nqs/oidnow/nation/search.do)'에 들어가면, 내가 가려고 하는 국가나 지역에서 현재 유행하는 감염병에 대한 내용이 나와 있고 챙겨야 하는 예방 접종에 대한 정보도 정리되어 있습니다. 미리 검색해 보고 가까운 병원에서 예방 접종 일정에 대해 상의하고, 함께 출국하는 보호자도 백신 접종을 챙기면 됩니다.

규칙적으로 수유하는 법
육아 더하기

핵심 먼저!

아이가 배고파하고 배불러하는 신호를 잘 파악하세요. 4시간 이상 잔다면
깨워서 수유해 주세요.

어느 날 예방 접종을 하러 진료실에 온 한 신생아를 진찰하는데, 아
이가 삐쩍 마르고 피부도 꺼칠꺼칠하고 상태가 좋아 보이지 않아 걱
정스러운 마음에 어디 아픈 곳은 없는지 온 몸을 샅샅이 살펴 본 적이
있습니다. 아이는 아파 보이는 곳은 없었는데, 어찌 된 일인지 탈수
소견이 심했고 예방 접종은커녕 오히려 입원을 해야 했습니다. 부모
님께 어떻게 된 일인지 여러 가지 질문을 던지던 저는, 부모님의 말에
경악을 금치 못했습니다.

"애한테 아침 점심 저녁을 잘 줬는데 왜 이렇게 계속 우는 거죠?"

물론 이 책을 보고 계신 분들은 육아에 대한 관심이 많기 때문에 대
부분 잘 알고 있겠지만, 저는 이렇게 아무 대비를 안 하고 아이를 돌

보는 분이 있다는 사실에 놀라지 않을 수가 없었습니다. 물론 저를 경악하게 했던 그 집은 딱한 사정이 있어 육아에 대한 기본적인 지식을 알려 줄 사람이 주변에 없었던 특수한 경우였죠.

수유의 기본 상식

이제 막 태어난 신생아는 적어도 3시간마다 수유를 합니다. 모유를 먹는 아이는 분유보다 소화가 더 잘 되기 때문에 더 짧은 주기로 수유를 하기도 하죠. 2~3시간마다 수유를 하는 신생아들은, 하루로 계산하면 8번에서 많으면 10번 정도 수유를 합니다. 생각보다 수유 횟수가 많고 이런 짧은 수유 주기가 밤에도 지속되기 때문에 새벽에도 잠을 못 자는 당직이 시작되죠.

수유에 관한 초보 부모님의 고민은 아이가 얼마나 먹어야 하는지 감이 잘 안 온다는 것입니다. 병원에서 퇴원하거나 조리원에서 퇴소할 때 지금 아이가 얼마나 먹는지 교육을 받을 수 있지만, 문제는 아이는 시간이 지날수록 먹는 양이 점점 증가한다는 것입니다. 그래서 얼마나 먹이는 게 올바른 양인지 궁금해하는 분이 많죠.

이런 분들을 위해서 분유 회사에서는 분유통 한쪽에 아이의 체중이나 연령별로 얼마큼, 얼마나 자주 분유를 먹어야 하는지 알려 주기도 합니다. 병원에서도 대략적으로 수유 양을 알려드리는데요. 보통 한 번에 아이 체중(킬로그램)에 20을 곱한 만큼 먹으면 괜찮게 먹는 것이라고 알려드립니다. 예를 들면 체중이 4킬로그램인 아이는 그것의 20배인 80cc를 먹으면 잘 먹고 있다고 할 수 있죠.

하지만 아이는 기계가 아니기 때문에 매번 정해진 양을 정해진 시간에 먹지 못합니다. 특히 신생아 시기에는 조금씩 자주 먹는 아이도 있고, 한 번에 욕심을 많이 부리는 아이도 있고, 잠을 깊게 자서 수유 순간을 놓치는 아이도 있습니다. 이렇게 아이들의 식습관이 다양하기 때문에 '한 번에 얼마를 먹어야 한다'고 정량화하기가 정말 어렵습니다. 그럼에도 아이가 적절히 잘 먹고 있는지 알아채는 방법이 있겠죠?

실전 요령

아이의 반응 살피기

일단 분유통이든 몸무게에 20을 곱하는 방법이든, 한 번에 그리고 하루에 아이가 얼마큼 먹는 게 평균적인 양인지 알고 있는 것이 좋습니다. 이것은 정말 참고 자료에 불과하지만 기본적인 정보를 알고 있어야 다음 판단이 가능합니다.

기본을 알았다면 이제는 아이의 반응을 보아야 합니다. 먼저 아이가 다 먹고 난 뒤에 어떤 반응을 보이는지 관찰해야 하는데요. 아이가 더 이상 먹으려고 하지 않고 만족한 표정을 짓는다면 지금 수유한 양이 적당했다는 것을 알 수 있습니다. 간혹 정해진 양을 다 먹이기 위해 아이가 충분히 먹었다는 신호를 보내는데도 억지로 먹이는 분들이 있습니다. 이러면 아이가 더 많이 게워 내거나 토를 하고, 소화 불량으로 배앓이를 앓는 경우가 많아요. 아이는 기계가 아닙니다. 매번 똑같은 양의 수유를 하지 않아요. 그렇기 때문에 아이가 배부르다고 보내는 신호를 잘 파악하는 것이 좋습니다.

아이가 배부른 상태를 알아채는 것도 중요하지만, 배고프다고 표현하는 것도 잘 파악해야 합니다. 2~3시간 간격으로 수유를 한다고 했지만 이전 수유를 배불리 먹었다면 3시간보다 시간이 더 지난 후에 배가 고파질 수도 있고, 이전 수유가 모자랐다면 수유 시간이 되지 않았는데도 배고픔에 울음을 터뜨릴 수도 있죠. 아이가 혀를 날름거리고 입 주변을 빨려고 노력하는 모습을 보이면 배고프다는 것을 알 수 있습니다. 배고프다고 보내는 신호를 잘 알아차려야, 아이가 직전에 수유하고 얼마큼 시간이 흐른 뒤 다시 배가 고픈지 정확히 알 수 있죠. 이 시간 간격을 알아야 내가 직전에 먹인 양이 적절한지 알 수 있고요. 수유 간격은 아이가 체중이 늘어감에 따라 수유 양을 늘리는 중요한 기준이 됩니다.

자는데 굳이 깨워서 먹여야 할까?

신생아 시기에는 영양분이 많이 필요함에도 한 번에 많이 먹을 수 없어 수유 간격이 짧은 편입니다. 하루에 여러 번 먹어야 한다는 뜻이죠. 그래서 밤에도 수시로 수유를 해야 하는데, 이때 많은 부모님에게 고민거리가 생깁니다.

'애가 계속 자는데 굳이 깨워서 먹여야 하나?'

아이가 통잠을 잘 잔다는 것은 축복받은 일입니다. 하지만 애석하게도 생후 2개월이 될 때까지는 아이가 4시간 이상 잔다면 한 번 깨워서 수유를 해 주는 게 좋아요. 이건 낮잠도 마찬가지인데요. 지금 단계에서 아이가 4시간 이상을 공복으로 버틸 수 있는 양을 먹고 있지 않기 때문입니다.

하지만 걱정 마세요! 아이는 이제 점점 한 번에 먹는 양이 늘어나면서, 수유 간격이 자연스럽게 길어집니다. 간격이 3시간 정도에서 4시간 이상이 되기도 하고, 생후 2개월이 지나면 밤중 수유를 아예 끊는 아이도 생깁니다. 보통 많은 아이가 백일쯤 통잠을 자게 되고 이때는 아이를 깨워서 먹일 필요가 없기 때문에 부모님도 통잠을 잘 수 있죠. 그래서 우리가 이 시기를 "백일의 기적"이라고 부르는 것입니다.

체중이 잘 늘고 있나요?

소아과 의사들은 아이가 먹는 간격만 가지고 아이가 건강하게 먹는지 판단하지 않습니다. 가장 중요한 것은 아이의 체중이 잘 늘고 있는지 확인하는 것입니다. 그렇다고 매일 체중을 재면서 스트레스 받을 필요는 없습니다. 신생아 시기에는 체중이 일주일에 2~300그램 정도 늘기 때문에, 건강한 아이라면 일주일에 한 번 체중을 재는 것도 많이 재는 것입니다. 아이가 평소에 건강하다면 예방 접종이나 영유아 건강검진을 받으러 병원에 방문했을 때 체중 변화를 살펴보는 것으로 충분합니다.

모유 수유는 이것만 조심하세요

그런데 분유 먹는 아기는 먹는 양을 눈으로 체크할 수 있기 때문에 먹는 양이 얼마나 늘어 가는지 확인할 수 있는데, 모유만 먹는 완전 모유 수유 아기는 어떻게 해야 하는지 궁금하죠? 모유 수유는 분유 수유보다 더 간단합니다. 엄마의 모유는 신기하게도 아이가 많이 먹으려고 할수록 더 많이 만들어집니다. 아이가 빨려고 힘을 주면 그 자극을 받아 모유가 만들어지기 때문인데요. 그래서 아이가 만족할 만큼 끝까지 다 물리기만 하더라도 모유 양이 아이에게 맞춰져서 더 많이 생성됩니다. 이때 수유 간격과 체중이 잘 늘어나는지 살펴봐야겠죠.

모유 수유의 최대 단점인 수유 시 발생하는 울혈과 염증으로 인한 통증은, 아이가 잘 먹기 시작하면서 점차 나아질 것입니다. 하지만 이때 수유 양이 충분하지 않으면 아기에게 탈수가 생길 수 있는데요. 탈수 때문에 생기는 것이 '모유 황달'입니다. 모유 황달은 모유 자체의 영향으로도 생기지만, 사실은 수유 양이 충분하지 않아 탈수가 생겨 발생하는 경우가 대부분입니다. 황달에 대한 더 자세한 내용은 90쪽을 확인해 주세요.

이렇듯 아이에게 적절한 양을 먹이려면 아이가 배불러하는 신호와 배고파하는 신호를 잘 파악해야 됩니다. 다른 말로 표현하면 얼마나 자주 먹을지, 얼마나 먹을지는 아이가 결정한다고 기억해 주세요. 아이가 아직은 작고 아무것도 못 하기 때문에 모든 것을 부모님이 챙겨 줘야 할 것 같지만, 부모로서 중요한 마음가짐은 '아이를 존중하는 것'입니다. 아이가 원하는 만큼 수유할 수 있도록, 아이의 마음을 들여다보려고 노력하는 것이 아이를 존중하는 첫걸음입니다.

3장.

4~6개월
우리 아기 지키기

: 이유식 준비하기, 건강검진 공부하기,
발달 상태 확인하기

몸무게가 8킬로그램까지 늘어요.
좋아하는 것을 알아보고 깔깔깔 웃지만,
낯선 사람을 보면 경계하고 울기도 해요.
자리에 앉고 뒤집기도 하면서, 기어다닐 준비를 해요.
이유식 먹을 준비를 해요!

굴러다니고 자리에 앉아요!
운동 발달

"백일 사진은 한 달 늦게, 돌 사진은 한 달 미리 찍어라."라는 말이 있습니다. 12개월이 되어 아기가 걸어 다니기 시작하면 사진을 찍기 어려우니 돌 사진은 아직 걷지 못할 때 찍어야 비교적 수월하죠. 백일 때에는 반대의 이유로 한 달 늦게 찍는 것이 좋은데요. 아기들이 생후 4개월은 되어야 앉혀 놓았을 때 고개를 가눌 수 있기 때문에, 너무 일찍 스튜디오를 예약하면 오히려 사진을 찍기 어렵습니다.

중력을 이겨 내기 시작해요

인간을 제외한 대부분의 동물은 태어나자마자 걷기 시작합니다. 알에서 막 깨어난 병아리도, 이제 막 태어난 송아지도 비틀거리다가 결국 일어나 걷습니다. 하지만 인간은 두 발로 걷기까지 12개월, 손과 발로 기어다니는 데도 6개월 이상의 시간이 필요합니다.

아기들은 태어나자마자 운동을 잘하지 못하기 때문에 태어나서 대근육을 발달시키는 과정을 관찰하는 것은 매우 흥미로운 일입니다. 1년 안에 걷는다는 목표를 가지고 한 단계 한 단계 점점 더 어려운 방법으로 중력을 이겨 내는 아이들의 발달 과정을 보자면 정말 기특하고 눈물겹기까지 합니다. 특히 생후 4개월은 아기가 처음으로 중력을 제대로 이겨 내는 시기입니다. 걷는 운동을 향해 한 걸음 더 가까워지는 것이죠.

4개월 즈음의 아기는 머리의 무게부터 감당할 수 있게 됩니다. 몸통의 무게도 감당하지 못하기에 별 대수롭지 않아 보일 수 있지만, 아기는 아직 머리가 몸통에 비해 크고 무겁다는 사실을 생각하면 정말 대견한 발달입니다. 자신의 머리를 들 수 있게 된 아기는 엎드려 놓으면 고개를 수직으로 빳빳이 들고 있을 수 있습니다. 앉혀 두면 고개를 똑바로 유지할 수 있게 되고요. 그렇기 때문에 4개월이 지나서야 백일 사진을 예쁘게 찍을 수 있는 거죠.

아기들이 고개를 바닥과 수직으로 세우는 것은 인지 발달에도 굉장히 큰 자극이 됩니다. 아기가 머리를 세우지 못하는 시기에 스스로 바라볼 수 있는 시선은 천장 방향밖에 없습니다. 보통 집의 천장은 배경이 밋밋하기 때문에, 위쪽을 볼 수밖에 없는 아이들에게 모빌이라는 장난감이 유용한 것이었습니다.

하지만 아이의 흥미를 끄는 대부분의 것은 수평 방향에 놓여 있습니다. 인형, 장난감, 책장, 어른, 만지면 위험할 수 있는 많은 물건까지, 모두 시선이 수평 방향일 때 볼 수 있습니다. 아이가 더 많은 것을 보고 배울 수 있는 계기를 시선의 방향이 만들어 줍니다. 가지고 놀 수 있는 장난감만 하더라도 이제는 모빌을 벗어나 가짓수가 굉장히 다양해집니다. 그만큼 아이도 인지 발달에 자극을 받게 되겠죠.

천장만 바라보지 않아도 된다는 것은 아기의 주도성과도 연관이 있습니다. 고개를 들지 못할 때는 누군가 내 눈앞에 가져다주는 물건만 볼 수 있었습니다. 하지만 이제는 고개를 들어 내가 바라보고 싶은 방향으로 내가 보고 싶은 물건을 볼 수 있게 됩니다. 아이가 소극적으로 주어지는 정보만 받는 것이 아니라, 스스로 보고 싶은 것을 보는 적극적인 방법으로 정보를 습득합니다. 이런 주도성이 아이의 호기심을 자극하고 인지 발달을 촉진합니다.

조금씩 몸통 무게를 이겨 내기 시작해요

아쉽게도 이 시기의 아기는 머리의 무게를 이겨 내는 단계에 머뭅니다. 아기의 근력이 몸통까지 들 정도는 되지 않습니다. 하지만 우리 아이들은 포기를 모릅니다! 몸을 들기 위해 끊임없이 꿈틀대다가 이루어 내는 것이 바로 뒤집기와 되집기입니다.

'뒤집기'는 누운 자세에서 엎드린 자세로 도는 것을 의미하고, '되집기'는 엎드린 자세에서 누운 자세로 도는 것을 의미합니다. 아기에 따라 차이는 조금씩 있지만, 평균적으로는 되집기를 뒤집기보다 먼저 하게 됩니다. 이는 우리가 엎드려 있다가 몸통을 돌려 눕는 것과 누워 있다가 엎드리려고 몸통을 돌리는 경우를 생각해 보면 잘 이해됩니다. 팔이 앞쪽으로 더 잘 움직이기 때문에 엎드려 있다가 눕는 운동이 더 자연스럽고 편합니다.

뒤집기와 되집기는 결국 몸통을 굴리는 과정인데, 이는 몸의 어느 한쪽을 들 수 있어야 가능합니다. 따라서 아이가 뒤집는다는 것은 몸통의 무게를 완전하지는 않지만 부분적으로 이겨 내는 과정이라고 할 수 있습니다.

근육 발달을 어떻게 자극해 줄 수 있을까?

아기들을 바닥에서 조금씩 벗어나게 해 주는 가장 좋은 방법은 터미타임입니다. 4~6개월에 이루어 내야 할 대근육 운동의 발달 과업을 모두 훈련시켜 주는 굉장히 유용한 방법이죠. 터미타임을 하면서 아기는 엎드린 자세에서 주변 환경을 보려고 시도하고, 아주 자연스럽게 그 자세에서 고개를 들도록 노력하게 됩니다. 그렇게 고개를 들다 보면 목과 코어의 근력이 강해져서 앉혀 놓은 자세에서 고개가 꺾이지 않게 유지할 수 있게 됩니다.

뒤집기보다 배우기 쉬워 먼저 발달을 이루는 되집기도 엎드린 자세에서 눕는 자세로 몸을 돌리는 것이기 때문에 그 시작이 바로 터미타임입니다. 터미타임을 해야 아이가 엎드린 자세를 할 수 있고, 그래야 되집기를 시작할 수 있습니다. 뒤집기를 먼저 시작하는 아이라도 뒤집기의 최종 자세가 엎드린 자세이기 때문에, 이 자세를 안전하게 하려면 신생아 시기부터 터미타임을 하는 것이 중요합니다.

터미타임을 단순히 아이를 엎드려 놓는다고 생각하는 것보다는, 아이가 엎드린 상태에서 논다고 생각하는 것이 발달을 자극하는 좋은 방법이 됩니다. 엎드려 있는 시간이 재미있어야 아이가 힘들더라도 더 오래 엎드려 있으려고 하기 때문에 근력이 더 발달할 수 있고, 주변에 장난감이라도 놔 준다면 아이의 흥미를 끌어 고개를 더 들고 싶고 몸을 더 돌리고 싶게 자극할 수 있습니다.

몸을 끊임없이 꿈틀거리며 되집기와 뒤집기를 시도하지만 잘 되지 않아 끙끙거리는 과정은 모두가 겪어야 하는 고비입니다. 이때 어떤 과정으로 몸을 뒤집어야 하는지 직접 아이의 몸과 팔다리를 잡고 돌려 주는 것은 매우 좋은 방법입니다. 대부분은 마지막 단계에서 몸에 깔린 팔을 빼 내지 못하여 몸을 뒤집지 못하는데, 이때 팔을 자연스럽게 빼 주는 연습을 해 주는 것도 좋습니다. 이렇게 어른의 도움을 받으면서 아이는 자신도 모르게 연습과 부분적으로 성공하는 경험을 반복합니다. 이 경험이 아이의 발달을 건강하게 자극해 주는 기폭제가 됩니다. 이 과정이 아이를 바라보는 부모님에게도 아주 소중한 경험이 된다는 것, 꼭 잊지 않았으면 좋겠습니다!

장난감을 잡고 깔깔 웃어요!
언어 발달

신생아를 키우는 집은 생각보다 조용합니다. 아기 울음소리를 제외하고는 별다른 소리가 나지 않죠. 백일이 될 때까지 아기가 모음 소리를 내기는 하지만, 집 안이 시끌벅적한 느낌이 나지는 않습니다. 하지만 아기가 4개월이 넘어가면 집이 조금은 소란스러워지는데요!

"깔깔깔!" "딸랑딸랑~." 아기가 내는 다양한 소리가 집 안을 채우기 시작합니다. 아이의 행동에 맞추어 어른도 웃을 일이 많아지죠.

작은 장난감을 잡고 놀아요!

아기가 내는 소리의 주인공 중 하나는 바로 아기가 들고 노는 장난감과 딸랑이 소리입니다. 생후 백일까지 아기는 주위 물건에 대한 호기심이 있지만 잘 잡지 못합니다. 그래서 모빌이나 장난감에 손을 뻗지만 정작 잡지는 못하고 손으로 치며 놀 뿐이죠.

하지만 4개월이 넘어가면 작은 물건을 잡을 수 있는 소근육 발달을 이루어 냅니다. 신생아나 4개월이 되지 않은 아기도 손에 무언가 쥐어 주면 꼭 잡기는 하지만 그것은 '잡기 반사'로 의도적으로 잡는 것이 아니라 손바닥에 무언가 닿으면 무의식적으로 주먹을 꽉 쥐는 것입니다. 하지만 이제는 다릅니다! 4개월이 된 아기는 의도적으로 손을 뻗어 잡습니다. 이전까지는 손에 장난감을 쥐여 주어야 잡고 놀았다면, 이제는 원하는 장난감을 직접 손으로 잡는다고 이해하면 좋습니다.

작은 물건을 잡는 방법도 단계가 있습니다

아기들이 물건을 잡는 소근육을 발달시킬 때는 단계가 있습니다. 정밀한 손 움직임을 바로 하지는 못하는데요. 손으로 물건을 잡는 발달의 순서는 손바닥에서 시작해 손가락 끝까지입니다. 손가락을 움직이는 인대와 신경은 손바닥에서 손가락 마디 하나하나를 연결하며 손끝까지 이어집니다.

생후 4~5개월 아기는 손바닥과 손바닥에서 가장 가까운 손가락 마디를 이용해 물건을 잡습니다. 아직은 물건을 움켜쥔다기보다는 손바닥과 손가락에 겨우 걸쳐서 물건을 잡는다고 표현하는 것이 잘 어울릴지도 모릅니다. 이 움직임으로는 구슬과 같이 작은 물건을 잡기 힘들지만, 블록이나 딸랑이같이 아기 손 크기에 맞는 장난감은 충분히 손으로 쥐고 잡을 수 있습니다.

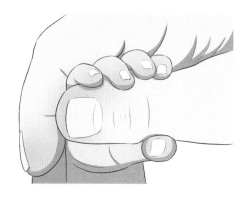

　구슬 같은 작은 물건을 손에 쥐기 위해서는 손가락의 두 번째 마디까지 사용하는 생후 6~7개월 정도는 되어야 합니다. 이 시기에 아주 작은 구슬이나 장난감을 쉽게 잡지는 못하지만, 바닥을 쓸며 작은 물건을 잡으려고 노력합니다. 손가락 끝을 사용하지 않고 바닥에 놓여 있는 물건을 잡아 보세요. 그 모습이 생후 6개월경 아기가 보여 주는 모습입니다.

　아이들이 작은 물건을 잡는 소근육 발달은 기특하고 뿌듯한 과정입니다. 하지만 그만큼 작고 위험한 물건을 집어 들 수 있다는 뜻이기 때문에 안전에 더욱 신경을 써야 합니다. 이제 아기의 손이 닿는 곳에서 안전을 위협할 수 있는 물건을 싹 치워야 하는 시기가 왔다는 것을 의미합니다.

　아기는 항상 인지보다 운동이 먼저 발달합니다. 위험한 물건을 알아차리기 전에 손으로 움켜잡을 수 있게 되고, 위험한 장소를 알아차리고 조심하기 전에 걷고 뜁니다. 그래서 어른들이 미리 안전에 신경을 써 주어야 하고, 그 수고는 이제 시작이라고 할 수 있습니다.

자신이 좋아하는 것을 알아보고 소리 내어 웃어요

아이들이 위험한 물건을 알아보는 능력은 아직 없지만, 자신이 좋아하는 것은 확실하게 알아보기 시작합니다. 배고플 때 눈에 보이는 젖병이나 외로움을 달래 주는 장난감을 알아보고, 곁에서 항상 먹여 주고 챙겨 주는 부모님과 주 양육자를 알아보기 시작합니다.

이 시기의 아기는 좋아하는 것을 단지 알아보는 데서 끝나지 않습니다. 소리 내어 깔깔깔 웃기도 하는데요. 이제 고개를 들 수 있고 앉혀 놓으면 잠시 버틸 수 있는 아이가 넓어진 시야로 좋아하는 장난감을 보면 소리 내어 웃고 손으로 잡고 흔들기 시작하니 집 안에 요란한 소리가 울릴 수밖에 없죠. 그리고 이 소리야말로 아기를 키우는 집에서만 들을 수 있는 행복한 소음이라고 할 수 있습니다.

아기가 본인이 좋아하는 것을 알아보는 것은 본능적으로 기분이 좋은 것과 다른 차원의 능력입니다. 익숙한 것과 아닌 것, 나에게 좋은 것과 아닌 것을 구분하는 능력과 익숙한 것을 머릿속에 새겨 넣는 기억력이 뒷받침되어야 하죠. 아이가 굉장히 똑똑해지고 있다는 것을 의미합니다.

아이가 깔깔깔 소리 내어 웃는 것은 언어 발달의 측면에서도 큰 의미가 있습니다. 아직은 '아-' '오-' 같은 모음밖에 소리 내지 못하는 아기가 자음이 섞인 웃음소리를 낸다는 것은, 입안에서 다양한 소리를 만들어 내기 시작한다는 것을 의미합니다. 아기는 본인도 모르게 다음 단계의 소리를 내기 위한 연습을 하고 있습니다.

집 안의 환경이 중요합니다

이제 아기는 더 넓은 시야로 세상을 바라보고, 눈으로 들어온 시각 정보를 나름의 기준을 가지고 분류하기 시작합니다. 그래서 아기 주변의 환경이 아기의 성장과 발달에 큰 영향을 미치기 시작하죠.

아기에게 도움이 되는 환경 만들기는 어렵지 않습니다. 아이가 좋아할 만한 물건을 아이의 시선이 닿는 곳에 많이 두고 위험한 물건은 치우는 것이 시작입니다. 호기심을 자극하되 안전사고는 예방하는 것이죠.

이 시기에는 아기가 선호하는 주 양육자가 결정된다는 사실을 기억한다면, 일이 바쁜 부모님도 생후 백일이 될 때까지는 아기에게 얼굴을 비추려고 최대한 노력하는 것이 좋습니다. 아기의 얼굴을 보는 것이 아니라 아기가 부모님의 얼굴을 많이 보아야 효과가 있습니다.

물론 바쁜 사회생활이 마음대로 되는 것은 아닙니다. 저도 잘하지 못한 점이기도 하니까요. 하지만 '바쁘니까 어쩔 수 없어.'라는 마음과 '깨어 있을 때 잠깐이라도 보자!'라는 마음은 작지만 큰 차이를 만들어 냅니다. 주말에 몰아서 시간을 보내는 것도 좋지만, 매일 잠시의 시간을 아이와 함께 보내는 것이 더 효과적입니다. 아이의 단기 기억력은 그리 오래가지 않기 때문에 자주 반복을 해 주어야 합니다.

바쁜 생활 속에서 아이와 매일 조금씩 함께하기 위한, 제가 실제로 했던 팁을 한 가지 알려드릴게요. 아이에게 대단한 것을 해 주려고 하지 마세요. 대신 매일 아이가 하는 일 중 한 가지를 최대한 챙겨 주세요. 밤 수유나 이른 새벽 수유도 좋고, 목욕도 좋고, 하루 30분 터미타임을 챙겨서 놀아 주는 것도 좋습니다. 아이와 교감할 수 있는 시간을 짧더라도 매일 갖는다면, 아이는 바쁜 엄마아빠도 좋은 사람으로 기억할 것입니다. 그리고 어른의 입장에서도 아이와 놀아 주는 법을 조금씩 배워 가며, 시간이 흘러도 아이와 건강한 관계를 유지할 수 있는 밑거름이 될 것입니다.

낯가림을 시작해요
인지, 사회성 발달

핵심 먼저!

낯가림은 오히려 반가운 현상이에요. 아이에게 익숙해질 시간을 주세요.

"괜찮아~ 울지 마, 너희 할아버지야….."

아기가 분명 사람을 좋아하고 누구에게나 잘 웃어 주었는데, 함께 생활하는 주 양육자가 아닌 사람을 보게 되면 갑자기 울음을 터뜨리는 아주 당황스러운 시기가 바로 지금입니다. 그리고 그 원인은 바로 낯가림인데요. 아기가 누구에게나 방긋방긋 잘 웃어 주는 천사 같은 모습에 부모님은 흐뭇한 마음을 갖고 있다가, 갑작스레 반대되는 모습을 보이면 혹시 문제가 있지 않을까 걱정하기도 합니다.

낯가림이 힘든 또 다른 이유는 특정한 사람이 아이 보는 것을 전담해야 한다는 사실을 의미하기 때문인데요. 제가 아기일 때 낯가림이 심해 일이 바빠 얼굴을 보기 힘들었던 아버지를 거부하고 어머니만 찾아서, 어머니가 굉장히 고생하셨다는 이야기를 많이 듣곤 했습니다. 아버지는 그때 굉장히 서운해하셨다고 하고요.

아이가 찾는 사람도 아이가 거부하는 사람도 모두 힘들어지는 낯가림. 낯가림 때문에 사람을 가리는 것이 사회성이 나빠지는 것은 아닌지 걱정되기도 하는 이 시기, 정말 걱정해야 하는 것일까요?

낯을 가리지 않으면 오히려 걱정되어요

생후 6개월 정도에 정상적인 발달을 하는 아기라면 모두 낯을 가리기 시작합니다. 아이들은 낯선 사람을 낯설어하며 불편해하기도 하지만, 낯선 공간에 방문하는 것을 싫어하기도 하여 양육자를 당혹스럽게 합니다.

늦어도 8개월 즈음이면 시작되는 낯가림은 길면 만 2세까지 이어지는데요. 이 불편하고 걱정스러운 상황이 1년 넘게 지속된다니 눈앞이 캄캄해지기만 하는데, 전문가들은 "아이들이 낯을 가리는 건 정상입니다."라며 속 답답한 이야기만 합니다. 주변 아기를 보더라도 대부분 낯을 가리기 때문에 정상이라는 말이 맞는 것 같지만, 아이가 힘들게 할 때면 정말 괜찮은 게 맞는지 의문이 들죠.

아동 발달 전문가들은 낯가림을 하지 않는 아이를 만나면 오히려 발달이 괜찮은지 걱정합니다. 정밀 검사가 필요하다고 진료를 권고하는 경우도 있죠. 낯가림이 아이들이 반드시 겪어야 하는 발달 과업 중 하나이기 때문인데요. 낯을 가린다는 것이 어떤 의미가 있는지 생각해 보면 왜 그런지 알 수 있습니다.

낯가림은 '인지 능력'이 필요합니다

낯을 가린다는 것은, 나에게 편안함을 주는 대상을 좋아하는 것입니다. 우리는 편안함을 주로 자주 함께하는 대상에게 느끼는데, 나를 잘 대해 주는 대상을 '안다'는 것은 생각보다 복잡한 과정을 거쳐 일어납니다.

우리 주변에는 우리와 긴 시간을 함께하는 사람이나 물체가 많습니다. 그중에서 나에게 도움이 되는 대상을 알아보려면, 특정 대상이 나에게 하는 행동이 나에게 이로운지 파악할 수 있어야 합니다. 그리고 나에게 이로움을 주는 대상을 파악하려면, 그 대상이 가지고 있는 오감의 정보를 인지할 수 있어야 합니다. 어떻게 생긴 대상인지 시각적으로 파악하고, 어떤 냄새가 나는지 후각적으로 파악하고, 나를 만질 때 느껴지는 감촉과 나에게 말을 걸 때의 목소리도 알아야 합니다. 모유 수유를 하는 아이라면 수유할 때의 맛도 느끼고 인식할 수 있어야 합니다.

낯가림은 '기억력'도 필요합니다

낯을 가리기 위해서는 대상을 인식하는 것만으로는 부족합니다. 내가 좋아하는 대상을 기억해야 하죠. 그래야 내가 인식하고 있는 대상과 다른 대상을 구별하는 기준이 생깁니다. 따라서 낯을 가린다는 것은 '아이가 주 양육자를 기억하고 있다.'는 것과 같은 의미라고 할 수 있습니다.

이렇게 낯을 가리기 위해서는 사물을 인식하는 능력과 기억력이 골고루 발달해야 합니다. 그래서 낯가림이 늦게 시작되는 아기나 낯을 가리는 모습이 전혀 보이지 않는 아기는 발달에 이상이 없는지 걱정할 수밖에 없는 것입니다.

낯을 가리는 것은 어떤 효과가 있을까요?

아이들이 인지 능력이 발달하며 낯을 가리기 시작한다는 것은 이해할 수 있습니다. 그런데 이렇게 낯을 가리면 어떤 점이 좋기에, 인류가 진화를 거듭하면서도 낯가림을 인간의 특성으로 남겨 두게 되었을까요? 바로 애착입니다.

애착이라는 단어는 요즘 육아에서 많이 강조되고 있어 많은 분이 들어보았을 겁니다. 애착은 많은 시간을 함께하고 도움을 주는 사람에게 갖는 유대감을 의미하는데요. 많은 전문가가 '안정된 애착'이 중요하다고 강조합니다.

우리는 많은 사람과 사회적인 관계를 맺고 살아갑니다. 우리 주변에 꼭 나를 편하게 하는 사람만 있는 것은 아니죠. 불편한 관계 속에서 받은 스트레스를 해소하는 가장 안전한 공간이 바로 집입니다. 우리는 집에서 가족과 함께할 때, 사회적인 관계에서 오는 긴장감을 해소합니다.

아기도 마찬가지입니다. 아기들이 사회성을 발달해 나가기 위해서는, 우선 가장 가까운 사람과 애착이 잘 형성되는 것이 중요합니다. 안정된 애착이 아기 마음속에 자리 잡았을 때 비로소 다른 사람과 친밀한 관계를 유지할 수 있습니다.

안정된 애착은 사회성 발달에만 중요한 것이 아닙니다. 마음에 기본적인 안정감을 주는 효과도 있어 새로운 시도를 하며 운동 발달도 이루어 내고 무언가 알고자 하는 호기심을 통해 인지 발달까지 이루어 내도록 도와주는 것이 애착입니다.

낯가림이 있을 때 어떻게 해야 할까요?

아이를 만나러 오는 사람들에게 미리 알리세요

귀여운 우리 아기를 보기 위해 집을 방문하는 사람들이 많이 있을 것입니다. 하지만 그 마음을 모르는 우리 아이는 시간을 내서 온 손님을 향해 울음을 터뜨리고, 손님은 무안하기도 하고 서운하기도 합니다. 먼 길을 찾아 온 조부모님과 친척이라면 특히나 서운한 마음이 클 수 있습니다. 그래서 그런 분들이 마음에 상처를 받지 않도록 방문하기 전에 미리 귀띔해 주세요. "아이가 잘 크느라고 낯을 가립니다. 처음에 보고 울더라도 성장통을 앓느라 고생하는 아이를 귀여워해 주세요."

아이에게 시간을 주세요

귀한 시간을 내어 방문하는 손님은 아기를 바로 안아 주고 싶은 마음이 듭니다. 이건 아주 자연스러운 본능이지만, 아기에게는 고통스러운 시간이 될 수 있습니다. 절대로 아기를 바로 아는 척하지 말아 주세요! 반가운 마음을 잠시 접어 두고, 낯선 사람의 출현에 놀란 마음을 진정할 시간을 주어야 합니다. 아기가 너무 힘들어한다면, 손님과 잠시 인사를 나누고 아기와 함께 방에 들어가는 것이 좋을 수도 있습니다.

아기에게 모범을 보여 주세요

아기는 자신을 돌봐 주는 양육자가 다른 사람을 어떻게 대하는지 관찰하며 그 사람이 안전한 사람인지, 다른 사람은 어떻게 대하는 것인지 보고 배웁니다. 적당한 거리가 있는 곳에 아기를 두고 손님을 웃는 얼굴로 반갑게 맞이하고 이야기 나누는 모습을 보여 준다면 아기도 서서히 마음을 열 것입니다.

많이 안아 주세요

불편한 상황이 끝났다면, 그동안 고생했을 아기를 많이 안아 주세요. 아기의 입장에서는 힘든 마음을 위로받는 시간이 되고, 애착도 더욱 돈독해집니다. 부모의 입장에서도 아기의 마음을 한번 더 들여다보는 소중한 시간이 됩니다.

전자 미디어 노출은
안 돼요!

핵심 먼저!

18개월 이전에는 절대 영상을 보여 주지 마세요. 영상 통화는 괜찮아요.

중세 시대 프랑스에서는 잠투정을 부리는 아기를 재우기 위해 와인을 먹였다고 합니다. 고대 유럽의 유명한 철학자들도 와인을 몸에 좋은 것이라고 생각하여 아기에게 주는 것을 권장했다고 하는데요. 아기에게 술을 주는 것은 당장 잠에 들게 하는 데는 효과가 있었을지 모르지만, 아기가 알코올중독에 걸리는 부작용이 많았다고 합니다. 술이 건강에 끼치는 악영향이 과학적으로 밝혀지고 나서야 이러한 전통이 사라졌다고 해요. 아기가 음주를 하는 충격적인 문화와 비슷한 모습이 현대 사회에도 만연해 있어 전문가들이 우려하고 있습니다. 바로 아기의 전자 기기 노출에 관련된 문제입니다.

너무 쉽게 보여줄 수 있다

누구나 스마트폰을 들고 다니고 텔레비전, 컴퓨터, 노트북, 스마트패드 중 적어도 하나는 집에 있는 것이 우리 사회의 일반적인 모습입니다. 다양한 전자 기기가 우리 주위에 있는 만큼, 영상 콘텐츠를 접하기가 더욱 쉬워지고 있죠. 영상 콘텐츠는 그 자체의 특성으로 그리고 더 많은 시청자를 끌어들이기 위한 수단으로 높은 몰입도를 가지고 있는데요. 이 때문에 아기와 어른 모두 영상 중독 문제가 심각한 상황입니다.

과도한 영상 노출이 좋지 않다는 것과, 매우 힘든 일이지만 영상 중독에서 벗어나야 한다는 것도 대부분 알고 있습니다. 하지만 힘든 육아 현장에서 영상이 가져오는 극적인 효과 때문에 '이 정도는 괜찮겠지.'라는 마음으로 합리화하며 아기에게 영상을 보여 주는 부모님이 정말 많습니다. 현장에서 부모님들을 만나서 이야기를 나눠 보거나 아기를 데리고 외출을 하는 가족들을 지켜보면 아기 눈앞에 스마트폰 화면을 놔두지 않은 집을 찾아보기가 오히려 더 어렵습니다.

물론 미디어가 가져오는 교육적인 효과도 있습니다. 또한 태어나자마자 디지털 기기를 사용하는 세대인 우리 아기들에게 전자 기기를 전혀 노출하지 않는 것이 장기적으로 도움이 될지 의문이 생기는 것도 사실입니다. 이어지는 글에서는 과도한 영상 노출에 대한 정확한 정보를 알고 육아 현실에 맞는 지침을 함께 고민하는 시간을 가져보겠습니다.

아기가 보지 않더라도 영상을 틀어 놓는 것이 문제가 될까?

아직 텔레비전에 관심을 보이지 않는 나이의 어린 아기를 키우거나 텔레비전에 관심을 크게 두지 않는 것처럼 보이는 아기를 키우는 집에서, 아기가 보든 말든 하루 종일 영상을 배경화면처럼 켜 두는 경우가 생각보다 많습니다. 부모님들은 아기가 관심이 없으니 별 문제가 없을 것이라고 생각하고, 아기가 놀이를 지루해한다면 영상에 관심을 보이며 보호자를 찾는 일이 줄어들기 때문에 유용한 방법이라고 생각합니다.

하지만 한창 발달을 해야 하는 우리 아기에게 가장 중요한 것은 직접 경험이라는 사실을 잊어서는 안 됩니다. 엄마아빠와 직접 눈을 마주치는 것부터 어른의 목소리를 들려주는 것, 양육자와 주고받는 상호작용 속에 아기는 건강하게 자랍니다. 이 소중한 직접 경험의 기회를 빼앗아 가는 것이 바로 배경화면처럼 틀어 놓은 자극적인 영상입니다.

한 방송사에서 매우 흥미로운 다큐멘터리를 방영한 적이 있습니다. 유명한 정신 질환 중 하나인 조현병에 대한 방송이었습니다. 이 방송에서는 환자가 환청이나 망상 등을 겪으며 이상 행동을 보이는 것이 특징인 조현병을 경험해 보기 위해서 정신 질환이 없는 일반인을 대상으로 실험을 했는데요. 실험 방법은 매우 간단했습니다. 실험 대상자로 하여금 귀에 이어폰을 꽂고 매우 간단한 일상생활을 하는 것이 전부였어요. 대신 이어폰에서는 계속해서 다른 사람의 목소리가 들리도록 조치했습니다.

초보 부모 방탄 육아

이어폰에서는 지금 상황과 관련이 없는 소리가 들릴 뿐이어서 실험에 참여한 사람들은 모두 자신만만한 태도로 실험에 임했습니다. 하지만 예상과 다르게 실험 결과는 매우 충격적이었습니다. 건강한 성인들이 물건을 사 오는 것 같은 간단한 지시에도 제대로 따를 수 없었습니다! 이어폰에서 나오는 목소리 때문에 말입니다.

이 실험은 조현병에 대한 이해를 돕기 위해 기획되었지만, 소아청소년과 의사 입장에서는 아이들의 영상 시청에 대한 경각심을 불러일으키는 내용으로 와닿았습니다. 아무리 배경 음악처럼 틀어 놓은 영상이라도, 아기가 받아들여야 할 건강한 자극을 차단하는 무서운 방해꾼이 될 수 있다는 사실을 깨달았죠. 아이가 심심하지 않도록 틀어 놓은 영상이, 정말 우리 아이를 위한 선택일지 다시 한번 생각해 보아야 합니다.

그럼 어떻게 해야 할까?

영상 노출에 대한 정답은 아직도 결론이 나오지 않았습니다. 하지만 다양한 전문가 단체에서 공통적으로 이야기하는 원칙이 있는데요. 그 내용을 알아볼게요.

18개월 이전에는 절대 영상을 노출하지 않는다

세계보건기구는 생후 23개월까지, 미국 소아과학회에서는 생후 18개월까지 영상 노출을 하면 안 된다고 말합니다. 이 시기는 아이의 발달 과정에서 직접 경험과 관계 형성의 중요성이 강조되는 시기이고,

운동의 측면에서도 아이가 이루어야 할 과업이 많습니다. 그렇기 때문에 이 책의 대상인 돌 이전의 아기는 건강한 성장과 발달을 위하여 영상을 절대로 보여 주면 안 됩니다.

콘텐츠를 골라 주고 함께 대화하며 시청한다

아이에게 도움이 되지 않거나 오히려 위험할 수 있는 콘텐츠가 온라인에 정말 많다는 사실을 알고 있을 겁니다. 콘텐츠의 위험성은 아이들이 알고리즘을 타고 자동으로 나오는 영상을 볼 때 더욱 극대화됩니다. 따라서 아이가 볼 콘텐츠는 부모님이 직접 선택해 주는 것이 중요합니다.

영상을 볼 때에도 아이가 혼자 보고만 있도록 두는 것이 아니라, 아이와 함께 화면에 나오는 내용에 대해 이야기를 나눠 보는 것이 중요한데요. 이런 상호작용 속에서 양육자와 아이는 생각을 나눌 수 있고, 아이도 영상을 수동적으로 보는 것이 아니라 스스로 생각을 곁들일 수 있습니다.

양육자의 명확한 기준이 있어야 한다

아이들이 영상을 보다 스스로 그만하는 것은 굉장히 어려운 일입니다. 절제력이 발달되지 않았기 때문이죠. 사실 재미있는 영상을 보다가 끊는 것은 어른에게도 힘든 일일 때가 있습니다. 지금 절제력이 부족하다고 하더라도, 더 커서 자기 절제력을 갖추는 것은 중요합니다. 아주 어릴 때부터 자기를 통제하는 법을 가르쳐야 해요. 그 가르침의 기본에는 양육자가 가지고 있는 올바른 기준과 기준을 지키는 단호함이 필수입니다.

영상 통화는 그래도 괜찮습니다!

영상 시청의 큰 단점 중 하나는 바로 상호 작용이 없다는 것이죠. 이 측면에서 생각해 보았을 때 같은 영상이라도 영상 통화는 상대와 상호작용이 오고 간다는 점에서 차이점이 있습니다. 그래서 영상 시청에 대한 기준을 제시할 때 영상 통화는 포함하지 않는 것이 일반적인데요. 먼 곳에 사는 가족 친지와 영상 통화를 영상 시청이라고 생각하며 죄책감을 가질 필요는 없습니다.

공공장소 대비하기

많은 아이가 원 없이 영상을 시청하는 장소가 바로 식당, 카페 같은 공공장소입니다. 사람이 많은 곳에서 아이가 지루해하고 보채기 시작한다면 그것만큼 곤욕스러운 일이 없는데요. 그런 상황을 만들지 않기 위해서 자극적인 영상으로 아이를 달래는 분들이 정말 많습니다. 하지만 이런 상황이라도 지혜를 발휘한다면 아이가 충분히 상황에 적응할 수 있습니다! 제가 아이와 공공장소에 갈 때 사용하는 팁을 나눠 볼게요.

일단 아이가 지루해하지 않도록 미리 장난감을 준비해 갑니다. 그리고 장난감을 가지고 노는 것도 한계가 있기 때문에 아이에게 관심을 쏟고 아이와 대화를 나누는 것이 중요합니다. 아이는 사람이 많은 공간에서 불안한 마음에 관심을 달라고 표현하며 보채는 경우가 많은데, 아이에게 집중해 주는 것이 아이를 안정시키는 데에 큰 도움이 됩니다. 아이에게 집중한다면 아이가 원하는 것을 빠르게 파악할 수 있고, 그 욕구를 충족시켜 주면 아이가 보챌 확률이 더욱 줄어드는 효과까지 있습니다.

적절한 간식을 준비합니다. 저는 평소에 달콤한 맛이 나는 간식을 아이에게 거의 주지 않는데요. 기차나 카페 같은 공공장소에 가야 할 일이 생긴다면, 외출 전 미리 평소에 잘 주지 않는 간식을 챙겨서 외출합니다. 달콤한 간식을 매일 주면 그 간식에 아이가 익숙해지겠지만, 외출해서 얌전히 잘 지낼 때 평소에 먹지 못하는 간식을 받는다는 사실을 알게 되면 어느새 아이도 엄마아빠와 함께 외출하는 시간을 즐기게 될 거예요.

식사 때가 되어서 식당에 방문한다면, 아이가 배고플까 걱정되는 마음에 아이부터 밥을 챙겨 주는 경우가 많지만 저는 반대로 행동합니다. 어른의 식사가 준비되기 전까지는 아이도 밥을 주지 않는데요. 잘못 생각하면 아이가 배고프게 놔두는 잔인한 아빠라고 생각할 수 있지만, 아이가 어른보다 먼저 밥을 다 먹으면 어른이 식사하는 동안 지루해질 수밖에 없습니다. 그래서 어른 음식이 나오기 전까지는 장난감으로 열심히 놀아 주고, 어른이 식사를 시작할 때 아이도 함께 밥을 먹도록 합니다. 그래야 아이가 심심해할 가능성을 최대한 줄일 수 있고 밥상머리 교육도 함께 하는 효과가 있습니다.

가장 힘들지만 중요한 팁은 바로 '아이와 너무 오랜 시간 외출하지 않는다.'는 것입니다. 가족이나 친구와 함께 식당에 방문한다면, 밀린 수다도 떨고 술도 한잔하면서 외출 시간이 길어지기 마련인데요. 아이에게는 이 시간이 더욱 길고 지루하게 느껴질 수밖에 없기 때문에, 아이를 달래기 위해 핸드폰을 쥐어 주는 경우가 많습니다. 하지만 가장 좋은 방법은 긴 외출을 삼가는 것입니다.

친구와 만남이 제한될 수도 있고 가족과 담소를 나누는 시간이 줄어 아쉬울 수는 있겠지만, 소중한 우리 아이가 태어난 뒤에 이전과 똑같이 살기는 어렵습니다. 그래서 제가 많이 사용해 온 방법은, 식사는 밖에서 짧게 하고 집에 와서 수다를 나누는 것이었습니다. 어른과 아이 모두에게 더 좋은 방법이었어요.

영상은 아이를 붙잡아 두는 효과적인 방법입니다. 이 방법을 사용하지 말라는 것은 그만큼 양육자가 아이 옆에 더 붙어 있어야 한다는 것을 의미합니다. 그리고 그것이 아이를 진정으로 위하는 방법이죠. 하지만 아이와 함께 붙어 있다 보면 집안일이 밀리는 등 어쩔 수 없이 놓치는 부분도 많습니다. 그래서 부부의 합심과 아이를 돌보는 데 도움을 주는 분들의 협력이 중요합니다. 아이에게 정성을 쏟는 일을 한 명만 전담하게 된다면 분명 지치는 때가 옵니다. 그래서 옛말에 이런 말이 있었나 봅니다. "아이 하나를 키우려면 온 마을이 필요하다."

세계보건기구(WHO) 권고 사항	미국 아동청소년 정신의학과학회 권고 사항
만 2세 미만 : 보여 주지 않는다. **만 2~3세** : 하루 1시간 이상 보어 주지 않는다. 적을수록 좋다. **만 3~4세** : 하루 1시간을 넘기지 않는다.	**생후 18개월 미만** : 어른과 함께 하는 영상 통화만 허용. **생후 18~24개월** : 양육자와 함께 교육적인 영상만 시청. **만 2~5세** : 평일은 하루 1시간, 주말은 하루 3시간까지만 시청. **만 6세 이상** : 영상 시청은 절제하고, 건강한 취미 생활을 권장. 식사 시간과 나들이 시간에는 시청 금지. 영상 시청을 아이 달래는 용도로 사용 금지. 취침 30~60분 전에는 영상 시청 중단하고, 침실에 영상 기기 반입 금지.

초보 부모 방탄 육아

이유식은
언제 시작하면 될까요?

⌄

핵심 먼저!

이유식은 영양소만이 아니라 발달의 측면에서도 중요해요. 생후 6개월 이후, 아이가 준비되었음을 보여 주는 네 가지 신호를 확인하고 시작하세요. 돌 이전에 다양한 식재료를 접해야 음식 알레르기를 줄일 수 있어요.

　분유나 모유가 유일한 영양 공급원이던 아기들이, 어른이 먹는 단단한 음식을 먹기 위해 연습하는 단계가 바로 이유식입니다. 모유처럼 엄마 몸에서 만들어지거나 분유처럼 공장에서 만들어져 나오는 것이 아닌, 양육자가 처음으로 아기를 위해 직접 준비하는 음식이 이유식이기 때문에 모든 부모님은 이유식을 크게 신경 씁니다. 아기에게도 중요한 과업이어서 양육자가 알아야 할 내용이 꽤 많은데요. 책에서는 앞으로 이유식에 대한 조언을 차근차근 풀어갈 예정입니다. 이번 글에서는 언제 이유식을 시작하면 되는지에 대한 내용을 풀어 보도록 하겠습니다.

이유식을 먹는 이유

아이들은 성장하면서, 연령에 따라 몸에서 필요로 하는 영양소가 달라집니다. 태어나서 6개월 정도는 수유를 통해 얻는 영양분이면 성장에 충분하지만, 그 이후에는 고체 음식에서 얻는 영양소가 필요해집니다. 이 때문에 액체만 먹던 아기들이 고체 음식을 먹기 위해 준비하는 과정이 필요하고, 이 과정이 바로 '이유식'입니다. 이건 전 세계의 육아에서 공통적인 것으로, 한자로 이유식을 離乳食으로 표기하는데 "젖을 떼는 음식"이라는 뜻을 가지고 있습니다. 영어로도 같은 뜻인 weaning food라고 표기합니다.

액체 음식만 먹던 아기가 고체 음식을 잘 먹고 소화하기 위해서는 추가적인 발달이 이루어져야 하는데요. 가장 먼저 음식을 씹는 '저작 운동'과 밀도와 점도가 높은 음식을 삼키는 '연하 운동'이 연습되어야 합니다. 입에서 삼킨 이후에 위와 장에서 음식물을 이동시키는 '연동 운동' 또한 훈련이 되어야 하고, 액체보다 흡수하기 힘든 고체 음식의 영양소를 빼 내기 위해서 소화기관이 음식을 분해하고 소화하는 연습이 필요합니다. 이런 연습 없이 단번에 고체 음식을 먹는 것은 불가능하기 때문에, 부드러운 음식을 먹으며 훈련하는 과정이 필요한 것입니다.

영양소 섭취의 측면에서 이유식이 중요하기도 하지만, 이유식을 통해 많은 발달을 이루어 낼 수 있다는 것 또한 이유식이 아기에게 주는 이점입니다. 우선 음식을 씹고 삼키는 과정에서 입과 그 주변 근육이 발달하는데요. 이 과정을 통해 더 정교하게 발음할 수 있는 '언어 발달'에 도움을 줍니다. 또한 음식을 손으로 잡고 입으로 가져가 먹는 활동을 통해서 대근육 운동과 소근육 운동의 발달이 이루어지고, 여러 식재료를 탐구하면서 인지 발달도 일어납니다. 가족들과 함께 식사를 하며 '사회성 발달'에도 도움을 받을 수 있습니다.

이유식은 생후 6개월부터 시작하세요

과거에는 분유 수유를 하는 아기의 경우 생후 4개월에 이유식을 시작하고, 모유 수유를 하는 아기는 6개월에 시작해야 한다고 알려져 있었는데요. 이제는 더 이상 수유 방법을 기준으로 아기의 이유식 시작 시기를 결정하지 않습니다. 모유만 먹는 아이, 분유만 먹는 아이, 혼합 수유를 하는 아이 모두 생후 6개월에 이유식을 시작하는 것을 권장합니다.

생후 6개월에 이유식을 시작하라고 하는 것은 여러 의미가 있는데요. 어린 아기의 장은 너무 미숙해서 이유식을 잘 소화하지 못할 가능성이 있고, 음식에 포함된 성분이 아기의 장을 너무 쉽게 통과하면서 음식 알레르기를 유발할 가능성이 있습니다. 아기가 장벽이 발달하여 음식물에 의한 알레르기가 유발되지 않으려면 생후 4개월은 넘어야 하기 때문에, 너무 이른 나이에 이유식을 시작하는 것은 오히려 건강에 악영향을 끼칠 수 있습니다.

이유식을 서둘러 시작하지 않아도 되는 또 다른 중요한 이유는 바로 이유식을 준비하는 것이 생각보다 힘들기 때문입니다. 너무 일찍 시작하지 않아도 되는 이유식을 굳이 일찍 시작하면서 양육자들이 고

생활 이유가 없습니다! 이유식은 생후 6개월에, 아기가 준비가 되었을 때 시작하면 충분합니다.

이유식을 먹을 준비가 되었다는 신호

- 고개를 세우고 앉을 수 있다.
- 무엇이든 입에 가져가려고 한다.
- 어른이 음식을 먹는 것에 관심을 보인다.
- 배가 부르면 그만 먹겠다는 표현을 한다.

위의 내용은 소아과학 교과서에 적힌 내용입니다. 간단하게 정리하면 "앉아서 어른 음식을 먹을 준비가 되었다."고 말할 수 있는데요. 어른에게 안겨서 어른이 주는 음식을 받아먹는 수동적인 식사인 수유와 다르게, 이유식 이후의 단계는 스스로 음식을 먹는 능동적인 식사이기 때문에 아기가 발달의 측면에서 준비가 되었는지 확인하는 것이 매우 중요합니다.

제가 특히 중요하다고 생각하는 것이 바로 <u>앉아 있을 수 있어야 한다</u>입니다. 이유식은 분유나 모유보다 점도가 높고 덩어리가 들어 있기 때문에 기도로 잘못 넘어가면 질식이 일어날 수 있습니다. 그래서 누운 자세가 아닌 앉은 자세로 식사해야 하고요. 아이에 따라 잘 앉는 월령이 조금씩 다르기 때문에, 이유식 시작 시기를 단순히 나이로 결정할 수는 없습니다. 다만 이유식을 처음 시작할 때에는 아기에게 몇 숟가락 주지 않기 때문에 꼭 오래 앉을 수 있을 때까지 기다릴 필요는 없습니다.

이른둥이(미숙아) 출신 아기의 경우는 신체 발달이 태어난 날짜에서 계산하는 것이 아니라 출생 예정일에서 계산하는 '교정 연령'을 따르기 때문에, 만삭 출신 아기보다 마음의 여유를 갖고 시작하는 것이 좋습니다. 같은 날 태어난 아기라도 예정일보다 두 달 일찍 태어난 아기라면, 예정일을 꽉 채우고 태어난 아기보다 신체 발달이 두 달 정도 늦을 수 있습니다. 특히 아주 일찍 태어난 아기는 여러 가지 발달이 다소 느릴 수 있기 때문에, 아기의 나이 자체보다 아기가 제대로 앉아 있을 수 있는지 발달 과정을 잘 확인하고 시작하는 것이 좋습니다.

너무 늦게 시작하는 것도 좋지 않아요

이유식 시작 시기에 대해 어르신들이 말씀하는 내용 중에는 이유식을 일찍 시작해야 좋다는 것도 있지만, 반대로 이유식을 늦게 시작해도 된다거나 심한 경우 이유식을 아예 하지 않아도 된다는 것도 있습니다. 하지만 이것은 매우 잘못된 상식입니다. 너무 늦게 이유식을 시작하는 것은 오히려 여러 가지 측면에서 아기에게 불리합니다.

이유식을 너무 늦게 시작하면 아기가 이유식을 먹는 과정에서 일어나는 여러 가지 발달 과정을 배울 기회가 줄어든다는 단점이 있습니다. 그리고 단단한 음식을 먹는 연습을 하지 못했기 때문에, 이유식 단계를 건너뛰고 고형식을 먹는 것은 위험하고 힘든 일입니다. 제대로 씹고 삼키지도 못할 것이고 소화도 잘하지 못할 수 있죠.

예전과 많이 바뀐 상식 중 하나가 "이유식을 너무 늦게 시작하면 음식 알레르기가 더욱 많이 생긴다."는 것인데요. 앞서 이유식을 생후 4개월 이전에 너무 일찍 시작하면 음식 알레르기가 많이 생긴다고 했던 말과 반대되는 내용이라 헷갈릴 수도 있지만, 이유식을 너무 일찍 시작해도 너무 늦게 시작해도 음식 알레르기가 더욱 잘 생깁니다!

이유식을 일찍 시작할 때 음식 알레르기가 잘 생기는 원인이 장의 미숙함 때문이라고 한다면, 너무 늦게 시작하는 경우 알레르기가 잘 생기는 원인은 면역 체계가 적당한 시기에 접하지 못한 음식에 대해서 과잉 반응을 일으키기 때문입니다. 다양한 식재료를 적절한 시기에 아기에게 소개해 주어야 음식 알레르기를 덜 일으킨다는 사실은 매우 흥미롭습니다.

이와 관련된 재미있는 사례가 있는데요. 이 사실이 알려지기 이전에는 땅콩이나 계란 등 음식 알레르기를 잘 일으키는 음식을 최대한 늦게 먹이는 것이 도움이 된다고 생각했습니다. 특히 음식 알레르기 환자가 많은 미국에서는 아이들이 계란이나 땅콩을 최대한 늦게 접하게 하려고 노력했죠. 이는 미국이라는 나라를 구성하는 다양한 민족 구성원들도 마찬가지였습니다. 어느 민족 출신이든 미국 사람들은 땅콩과 계란 알레르기가 흔했죠.

그런데 한 연구진이 특이한 점을 발견합니다! 미국에 사는 유대인은 다른 미국인처럼 땅콩 알레르기가 흔하게 발견되는데, 이스라엘에 거주하는 유대인은 땅콩 알레르기가 흔한 질환이 아니었던 것입니다. 원인을 찾아보니 이스라엘에서는 이유식을 먹는 아기에게 땅콩이 들어간 쿠키를 간식으로 주는 전통이 있었고, 적절한 시기에 땅콩을 접한 이스라엘 아이들은 땅콩을 너무 늦은 나이에 접하게 되는 아이들에 비해 땅콩 알레르기가 적게 발생한 것입니다.

이 흥미로운 사실을 바탕으로 많은 연구진이 연구한 결과, 아이가 적절한 시기에 다양한 식재료를 접해야 음식 알레르기가 덜 생긴다는 사실을 알게 되었습니다. 그리고 그 "적절한 시기"라는 것은 바로 돌 이전의 나이였습니다. 이 연구 덕분에 아이들이 생후 6개월 정도부터 12개월 사이에 이유식을 진행하며 다양한 식재료를 접하는 것이 중요하다는 인식이 자리 잡기 시작했습니다.

이유식을 늦게 시작하라고 주장하는 분 중에는 "위아래 앞니가 모두 나와야 이유식을 시작하는 것이다."라고 말하는 분들이 있는데요. 고형식을 잘 씹어 먹기 위해서 치아가 필요하다는 생각 때문에 이렇게 말하는 것 같습니다. 하지만 이 주장은 두 가지 측면에서 틀린 주장입니다.

일단 아기가 앞니 4개가 모두 맹출되려면 평균적으로 생후 10개월은 되어야 합니다. 그때까지 기다린다면 이유식을 시작하기에 너무 늦은 시기가 되겠죠. 치아 맹출을 기다리다가 이유식을 통해 얻을 수 있는 효과를 얻지 못할 수 있습니다.

더욱 중요한 사실은 이유식은 치아로 먹는 것이 아니라는 것입니다. 이유식은 아기가 혀와 입천장으로 눌러서 쉽게 뭉그러지는 정도로 푹 익혀서 주는 음식입니다. 이유식은 치아가 없는 아기도 안전하게 먹을 수 있도록 준비하는 음식이기 때문에 치아 맹출과 상관이 없습니다.

결론적으로 이유식은 생후 6개월 정도에 시작하여 돌까지 아이에게 제공해 주는 식사 형태라고 생각하면 좋습니다.

중요한 것은 '아기와 호흡'

다른 발달과 마찬가지로, 수유에서 결국 중요한 것은 아이와 양육자 간의 호흡입니다. 아이의 발달 상황을 잘 살펴보고, 아이가 이유식을 잘 먹을 수 있는지 확인하고 아이에게 맞춰 주는 것이 양육자가 아기와 맞추어야 하는 호흡입니다. 물론 초보 엄마아빠 입장에서는 이유식이 막연히 어렵기도 하고 잘할 수 있을지 불안할 수 있습니다. 불안함은 조급함을 불러오는 법이죠. 하지만 너무 걱정 마세요! 제가 이 책에서 이유식을 어떻게 준비하면 되는지 자세히 설명할 예정이니, 차근차근 따라오면 됩니다.

모유, 어떻게 끊을까요?

한국보건사회연구원에서 보고한 2021년 우리나라의 '완전 모유 수유율'을 보면 생후 4주까지 완전 모유 수유를 하는 경우는 44~45퍼센트로, 그 이후로 비율은 점점 줄어들어서 생후 5개월에는 20.1퍼센트, 생후 6개월이 되면 4.8퍼센트로 줄어듭니다. 즉 생후 5~6개월이 되면 모유 수유를 하던 분들도 대부분 분유 수유로 바꿉니다. 이러한 현상은 출산휴가와 육아휴직이 끝나고 복직하는 분들이 증가하는 사회적인 원인과, 모유 수유를 지속하기 힘든 개인적인 원인이 겹쳐서 생기는 현상입니다.

모유를 먹던 아이가 분유로 갈아타기 위해서는 모유를 끊는 단유 과정이 필요합니다. 그런데 단유는 여러 이유로 아이가 힘들어할 수 있기 때문에 미리 신경 써야 합니다.

젖병으로 갈아타기

모유를 먹던 아이가 분유를 먹으려면 먹는 방법에 큰 변화가 생깁니다. 젖병을 무는 방법은 엄마의 젖을 무는 방법과 매우 다르기 때문입니다. 그렇기 때문에 성공적인 단유를 위해서는 아이가 젖병으로 먹는 연습을 미리 시켜 주어야 합니다. 그 방법은 모유를 유축하여 젖병에 넣어서 주는 것입니다. 처음에는 어색하겠지만 아이는 결국 젖병에 적응합니다. 매 끼니를 젖병에 주는 것은 아이에게 힘들고, 하루에 한 번 젖병으로 주는 것을 3~4일 하면서 횟수를 3~4일 간격으로 점차 늘리는 것을 추천합니다.

모유에서 분유로 갈아타기

모유와 분유는 맛과 향이 다르기 때문에 한 번에 바꾸면 아이가 잘 못 먹고 힘들어할 수 있습니다. 아이가 젖병으로 먹을 준비가 되었다면 모유 대신 분유를 시도할 수 있습니다. 젖병으로 갈아타는 과정과 동일하게 적용하면 편한데요. 하루 한 번 분유를 먹이며 3~4일 적응할 시간을 주고, 3~4일 간격으로 한 번씩 분유 수유 횟수를 올려 주면 됩니다.

천천히, 적응할 시간을 주며, 애착을 유지하기

모유 수유의 과정은 엄마와 아이가 친밀해지는 아주 소중한 시간입니다. 단유를 하면 이 시간이 없어지기 때문에 아이가 심리적으로 힘들어할 수 있는데요. 그렇기 때문에 너무 서두르면 오히려 부작용이 생길 수 있습니다.

한두 달 이상의 시간을 두고 천천히 분유로 갈아타는 연습을 하고, 갈아타는 과정도 아이가 힘들다면 속도를 늦춰 주세요. 아이가 모유를 먹을 시간에 먹지 못해서 힘들어한다면, 그 시간에 외출을 하여 주의를 돌리는 것도 좋은 방법입니다. 저희 아이가 단유할 때 제가 매일 했던 방법이, 모유 수유 하는 시간에 미리 분유를 먹고 저와 아이 둘이 산책을 나가는 것이었습니다. 그러자 정신없이 놀며 모유 먹는 것을 잊어버리더라고요. 이때 아이가 엄마를 보면 모유 생각이 나기 때문에 같이 나가지 않는 것이 좋습니다.

초보 부모 방탄 육아

이유식 준비,
이렇게 하세요!

핵심 먼저!

꿀과 우유는 주면 안 돼요.(유제품은 괜찮아요.) 간도 하지 마세요. 먹는 양은
아이가 결정해요!

아기가 태어나서 처음 먹는 음식은 분유나 모유이지만, 아기에게
요리를 해서 주는 음식은 이유식입니다. 작고 연약한 우리 아기에게
혹여나 음식을 잘못 만들어 주어서 문제가 생기지는 않을까 걱정되어
많이 공부하지만, 막상 만들려고 주방에 서면 어렵게 느껴지는데요.
하지만 이유식도 음식에 불과하고, 중요한 원칙만 지켜 준다면 어른
의 요리보다 훨씬 만들기 쉽습니다. 이번 글에서 초기 이유식 만드는
법을 배우면서, 막연한 두려움을 떨쳐 버리기 바랍니다.

조리 도구는 따로 준비하세요

이유식을 만들기 위한 조리 도구는 새로 구입해야 합니다. 이유식

은 어른의 식사보다 적은 양을 준비하기 때문에 더 작은 조리 도구가 유용합니다. 하지만 편의성의 측면 외에도 아기용 조리 도구를 따로 준비해야 하는 의학적인 이유가 있습니다.

첫 번째 이유는 음식 알레르기 때문입니다. 어른의 조리 도구가 음식 알레르기를 유발한다는 것은 아닙니다. 문제는 아이가 이유식을 먹고 알레르기 반응을 보였을 때, 알레르기를 유발한 원인(알레르겐)이 이유식에 들어 있는 식재료 때문인지 아니면 어른용 조리 도구에 묻어 있는 미처 세척되지 않은 성분 때문인지 알 수 없기 때문입니다.

이유식은 알레르기 반응을 보이지 않는 안전한 식재료를 찾아가는 과정으로 생각할 수도 있습니다. 그렇기 때문에 알레르기가 발생했을 때 원인을 밝혀 내는 데 방해가 될 수 있는 요인은 최대한 제거하는 것이 좋습니다. 설거지를 최대한 깨끗하게 한다면 남아 있는 식재료가 없을 것 같지만, 식재료에 함유된 단백질처럼 아주 작은 물질은 조리 도구의 미세한 표면에 남아 문제를 일으킬 수 있습니다. 그 증거는 마트에서 볼 수 있는 가공 식품의 안내문을 들여다보면 바로 확인할 수 있는데요.

"이 제품은 우유, 계란, 복숭아, 게를 사용한 제품과 같은 제조 시설에서 제조하고 있습니다." 식품 알레르기가 있는 사람들을 위해 가공 식품 등에는 위와 같은 표시를 하도록 법으로 정해져 있습니다. 같은 제조 시설 내에서 만들어진 것만으로도 알레르기를 유발할 수 있는데, 같은 조리 도구를 이용해서 요리하면 알레르기 반응이 발생할 수 있다는 것은 더 강조하지 않아도 되겠죠?

조리 도구 표면에 미세하게 남아 있을지 모르는 어른의 식재료가 문제가 되는 경우는 또 있습니다. 고추, 마늘, 대파 등과 같이 자극적인 식재료가 아기의 이유식에 들어가 아기가 자극적이라고 느낄 수 있습니다. 안 그래도 어색한 이유식의 질감에 매운맛까지 더해진다면, 아기가 이유식을 더 못 먹고 심하면 아프고 힘들어하는 경우도 생길 수 있습니다.

조리 도구를 따로 준비하는 것뿐 아니라, 조리 도구와 식기의 설거지도 어른 것과 따로 해야 한다는 사실을 기억하세요. 같은 설거지통에서 설거지를 하는 것도 문제가 될 수 있지만, 같은 수세미로 설거지를 한다면 어른의 식기에 묻어 있는 음식물 성분을 아이 식기에 묻히는 효과가 있습니다. 그래서 아기의 식기용 수세미도 따로 구비하는 것이 좋습니다.

어떤 식재료를 먹일까요?

어떤 식재료로 이유식을 만들지는 이유식을 만드는 모든 부모님의 최대 고민거리 중 하나입니다. 일반적으로 어떤 식재료를 조합해서 주는지는 뒤에서 차차 설명하도록 하고, 우선 식재료를 선택할 때 어떤 점을 기억하고 염두해 두어야 하는지부터 이야기해 보도록 하겠습니다.

최대한 다양한 식재료를 접하게 해 주어야 합니다

이유식은 알레르기를 일으키는 음식은 무엇인지, 어떤 음식은 안전하게 먹을 수 있는지 찾아가는 과정입니다. 음식 알레르기는 건강상에 이상을 일으킬 수도 있는 데다, 평생에 걸친 식습관을 좌우할 수 있는 매우 중요한 문제입니다. 이유식으로 아기에게 소개하는 식재료는 아이가 태어나서 처음으로 만나는 것이기 때문에 이 시기에 최대한 다양한 식재료를 접하게 해 주는 것이 중요합니다.

이유식 시기부터 다양한 식재료와 친해지는 것은 앞으로 평생의 입맛을 좌우할 수 있는데요. 자라서 입맛이 변화하는 것은 아주 흔하지만, 아기일 때 좋아하던 음식은 특별한 일이 없다면 평생 좋아하기 마련입니다. 그렇기 때문에 이유식 시기부터 다양한 식재료를 아이가 좋아할 수 있도록 소개한다면, 평생 동안 다양한 음식을 건강하게 섭취할 수 있는 밑바탕이 됩니다.

주면 안 되는 식재료도 있습니다

돌 이전의 아기가 아직 먹어서는 안 되는 음식들이 있는데요. 대표적인 것이 꿀과 우유입니다. 그리고 의외로 많은 분이 모르는 것이 바로 소금과 설탕입니다.

꿀에는 자연적으로 보툴리눔 균이라는 세균이 들어 있을 수 있고, 이 균이 만들어 내는 보툴리눔 톡신이라는 독소가 아기의 건강에 위험할 수 있습니다. 이름이 낯설지만 사실은 아주 친숙한 물질인데요. 바로 피부과에서 많이 사용하는 보톡스의 원료가 되는 물질입니다. 이 물질은 근육의 힘을 풀어 주는 역할을 하는데, 이 물질에 중독되면 온몸의 근육에 힘이 빠지면서 심한 경우 스스로 숨을 쉬지 못하여 생명이 위독해질 수 있습니다.

보툴리눔 톡신에 중독되는 질환인 보툴리눔 중독증은 큰 소아나 성인이 꿀을 먹는다고 발생하지는 않습니다. 하지만 어린 소아나 신생아에게는 문제를 일으킬 가능성이 높습니다. 따라서 이유식과 유아식 지침에서는 돌 이전에는 꿀을 절대 먹이지 말고, 만 3세가 될 때까지도 웬만하면 꿀을 먹이지 말라고 권고하고 있습니다.

우유는 돌 이전에 먹을 경우 장내 미세 출혈을 유발해 '철 결핍 빈혈'을 유발한다고 알려져 있습니다. 우유에 포함된 일부 단백질이 그 원인이라고 추정되고, 이 때문에 이유식을 먹고 있는 아기들은 우유를 먹으면 안 됩니다. 그럼 자연스럽게 생길 수 있는 궁금증은 "우유를 이용해 만든 유제품은 먹여도 괜찮을까요?"입니다. 다행히 치즈나 요구르트 같은 유제품은 우유의 단백질 성분이 변형되어 아기들에게 철 결핍을 유발하지 않습니다. 그래서 우유로 만든 분유도 아기들이 안전하게 먹을 수 있는 것이죠. 그리고 또 다행인 것은 아이들이 생후 12개월이 지나면 우유 속 단백질도 안전하게 소화할 수 있어 우유를 먹을 수 있으니 돌이 지나서는 안심하고 먹여도 됩니다.

이유식은 자연 식품으로 재료 본연의 맛을 느낄 수 있게 만들어야 하는데, 어른이 이유식을 맛보면 밍밍해서 맛이 별로 없다고 느껴집니다. 그런데 대부분의 아기는 이유식을 처음에 잘 먹지 않고 잘 먹다가 이유식을 거부하는 일도 생기기 때문에, 그 원인을 이유식의 밍밍한 맛으로 생각해서 소금이나 설탕으로 간을 하는 경우도 있는데요. 좋은 생각이 아닙니다.

모든 사람은 하루에 섭취해야 하는 영양 요구량이 있습니다. 아기도 하루에 섭취해야 하는 영양소의 필요량이 있는데요. 그중 달달한 맛을 담당하는 당분과 짭짤한 맛을 담당하는 염분은 어른에 비해 매우 적은 양이 필요하고, 이유식과 수유만으로 필요량을 채우게 됩니다.

소금으로 대표되는 염분은 우리 몸에서 신장(콩팥)을 통해 조절되는데, 아기들은 신장의 기능이 미숙하기 때문에 과다한 염분을 몸에서 제거할 능력이 없습니다. 따라서 소금을 추가적으로 섭취하면 오히려 건강에 해가 될 수 있죠.

단맛은 아기들이 음식을 먹도록 아주 효과적으로 유혹할 수 있지만, 과도한 당분 섭취는 비만을 유발하고 단맛에 중독되게 만들며, 이 때문에 재료 본연의 맛을 느끼고 배울 경험을 하지 못하게 됩니다. 아기 때부터 단 음식에 길드는 것은 밥은 안 먹고 간식만 먹는 아이로 키우는 지름길이 됩니다.

이유식 재료는 이 순서로 주세요!

이유식은 태어나서 처음 먹는 식재료를 계속해서 더하는 순서로 진행합니다. 새로 추가한 재료에 알레르기 반응이 있는지 확인하기 위해서는 5~7일 간격으로 새로운 재료를 더하는 것을 추천합니다.

과거에는 분유 먹는 아이는 채소부터, 모유 먹는 아이는 소고기부터 먹이라고 순서를 정하기도 했는데요. 하지만 우리는 간단한 원칙이 가장 좋죠! 최근 지침에서는 수유 방법에 따른 구별 없이 철분이 함유된 재료를 빨리 소개해야 한다고 권고합니다. 쌀미음을 먼저 5~7

일 먹여 보고, 별 탈이 없다면 소고기를 추가해서 5~7일, 다양한 채소류를 5~7일 먹이면 됩니다. 기존 재료를 대체하는 것이 아니라 새로운 재료를 추가하는 방식으로 준비해 주세요.

고기 종류도 소고기, 돼지고기, 닭고기 등 다양한 재료를 준비하면 되는데요. 우리나라에서는 특이하게 이유식에 돼지고기를 사용하면 안 된다는 믿음이 있었는데, 돼지고기도 이유식 때 먹여야 합니다. 물론 고기를 준비할 때는 소화가 잘 되지 않는 하얀 지방질과 근막을 최대한 제거하고 주세요.

식단을 어떻게 구성하면 되는지는 255쪽에서 제가 실제로 아들의 이유식을 만들 때 사용한 식단표를 공개하도록 하겠습니다.

먹는 양은 아기가 결정합니다

이유식을 시작하기 전 미리 알아두어야 하는 것이 있습니다. 바로 아기가 이유식을 생각보다 잘 먹지 않을 것이라는 점인데요. 아기 이유식을 처음 만들 때는 공부도 많이 하고, 신경 써서 재료를 준비하고, 만들 때 정성을 다하기 때문에 좌절감이 생기기도 합니다. 이 시기의 아이들은 대부분 분유나 모유를 잘 먹고 있기 때문에, 내가 만든 이유식이 맛이 없어서 잘 안 먹는 것은 아닌지 고민되기 마련입니다.

하지만 처음 이유식을 시작할 때부터 잘 먹는 아기는 별로 없습니다. 마치 통잠을 잘 자고 잘 울지도 않는 유니콘 같은 아기처럼, 주변에서 찾아보기 어렵습니다. 지금은 가리는 음식 없이 정말 잘 먹는 저희 아들도 이유식을 처음 시작할 때는 잘 먹지 않아서 고생을 했던 걸

보면, 다른 부모님도 앞서서 걱정할 필요는 없다고 생각합니다.

초기 이유식은 영양 공급의 목적보다는 이유식 자체의 적응에 목적을 두는 것이 좋습니다. 이유식에 수분이 많고 먹는 양도 많지 않아 이유식으로 영양소를 충분히 공급받는 것은 어렵습니다. 생후 6개월의 아기에게는 아직 수유가 주 영양 공급원입니다.

아기가 이유식을 잘 먹지 않는다고 조급해지면 이유식의 목적을 잊고 아이가 선호하는 맛을 만들기 위해 간을 하는 실수를 할 수도 있습니다. 그리고 어른의 불안한 감정이 아이에게 고스란히 전달되기 때문에 아이도 이유식을 편하게 먹지 못하여, 이유식보다는 편하게 먹을 수 있는 수유를 더 원할 수도 있습니다. 그래서 이유식을 처음 시작하는 시기에는 이런 말을 스스로 되뇌어 보세요.

"아직 네가 어려서 이 맛을 모르는구나."

초기 이유식 시기에는 욕심내지 말고 한 숟가락으로 시작해서 아기가 원하는 만큼 먹는 양을 조금씩 늘려 가고, 아이가 먹지 않으려고 하는 식재료는 8~10번 정도 포기하지 않고 꾸준히 주다 보면 잘 먹일 수 있습니다. 중요한 건 꺾이지 않는 마음이에요!

이유식의 중요한 원칙을 한 단어로 요약하여 제가 만든 구호가 있는데요. "다"양한 식재료를, "안" 되는 것 빼고, "아"이가 원하는 만큼 준다고 해서 "다안아 이유식"으로 지어 보았습니다. '아이들은 다 안아 주어야 한다.'는 문장으로 기억하면 쉽겠죠?

화상 입지 않도록
주의하세요

핵심 먼저!

저온 화상은 목욕과 잠자리를 주의하세요. 화상을 입었을 때는 집에서 시원한 물로 식히고, 119에 문의해서 화상 전문 병원으로 이송하세요.

아기에게 일어나는 안전사고 중 생각보다 많은 부분을 차지하는 것이 화상입니다. 우리는 살짝 뜨겁다고 느끼는 온도도 아기 피부에는 상처가 되고, 어른과 아기의 부주의로 화상을 입게 되는 경우도 많습니다. 화상을 입으면 심한 경우 생명이 위독할 수 있고 여러 차례 수술을 받아야 하며, 깊은 화상은 흉터를 남기기 때문에 주의가 필요한데요. 이번 글에서는 아기가 화상을 입는 흔한 상황을 정리하면서, 어른들이 어떻게 조심해야 하는지 함께 알아보도록 하겠습니다.

저온 화상

화상은 뜨거운 물체에 피부가 손상되는 것이라고 알려져 있지만,

놀랍게도 그리 뜨겁지 않은 온도에도 화상을 입을 수 있습니다. 체온보다 약간 높은 온도인 40도 정도에서 피부에 화상을 입는 것을 '저온화상'이라고 하는데요. 건강한 성인이라도 뜨거운 장판 위에 맨살을 한참 대고 있다면 피부가 빨갛게 부어오르는 것을 느낄 수 있습니다. 이것이 바로 저온 화상입니다.

아기는 여러 가지 이유로 어른보다 저온 화상에 취약합니다. 일단 피부가 굉장히 연약하여 같은 온도라도 더 빨리 상처가 생길 수 있고, 아기들은 뜨거움과 통증을 느끼더라도 그 위치에서 벗어나는 것이 힘듭니다. 또한 의사소통 능력이 미숙하여 도움을 요청하는 데 어려움이 있기 때문에, 아기들은 어른들이 따뜻하다고 생각하는 온도에도 위험할 수 있습니다.

아기들이 저온 화상을 입기 쉬운 환경은 목욕과 잠자리입니다. 목욕물은 40도 미만으로 유지하고, 온도 조절이 가능하다면 화장실에서 나오는 가장 뜨거운 물을 45도보다 낮게 조절하라고 권고하는 이유가 바로 화상 때문입니다. 40도가 채 되지 않은 온도에서 목욕을 하더라도 아기의 피부가 점점 빨개진다면 화상을 알리는 신호일 수 있으니 물을 더 시원하게 해 주거나 아기를 얼른 꺼내는 것이 좋습니다.

아기가 춥게 자면 감기에 걸릴까 봐 전기장판 위에서 재우는 분들도 있는데요. 특히 난방이 잘 되지 않는 집에서는 전기장판을 더 많이 사용합니다. 그런데 전기장판은 보통 40도가 훌쩍 넘기 때문에, 그 위에서 아기가 잠이 들었다가는 아픈 것도 모른 채 화상을 입을 수 있어 위험합니다. 따라서 뜨거워지는 장판 위에서 아기를 절대 재우면 안 되고, 만약 난방 문제로 꼭 전열 기구를 사용해야 하는 상황이라면 장판 위에 이불을 두껍게 깔고 긴 옷과 양말 등으로 맨살이 바닥에 닿지 않도록 주의해야 합니다.

아기 안고 따뜻한 음료와 음식 금지

밤잠이 길지 않은 아기와 함께 생활하는 일은 상당히 피곤합니다. 아기를 키우는 부모님은 만성 피로에 시달리기 마련이죠. 그래서 눈 뜬 시간에 커피나 차를 마시는 것은 마음의 위안이자 깨어 있기 위한 발버둥일 수 있습니다.

특히 외출이라도 하자면 아기와 함께 갈 수 있는 장소가 한정되어 있기 때문에, 카페를 찾는 경우가 많습니다. 식당에 아기를 데려가는 경우도 많은데요. 아기와 함께 음식점에 가면 아기를 안고 있기 쉽습니다. 생후 4개월이 넘어가면 아기를 안는 것이 생활화되어 있기 마련이고, 그래서 아기를 안고 뜨거운 음료나 음식을 먹는 일도 생기고요. 그 상황에서 한 모금의 음료나 국물, 반찬 한 조각이 떨어지면 아기의 연약한 피부에 화상을 남길 수 있습니다.

아기를 안고 있다면 당연히 조심해야 한다고 알고 있겠지만, 아기를 안고 있다가 부모님이 먹던 음식물 때문에 아기가 상처를 입어서 병원에 오는 경우가 생각보다 흔합니다. 몸이 피곤해서 실수하기도 하고, 아기가 팔다리를 휘저으며 부모님이 음료를 마시고 식사하는 것을 방해해서 본의 아니게 상처를 입히는 경우가 생깁니다.

따라서 아기를 안고 다녀야 하는 상황이라면, 절대로 뜨거운 음료나 음식은 먹지 말고 커피를 마시더라도 아이스커피로 먹는 것을 추천합니다. 아기를 업을 수 있는 포대기나 캐리어 등을 적절히 사용하는 것도 하나의 방법입니다. 사실 부모님이 무언가 먹을 땐 아기가 안겨 있지 않는 것이 가장 좋지만 말이죠.

위험한 물건은 아예 손에 닿을 가능성을 없애요

4~6개월은 아기가 운동 발달이 이루어지면서 생활 반경이 점점 넓어지는 시기입니다. 아기의 손이 닿는 곳이 많아질수록 안전 문제에 각별히 신경을 써야 하는데요. 아기가 다루면 위험한 물건을 눈앞에서 치우는 정도의 소극적인 대처를 하는 분들도 있지만, 저는 조금 더 적극적으로 위험한 상황을 예방할 것을 추천합니다.

응급실에서 근무하던 시절, 하루는 생후 6개월 된 아기가 엄마의 품에 안겨 다급히 처치실로 들어 왔습니다. 아기는 얼굴과 손에 화상을 입은 상황이었고, 상처가 깊지는 않았지만 화상의 범위가 넓어 결국 입원 치료를 받게 되었습니다. 응급실에서 근무하는 의료자는 모든 부상 환자의 손상 기전을 파악해야 하기 때문에 부모님께 기어다니기만 하는 아기가 어떻게 그렇게 심한 화상을 입었는지 질문을 드렸습니다. 돌아온 답변이 제게는 충격적이었는데요. 부모님이 잠시 한눈을 판 사이, 바닥에 놓여 있는 전기밥솥을 아기가 잡고 놀다가 취사가 끝나 배출되는 수증기에 얼굴과 손에 화상을 입은 것입니다.

아기가 위험한 물건을 만지지 못하게 하기 위해서는 아기의 손이 닿을 것 같은 곳에서 물건을 치우는 것이 아니라 <u>아기가 생활하는 공</u>

간에서 완전히 제거해야 합니다. 잠금장치가 없는 가구는 아이가 언젠가 열어볼 수 있다는 생각으로, 지금은 손이 닿지 않는 높이에 있는 물건도 언젠가는 손을 뻗고 다른 물건을 이용해 꺼낼 수 있다는 생각으로 더 적극적으로 안전사고를 예방해야 합니다.

이런 예방법이 통하기 힘든 곳이 주방입니다. 인간은 식재료를 뜨겁게 가열하여 먹습니다. 그렇기 때문에 주방에는 늘 화상의 위험이 도사리고 있죠. 아기들은 아직 조리 기구를 이용할 정도로 발달하지 않았고 가스레인지 같은 화구는 높은 위치에 있기 때문에 오히려 안전할 수 있다고 생각되지만, 몇 가지 아주 위험한 함정이 도사리고 있습니다.

우선 바닥 높이에 설치된 밥솥, 오븐, 전자레인지, 식기세척기 등 뜨거운 열기를 내는 기계가 안전을 위협할 수 있습니다. 이런 기계들은 켜 놓은 다음 자리를 비우는 경우가 많은데, 아무것도 모르는 아기가 다가와 뜨거운 기계를 만지거나 기계에서 나오는 수증기에 닿게 된다면 화상을 입을 수 있습니다.

볶음 요리를 할 때 기름이 주변에 튄다는 사실도 반드시 기억해야 하는데요. 음식을 튀기거나 볶으면 바닥에 생각보다 기름이 많이 남아 있는 걸 볼 수 있습니다. 만약 아기가 호기심에 요리 중인 어른을 쫓아온다면, 기름을 맞을 수도 있는 상황이 생기죠. 그리고 요리 중에는 뜨거운 음식이나 식재료를 손이 닿기 쉬운 테이블의 끝에 놓는 경우가 많은데, 이 음식이 실수로 떨어진다면 주위에 있는 아기에게 상처를 남길 수 있습니다.

주방은 아이들에게 상당히 위험한 장소입니다. 아이들이 주방에 출입하는 것을 막아 주는 용품을 사용하거나 요리 중 혹은 위험한 기구를 사용할 때 항상 아이가 옆에 오지 않는지 신경을 써야 합니다. 특히 호기심이 많은 아이일수록 사고가 발생할 확률이 높기 때문에 항상 주의를 기울여야 합니다.

화상 입었을 때에는 어떻게 대처할까?

불의의 사고로 아기가 화상을 입는다는 것은 상상도 하기 싫은 상황이지만, 만약 화상 사고가 발생한다면 양육자가 잘 대처해야 합니다. 기억하기 쉽도록 두 단계로 정리했으니 반드시 기억해 두고, 아기뿐 아니라 어른의 화상 사고에도 똑같이 적용하세요!

집에서는 시원한 물로 식히기만!

화상이 발생하면 피부의 온도를 빠르게 식혀 주는 것이 상처의 진행을 막는 데 중요합니다. 그래서 화상 환자가 병원에 온다면 다른 치료보다 우선하는 것이 상처를 식히는 것인데요. 그렇다고 차가운 얼음으로 찜질하는 것은 올바른 방법이 아닙니다.

"화상엔 얼음찜질!"이라는 잘못된 상식을 알고 있는 분이 많은데요. 얼음찜질은 너무 차가운 온도로 오히려 피부에 동상 같은 상처를 남길 수 있으니 절대로 하면 안 됩니다. 화상 사고가 발생하면 가장 먼저 시원한 물이 나오는 곳으로 환자를 옮겨야 합니다. 화상 부위에 따라 샤워기나 세면대 아무 곳에서 처치가 가능한데, 물줄기가 너무 가

늘고 세게 나오면 상처 부위에 통증이 심해질 수 있으니 주의합니다.

화상을 입은 상처 부위를 시원한 물로 10~20분 이상 식혀 주는 것이 중요한데요. 화상을 입고 응급실에 가더라도 상처를 식혀 주는 '쿨링'이 제대로 되지 않았다면 다른 치료보다 먼저 시원한 물을 뿌려 주는 것을 우선적으로 하기 때문에, 병원에 빨리 가는 것보다 상처를 잘 식혀 주는 것이 중요합니다.

만약 입고 있던 옷 위로 뜨거운 것을 쏟은 사고라면, 옷을 절대로 벗겨서는 안 됩니다. 화상으로 피부가 옷과 붙어 옷을 벗기는 과정에서 더 큰 상처를 입기도 하고, 옷을 벗기는 과정에서 옷에 묻어 있는 뜨거운 물체가 신체의 다른 부위에 상처를 만들어 낼 수 있습니다. 옷은 벗기지 않고 옷 위로 시원한 물을 뿌려 주기만 하세요.

집에 있는 화상 연고를 바르는 것도 절대 하면 안 됩니다. 화상을 입으면 피부 장벽이 손상되며 감염이 발생하기 쉬운 상태가 되는데, 이 때문에 감염 관리가 화상 치료에는 굉장히 중요합니다. 집에서 보관 중인 연고는 완전한 멸균 상태가 아닐 가능성이 높기 때문에, 연고를 바르는 것은 오히려 감염을 발생시킬 수 있습니다.

같은 이유로 물집을 집에서 터뜨리면 안 되는데요. 물집은 생김새는 흉하지만 안쪽에 물이 찼을지언정 피부 장벽은 유지되고 있는 아주 고마운 상태입니다. 따라서 물집을 집에서 임의로 터뜨린다면 그 자리로 세균이 침범하여 감염을 일으킬 수 있기 때문에, 병원에서 소독이 잘 된 상태로 치료받는 것이 중요합니다.

화상 사고가 발생한다면 식히고 병원으로 이송할 준비를 하는 것으로도 시간이 모자랍니다. 따라서 집에서는 다른 처치는 하지 않고 화상이 발생하는 즉시 시원한 물을 부으며 10~20분 이상 상처를 식혀준다고만 기억하세요!

화상 전문 병원으로 이송하기

코딱지만큼 작은 부위의 화상은 상관없지만, 큰 범위의 화상이거나 어린 아기의 화상일수록 화상 전문 병원에서 치료받는 것이 중요합니다. 화상은 상처가 얼마나 깊이 침범했느냐에 따라 치료 방법과 결과가 달라지는데, 사고가 발생할 당시에는 상처의 깊이를 알 수 없어서 전문 병원에서 치료를 잘 받는 것이 중요합니다.

집 근처 어느 곳에 화상 전문 병원이 있는지 이미 알고 있다면 수월하겠지만, 만약 모른다면 119 안전신고센터에서 도움을 받는 것을 추천합니다. 119 안전신고센터에서는 환자의 이송에 관련된 업무뿐 아니라 사고 대처 안내와 응급 상황에 대한 의료 상담, 전문 병원에 대한 안내도 받을 수 있습니다. 사고 발생 시 올바르게 대처하고 병원으로 빠르게 이송하는 데 119 신고가 매우 큰 도움이 되니 주저하지 않고 도움을 요청하기 바랍니다.

화상 사고의 대처법을 다시 한번 정리하면 다음과 같습니다. 시원한 물로 상처를 식혀 주는 동시에 119에 전화해 대처법에 대한 도움을 받고, 화상 전문 병원으로 빨리 이송될 수 있도록 한다!

발달은 괜찮은 건가요?
진료실 단골 질문

핵심 먼저!

걷는 것만 해도 정상적으로 6개월까지 차이가 나요. 9~12개월 건강검진에서 확인해도 충분해요.

생후 4~6개월은 아기들이 이전 시기에 비하면 발달에서 뚜렷한 변화를 보이기 때문에, 병원에서 아이들의 발달 평가를 시작하는 때입니다. 이른둥이 출신 아기의 경우 교정 연령(태어난 날짜를 기준으로 계산하는 것이 아닌, 원래 출생 예정일을 기준으로 계산하는 것)이 4~6개월이 되면 발달 평가를 시작하는 것이 보통이죠.

아기들이 눈에 띄게 발달하는 시기이다 보니 아이가 더욱 예뻐 보이기도 하지만, 한편으로는 '우리 아이는 잘 크고 있는 건가?' 하는 불안감이 생기기도 합니다. 소아청소년과 전문의인 저도 제 아이가 돌이 되기 전에 혹시나 발달에 문제가 있는 건 아닌지 걱정하는 마음이 한편에 자리하고 있었습니다. 그래서 부모라면 우리 아이의 발달 상태를 걱정하는 마음이 자연스럽게 생기는 것을 잘 알지만, 너무 과도하게 불안해하는 부모님들이 있어서 그 마음을 달랠 수 있는 이야기를 풀어 보고자 합니다.

이 시기에는 발달의 정도가 워낙 다양합니다

"우리 집 애는 몇 개월에 기어 다니기 시작했어~." 아이를 키우는 부모님은 이런 이야기를 서로 많이 나누죠. 우리 아이도 다른 집 아이와 비슷하게 발달했다면 별 걱정이 되지 않지만, 다른 아이보다 한두 달 느리다면 걱정이 많이 될 수밖에 없습니다.

하지만 너무 걱정하지 마세요. 이 시기에는 원래 정상적으로도 발달의 속도가 아이마다 가지각색입니다. 아이들이 어느 시기에 어떤 발달을 한다고 말하는 것은 '평균적인 시기'를 말합니다. 이 평균 시기라는 것이 범위가 상당히 넓어서 소아과 교과서를 보더라도 "OO 발달은 3~4개월경 한다."는 식으로 길면 몇 개월의 간격을 두고 있습니다. 정말 문제가 있어 검사가 필요하다고 생각되는 기준은 이보다도 훨씬 큰 범위를 두고 있고요. 특히나 돌 전후 시기까지는 아이마다 편차가 굉장히 큽니다.

그래서 특정 발달이 평균보다 느린 것이 걱정되어 병원에서 진료를 보더라도, 대부분은 "일단 지켜봅시다."라는 답변을 듣는 경우가 많습니다. 아이들이 평균에 딱 맞게 자라는 것이 아니기 때문에 검사가 권고되는 시기까지 기다려 보는 것입니다. 예를 들어 걷기 발달은 평균적으로 만 12개월에 이루어진다고 나와 있지만, 빠른 아이는 9~10개월에도 걸어 다니고 늦게는 15개월까지도 지켜봅니다. 정상적으로도 6개월 정도의 차이가 있는 것이고, 이 모든 아이가 정상입니다.

전반적인 발달이 중요합니다

소아과 의사들이 발달이 걱정되어 병원에 방문한 양육자에게 너무 걱정하지 말라고 말하는 경우가 많은 이유는, 발달을 평가할 때 대근육 운동, 소근육 운동 하나하나의 발달 상태보다 종합적인 상태를 중요하게 생각하기 때문입니다. 특히 어린아이일수록 단편적인 발달보다 전반적인 발달을 중요하게 생각합니다.

예를 들어 6개월이 되어 고개를 잘 가누고 앉아서 장난감을 손으로 가지고 노는 아이가 엄마아빠나 양육자를 보고 잘 웃는데 아직 옹알이를 별로 안 한다면, 다른 발달 상태가 전반적으로 양호하기 때문에 옹알이가 적은 것을 당장 걱정할 필요는 없습니다.

아이들은 발달의 여러 측면이 서로 영향을 주며 발전한다는 특징이 있습니다. 아이의 언어가 발달하기 위해서는 말만 잘 하면 될 것 같지만, 사실은 언어를 가르치는 양육자와 관계(사회성)와 구강 근육의 발달(운동), 주어진 자극을 해석하는 능력(인지) 모두가 함께 발달해야 합니다. 한 측면이 비교적 느리더라도, 잘 발달된 다른 능력이 아이의 모자란 부분을 이끌어 줄 수 있는 것이죠. 그렇기 때문에 아이가 전반적으로 잘 자라 주고 있다면 걱정을 덜 해도 괜찮은 경우가 많습니다.

발달은 등수 매기기가 아닙니다

이런 말씀을 드려도, 우리 아이가 옆집 아이보다 발달이 더 느린 부분이 보인다면 걱정되고 속상하기 마련입니다. 요즘은 우리 아이 발달이 상위 몇 퍼센트인지 확인해 주는 어플리케이션이나 인터넷 사이트가 많기 때문에 이런 걱정을 하는 분이 더 많아졌습니다. 그래서 "○○ 발달 자극하기"와 같은 내용으로 많이 검색하죠.

물론 아이의 발달을 촉진하기 위해 공부하는 것은 좋은 일입니다. 그만큼 아이가 지내는 환경에 신경을 많이 쓴다는 것을 의미하기 때문입니다. 하지만 아이의 발달을 도우려는 마음이 다른 아이와 비교 때문이라면 마냥 좋은 현상으로 보기 어렵습니다. 특히 아이의 발달이 몇 퍼센트인지에 너무 집착하는 것은 아이를 다른 아이들과 줄 세우는 행동입니다.

우리나라 교육은 과도한 줄 세우기와 경쟁으로 여러 가지 부작용이 나타나고 있습니다. 특히 학업 스트레스로 인해 많은 청소년이 나쁜 선택을 내립니다. 저는 이런 사회적인 문제가 남과의 비교에서 시작된다고 생각합니다. 공동체가 한 사람을 그 사람 자체로 보는 것이 아니라, 다른 사람과 비교를 통해 보기 때문인데요. 우리가 공동체의 분위기를 바꾸기는 어렵더라도 가정 내에서만큼은 악습의 고리를 끊으려고 노력해 볼 수 있다고 생각합니다.

아이가 남들보다 발달이 빠르다 느리다 비교하며 아이가 못 하는 것에 집중하기보다는, 아이가 해내는 작은 성공에 관심을 쏟아 주는 것이 중요합니다. '왜 아직도 이걸 못 할까?'라는 생각보다 '벌써 이런 것도 할 줄 아는구나!'라는 마음을 가지고 아이를 바라보는 것이 훨씬 건강한 태도라는 생각이 들지 않나요?

영유아 건강검진을 적극적으로 활용하세요!

아이를 긍정적인 눈으로 바라보는 것이 중요하다고 말했지만, 이 말이 문제가 있는 아이를 그냥 놔두라는 의미는 아닙니다. 발달 문제는 일찍 치료할수록 결과가 좋기 때문에 이상이 의심된다면 정밀 검사를 빨리 받는 것이 좋은데요. 골든타임을 놓치지 않고 발달 지연을 적기에 발견할 수 있는 무료 검사가 있습니다. 바로 영유아 건강검진입니다.

4~6개월 아이들은 아직 영유아 건강검진에서 발달 검진을 하지 않지만, 바로 다음 검진인 9~12개월에 발달 검진이 시작됩니다. 지금 우리 아이의 발달이 걱정된다면, 발달을 촉진하기 위해 노력하고 다음 영유아 건강검진을 통해 지금 발달 수준이 걱정해야 할 정도인지 확인해 보기 바랍니다. 다른 아이와 비교보다는 전문가의 진료가 더 정확합니다!

다리가 휘었는데 괜찮나요?
진료실 단골 질문

"선생님. 아기 다리가 오(O) 자 모양인데 교정해야 하는 것 아닌가요?"

아기들 진료를 보다 보면, 아이의 다리 모양 때문에 걱정하는 분들이 많습니다. 특히 영아 시기에는 고관절 탈구 때문에 다리 각도에 이상이 생긴 건 아닌 건지 불안해하는 분들도 많습니다. 하지만 이제는 이런 걱정을 놓아도 좋습니다! 아이의 다리 모양은 원래 계속 변하기 때문입니다.

1세 미만 아이는 원래 '오다리'입니다

양쪽 무릎 관절이 다리보다 바깥쪽에 위치해 있어, 다리 모양이 오 모양이 되는 오다리를 의학 용어로 "내반슬"이라고 합니다. 무릎 뼈

아래의 정강이가 안쪽으로 휘어져 있다고 하여 붙여진 이름인데요. 이제 막 태어난 신생아의 다리 각도는 평균적으로 내반슬에 해당합니다. 1세 미만의 아이도 건강에 이상이 없는 정상적인 경우에 다리가 오 모양을 하고 있어, 이 상태를 "생리적 내반슬"이라고 부릅니다. (의학 용어 중 '생리적'이라는 말이 들어간 것은 대부분 정상을 의미합니다.) 이제 막 서고 걷는 이 시기의 아이는 오리처럼 뒤뚱뒤뚱 걷는 것이 정상인데, 다리 모양이 이상해 보이니 걷는 모습도 이상한 것이 아닌가 하는 오해를 받기도 합니다.

건강한 아이가 생리적 내반슬을 보이는 경우, 아이가 걷기 시작하면서 점점 다리가 곧아지다가 18~24개월이면 다리가 쭉 뻗는 일 자 모양이 됩니다. 결국 오다리는 해결되는 문제이니 아이가 성장하길 기다려 주면 됩니다.

언제 병원에 가야 할까?

생리적 내반슬은 생후 24개월 이전에 대부분 호전됩니다. 하지만 24개월 이후에도 다리가 곧게 펴지지 않는다면 병원에 방문하는 것이 좋은데요. 다리가 펴지지 않은 이유를 밝혀내어 치료해야 할 수도 있습니다.

이상 내반슬을 유발하는 가장 대표적인 원인은 비타민D 결핍으로 발생하는 구루병입니다. 구루병은 쉽게 말해 뼈를 튼튼하게 해 주는 비타민D 섭취가 부족해 신체의 뼈가 약해지는 병인데요. 다리뼈가 약해져 체중을 견디기 어려워 내반슬을 보일 수 있고, 두개골이 얇아지거나 키 성장이 잘 이루어지지 않는 성장 장애가 동반될 수 있습니다.

비타민D는 우리 몸이 햇볕을 쬐며 합성을 하거나 음식을 통해 섭취해 주어야 하는데요. 아기들은 햇볕을 쬐는 시간이 적기 때문에 대부분의 비타민D를 음식으로 섭취해야 합니다. 분유에 비타민D가 함유되어 있어 분유 수유를 하는 아이는 걱정이 없지만, 모유에는 비타민D가 부족하여 모유 수유만 하는 아이는 추가적인 섭취가 필요합니다.

어떤 치료를 받게 될까?

내반슬이 지속되어 병원에 방문한다면, 엑스레이 검사로 다리의 굴절이 얼마나 심한지 검사하고 비타민D 결핍은 없는지 혈액 검사로 확인하게 됩니다. 비타민D 결핍에 의한 내반슬의 경우 비타민D 보충 요법 등으로 구루병을 치료하고, 보조기 치료를 시도해 볼 수 있습니다. 다리를 교정해 주지 않으면 걷거나 서 있을 때 허리 이상까지 초래할 수 있기 때문입니다. 단, 만 5세가 넘어가면 보조기 치료의 효과가 점점 떨어져 수술 치료를 해야 할 수 있기 때문에 늦지 않게 병원에서 상담받는 것이 중요합니다.

아이들의 다리 모양은 계속 변한다

만 2세경 다리가 곧게 펴진 후에, 아이들의 다리는 다시 한번 변형이 일어납니다. 만 3~4세가 되면 내반슬과 반대로 무릎이 다리 안쪽으로 모여, 정강이가 바깥쪽으로 휘는 외반슬이 나타나는데요. 내반슬과 마찬가지로 대부분의 외반슬은 정상적인 성장 과정입니다. 아이

초보 부모 방탄 육아

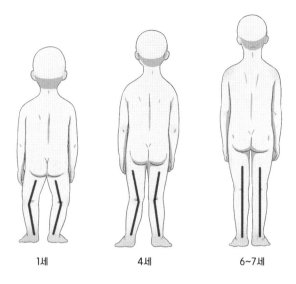

| 1세 | 4세 | 6~7세 |

들의 다리는 오 모양에서 십일(11) 모양으로, 다시 엑스 모양으로 변하는 성장 과정을 겪습니다. 외반슬도 정상적인 경우라면 만 6~7세에 다시 곧게 펴집니다. 아이에 따라서는 만 10세경에 정상적으로 펴지는 경우도 있어, 만 10세 이후까지 외반슬이 유지된다면 정밀 검사가 필요할 수 있습니다.

외반슬은 양쪽 무릎이 서로 가까워지는 모습이기 때문에 걷는 과정에서 무릎끼리 충돌이 일어날 수 있습니다. 이 때문에 걷는 모양이 어색하고 이 역시 허리의 부상을 초래할 수 있는데요.

이상이 있는 외반슬의 경우 내반슬과 마찬가지로 구루병이 원인인 경우도 있지만 선천적으로 뼈에 이상이 있는 경우도 있어, 만 10세가 되어도 증상이 지속된다면 정밀 검사를 받고 보조기나 수술 치료를 하는 것이 좋습니다.

비만 예방도 중요해요

내반슬과 외반슬 모두 비만인 아이에게 더욱 심하게 나타납니다. 보조기나 수술 치료를 받아야 하는 경우도 비만아에게 더욱 많죠. 그래서 영유아 시기부터 아이가 비만이 되지 않도록 예방하는 것이 중요합니다. 아이가 적절한 속도로 체중이 늘어나도록 수유 양을 조절해 주고, 이유식을 시작할 때는 자극적인 음식을 최대한 피하는 등의 노력을 해 줄 수 있습니다. 통통한 아이들은 귀엽습니다. 하지만 어릴 때 체중이 과도하게 많이 나갈수록 나중에 비만이 될 확률이 높기 때문에, 아이가 비만이 되는 것을 예방하기 위해 꾸준히 노력해 주세요.

건강검진만 봐도 공부가 돼요
영유아 건강검진

핵심 먼저!

문진표가 교과서예요. 허투루 넘기지 마세요!

병원에서 받으라고 해서, 어린이집에서 결과지를 가져오라고 해서, 무료로 우리 아이 성장 상태를 알 수 있어서 받는 것이 영유아 건강검진입니다. 그런데 영유아 건강검진의 많은 부분에 의학적으로 검증된 육아 정보가 담겨 있다는 사실 알고 있었나요?

영유아 건강검진은 크게 두 가지 양식으로 이루어져 있습니다. 하나는 "영유아 건강검진 문진표"이고, 다른 하나는 "한국 영유아 발달 선별검사(K-DST)"입니다. 워낙 많은 부모님이 아이의 발달에 관심이 있다 보니, 영유아 건강검진은 성장과 발달을 확인하는 검사라고만 알고 발달 선별검사의 문진표에 집중합니다. 그 결과 형식적으로 답변하는 건강검진 문진표에 상당히 많은 정보가 포함되어 있다는 것을 놓칩니다.

문진표가 곧 필수 교과서입니다

4~6개월 영유아 건강검진 문진표를 예로 한 번 보겠습니다. 질문이 많고, 대부분 상식같이 느껴지는 쉬운 내용을 부모님들이 '하고 있는지 아닌지', '알고 있는지 아닌지' 간단하게 묻고 있어요. 문항 수가 많고 설문 조사처럼 되어 있다 보니 자세히 읽어 보지 않고 넘어가기 쉽습니다.

하지만 영유아 건강검진은 우리나라 최고의 전문가들이 심혈을 기울여 만든 검사로, 문항 하나하나 깊은 의미를 담고 있습니다. 질문지 구성도 질문의 목적과 주제를 기준으로 구분이 되어 있는데요. 검진을 받는 연령에 따라 필요한 내용을 선별하여 질문 주제가 선정되어 있습니다. 순서대로 '영양 교육', '수면 교육', '전자 미디어 교육', '엉덩이 관절 관련', '안전사고 예방 교육', '시각 관련', '청각 관련', '개인위생 관련'까지 총 여덟 가지 주제에 대한 질문이 나와 있는데, 모두 이 시기의 아이를 키우면서 주의를 기울여야 할 주제입니다.

검진 대상 아이의 연령별로 주제가 조금씩 다릅니다. 생후 14~35일 아기를 대상으로 하는 신생아 검진에서는 '신생아기 관련' 주제가 포함되어 있고, 애착이 더욱 강조되는 9~12개월 검진에는 '정서 및 사회성 교육'이, 18~24개월에는 '대소변 가리기'에 관련된 내용이, 30개월 이후에는 학교에 갈 준비가 되어 있는지 확인하는 '취학(누리과정) 전 준비 교육'과 '취학 전 준비 과정'이 포함되어 있습니다.

　　　　　　　　　　　　　　　　　　초보 부모 방탄 육아

● 영양 교육

① 예 ② 아니요 ③ 해당 없음

1	완전 모유 수유 중이면 이유식 시기에 아이에게 철분이 부족할 수 있습니다. 아이에게 철분제나 철분이 풍부한 이유기 보충식(이유식) 을 주고 있습니까?	①	②	③
2	모유 수유는 이유기 보충식(이유식)이나 아이 식사를 병행하며 생후 24개월 이후까지도 지속할 수 있다는 것을 알고 있습니까?	①	②	③
3	유축한 모유는 상온에서 최대 4시간까지만 보관 가능한 것을 알고 있습니까?	①	②	③
4	모유 수유 중인 엄마가 진통해열제, 감기약, 항생제 등을 복용한다 해도, 특별한 경우가 아니면 모유 수유를 중단하지 않아도 된다는 것을 알고 있습니까?	①	②	③
5	완전 모유 수유를 언제까지 하셨습니까?(분유를 안 쓰는 모유 수유를 말합니다.) ① 1개월 미만 ② 2개월 ③ 3개월 ④ 4개월			

● 수면 교육

① 예 ② 아니요

1	아이를 바로 눕혀 재웁니까?	①	②
2	아이의 납작머리를 예방하고 발달을 촉진하기 위하여 깨어 있을 때는 엎드려 놀게 합니까?	①	②
3	아이가 부모와 같은 잠자리(침대, 요 등)에서 함께 잡니까?	①	②
4	아이에게 젖이나 분유병을 물린 채 안거나 흔들어 아이가 깊이 잠든 후에 잠자리에 눕힙니까?	①	②
5	아이를 재우기 전에 목욕, 마사지, 자장가, 책 읽기 등의 규칙적인 행동을 합니까?	①	②
6	아이가 자다가 깨면 젖이나 분유병을 물려 재웁니까?	①	②

● 전자미디어 노출 교육
① 예 ② 아니요

1	※ 전문가들은 만2세 이전에는 전자미디어(예: 스마트폰, TV, 태블릿 PC 등)의 노출을 제한하는 것을 권고하고 있습니다. 아이에게 전자미디어를 보여줍니까?	①	②
2	아이와 함께 있을 때 부모가 전자미디어를 사용합니까?	①	②
3	아이에게 전자미디어를 보여줄 때, 보호자가 같이 봅니까?	①	②
4	아이의 하루 평균 전자미디어 노출시간은 얼마나 됩니까? ① 전혀 없음 ② 1시간 이내 ③ 2시간 이내 ④ 2시간 이상		

● 엉덩이 관절 관련
① 예 ② 아니요

1	발달성고관절이형성증과 관련하여 아이가 고관절 초음파 검사를 받은 적이 있습니까?	①	②
2	아이가 발달성고관절이형성증으로 진단받은 적이 있습니까?	①	②

● 안전사고 예방 교육
① 예 ② 아니요

1	자동차 이동 시 연령과 체중에 맞는 카시트를 반드시 사용합니까?	①	②
2	어른 침대나 소파 위에 아이를 잠시라도 혼자 남겨둔 적이 있습니까?	①	②
3	아이가 보행기를 사용하다가 심하게 다칠 수 있다는 사실을 알고 있습니까?	①	②
4	아이를 안아 달랠 때, 심하게 흔들면 좋지 않다는 것을 알고 있습니까?	①	②
5	목욕통, 욕조나 화장실 안에 아이를 잠시라도 혼자 둔 적이 있습니까?	①	②
6	아이를 안은 채 뜨거운 음료를 마신 적이 있습니까?	①	②
7	아이를 전기장판이나 온수매트 위에서 재운 적이 있습니까?	①	②

초보 부모 방탄 육아

● 시각 관련   ① 예 ② 아니요

1	아이가 눈을 잘 맞춥니까?	①	②
2	아이의 눈동자의 위치가 이상합니까?(안쪽으로 몰리거나 초점 없이 밖으로 향합니까?)	①	②
3	아이의 검은 눈동자(동공)가 혼탁합니까?	①	②

● 청각 관련   ① 예 ② 아니요 ③ 해당 없음

1	아이가 다양한 소리("아", "우", "이")를 내거나, 웃을 때 소리를 낼 수 있습니까?	①		②
2	출생 후 신생아 집중치료실(중환자실)에 아이가 5일 이상 입원한 적이 있습니까?	①		②
3	출생 후 1개월 이내 아이가 청각선별검사(청력검사)를 받았습니까? (미숙아인 경우 출생 예정일을 기준으로 1개월 이내)	①		②
4	신생아 청각선별검사에서 한쪽 또는 양쪽 귀에서 '재검(refer)' 판정을 받았습니까?	①	②	③
5	아이의 한쪽 귀나 양쪽 귀가 '난청'으로 진단받은 적이 있습니까?	①		②

● 개인위생 관련   ① 예 ② 아니요

1	아이의 눈, 코, 입을 닦기 전과 후, 항상 손을 씻습니까?	①	②

 이 모든 과정을 지금 외울 필요는 없습니다. 시기가 되어 문진표를 작성하다 보면 자연스럽게 만나게 될 거예요. 대신 안에 담긴 질문을 읽고 '이건 무슨 의미지?' 하는 의문을 가져보길 바랍니다. 왜냐하면 영유아 건강검진 문진표에 담겨 있는 질문은 아이를 키우면서 모두가

알고 있어야 할 기본적인 상식이기 때문입니다.

    맞벌이 부부가 절반이 넘는 시대에, 복잡한 육아 공부를 매 시기마다 해 나가는 것은 쉽지 않습니다. 핵가족화로 아이들을 돌보는 데 주양육자의 시간이 오롯이 들어가는 문제도 있죠. 이런 힘든 시기에 아이를 돌보는 정보를 주고 아이가 잘 자라고 있는지 의사와 함께 확인할 수 있는 제도가 영유아 건강검진입니다. 성장과 발달에만 집중하지 말고, 검진표도 함께 잘 살펴보면서 영유아 건강검진을 100퍼센트 활용해 보는 건 어떨까요?

초기 이유식 만들기
육아 더하기

핵심 먼저!

원칙만 지키면 쉬워요. 퓌레 형태로 시작하고, 아이가 잘 먹으면 다음 단계로 넘어가세요.

저희 아이가 이유식을 먹을 때 제가 이유식 담당이었습니다. 평소에 요리를 즐겨서 하고 이유식 정보를 정확히 알고 있는 소아과 의사이지만 처음 이유식을 만드는 날엔 왜 그렇게 긴장이 됐는지 모릅니다. 하지만 하루하루 이유식을 만들다 보니 간단한 원칙만 지키면 그 어느 요리보다도 쉬운 요리가 이유식이라는 것을 깨달았습니다.

이유식 조리의 기본 원칙

신선한 재료로, 소독을 잘한다

이유식을 이제 막 시작하는 아기들은 면역력이 매우 약한 상태입니다. 그래서 젖병 소독만큼이나 이유식 재료와 식기의 위생에도 신경을 써야 합니다. 재료는 항상 신선한 재료로 준비하고, 이유식 식기와 조리 도구도 설거지 후 소독을 잘해 주세요. 생후 백일 이후에는 매일 소독할 필요가 없지만 계란, 고기, 생선 등을 조리한 이후에는 깨끗이 잘 세척하는 것이 좋습니다.

혀로 으스러질 정도로 푹 익힌다

아직 면역력이 약하기 때문에 음식을 푹 익혀서 조리해야 합니다. 그리고 이가 다 나오지 않은 아기들이 먹는 음식이기 때문에 치아를 사용하지 않고 먹을 수 있을 정도로 부드럽게 조리해서 주세요. 질감의 기준은 아기들이 혀와 입천장으로 눌러서 물러질 정도입니다.

추가 간은 하지 않는다

요리를 하다 보면 어려운 것 중에 하나가 간 맞추기입니다. 그런데 돌 이전의 아기는 소금과 설탕을 먹으면 안 된다고 말했죠? 그래서 이유식 만들기가 간단합니다. 같은 맥락에서 멸치 등을 이용한 육수를 너무 고집스럽게 만들지 않아도 괜찮습니다. 오히려 모든 이유식에 멸치 육수를 활용한다면 나트륨 섭취가 너무 많아질 수 있습니다. 이유식은 간을 맞출 필요도, 좋은 향을 만들 필요도 없이, 재료만 잘 손질하여 푹 익혀 주면 완료입니다. 그래서 저는 라면 끓이기보다 쉬운 게 이유식 만들기라고 말합니다.

한 그릇 이유식 대 토핑(반찬) 이유식

쌀미음이나 죽에 소고기와 야채 등을 넣고 끓이는 것을 '한 그릇 이유식'이라고 부릅니다. 사 먹는 죽과 같은 형태라고 생각하면 됩니다. 우리나라에서는 전통적으로 이렇게 한 그릇에 여러 재료를 담는 형태로 이유식을 많이 주었는데요. 한 번에 넣고 끓이면 되기 때문에 만들기 간편하다는 것이 큰 장점입니다.

한편 최근 인기가 많아지고 있는 이유식도 있는데요. 바로 토핑(반찬) 이유식입니다. 토핑 이유식은 어른들이 밥과 반찬을 따로 먹는 것처럼 쌀로 만든 이유식, 고기로 만든 이유식, 채소로 만든 이유식을 따로 주는 것을 의미합니다. 토핑 이유식은 각기 다른 반찬을 따로 만들어야 하는 번거로움이 있지만, 여러 장점이 있어 저도 실제로 활용했습니다.

토핑 이유식의 가장 큰 장점은, 아이가 싫어하는 식재료를 먹는 날 전체 이유식을 버릴 필요가 없다는 것입니다. 만약 시금치를 싫어하는 아이에게 시금치를 먹이기 위해 시도할 때, 한 그릇 이유식으로 먹이면 아이가 끼니 전체를 거부할 수 있습니다. 하지만 토핑 이유식을 할 경우 시금치를 제외한 나머지 이유식은 잘 먹으니 끼니를 잘 챙길 수 있습니다.

식재료를 따로따로 먹을 수 있다 보니, 식재료 고유의 맛을 배우는 데도 도움이 됩니다. 이유식의 목적 중 하나가 다양한 식재료의 맛을 접하는 데 있는 만큼, 이 목적을 달성하는 데는 한 그릇 이유식보다 토핑 이유식이 적합합니다.

반찬을 따로 만드는 것이 번거롭지만, 냉장고를 잘 활용한다면 일주일 이유식 준비가 아주 간편해집니다. 이유식은 냉장실에서 2일, 냉동실에서 7일까지 보관이 가능합니다. 따라서 일주일 중 여유가 있는 날 미음 혹은 죽, 여러 가지 고기반찬 채소반찬을 냉동 보관해 놓으면, 나머지 일주일은 마치 뷔페처럼 여러 가지 조합을 만들어 이유식을 제공해 줄 수 있죠. 이유식 준비 시간도 짧아지고 매번 조리 기구를 설거지할 필요도 없으니 준비 부담이 줄어듭니다.

초기 이유식 이렇게 만들어요!

입자의 크기

처음 이유식을 시작하는 아기는 아직 건더기를 먹어 본 적이 없습니다. 따라서 완전히 갈려 있는 퓌레 형태로 만들면 됩니다.

이유식 책을 보다 보면 아기들의 연령별로 이유식 단계별로 재료 크기가 나와 있는 경우가 있습니다. 이런 내용은 참고 자료이지, 책에 나와 있는 크기와 시기를 꼭 지킬 필요가 없습니다. 아기가 지금 크기를 잘 먹는다면 그다음 단계로 빨리 시도할 수 있습니다.

처음에는 퓌레 형태로 주고, 아이가 퓌레 형태를 꿀떡꿀떡 잘 넘긴다면 조금 덜 갈아 주거나 가는 대신 절구 등으로 으깨어 주면 됩니다. 아이가 잘 먹는다면 질감을 빨리 올려 주는 것이 좋습니다.

직접 갈기? 가루 쌀 사용하기?

쌀 이유식을 만드는 방법은 크게 두 가지가 있습니다. 일반 쌀을 사서 믹서로 가는 방법과 이유식용 쌀가루를 구매해서 미음을 만드는 방법입니다. 두 가지 모두 장단점이 있기 때문에 편한 방법으로 선택하면 됩니다.

고기 핏물을 빼야 할까?

예전에는 핏물을 빼야 잡내가 없어 아기들이 잘 먹는다고 생각해서, 고기에 핏물을 빼고 이유식을 만들었습니다. 하지만 유통 체계가 발달하여 신선한 고기는 잡내가 많이 나지 않고, 초기 이유식을 먹는 아이 중 고기를 피하는 경우는 육향 때문에 고기를 피한다기보다 고기 자체의 식감과 맛을 어색해하는 경우가 많습니다. 그리고 핏물에는 고기로 섭취해야 하는 철분이 들어 있기 때문에, 핏물을 모두 제거하면 철분도 함께 제거하게 되는 문제가 생깁니다. 따라서 최근 이유식 지침에서는 핏물을 빼지 말라고 말합니다. 다만 소화가 잘 되지 않는 지방질과 질긴 근막은 제거하는 것이 좋습니다.

이유식 레시피

쌀죽 만들기(10배죽) - 쌀 직접 갈기

준비물 : 쌀 50그램, 물 500그램

1) 쌀을 잘 씻어 20~30분간 불립니다.

2) 불린 쌀을 물 100그램과 함께 믹서에 넣고 원하는 크기로 곱게 갈아 줍니다.

3) 냄비에 2)와 나머지 물 400그램을 넣고 센 불로 끓입니다.

4) 물이 끓어오르면 약불로 줄이고 주걱으로 저으며 5분 끓여 줍니다.

5) 쌀이 익은 냄새가 나고 쪼르륵 흐르는 정도의 점도가 되면 완성입니다.

6) 완성된 죽을 채에 걸러 이유식을 준비합니다. (아이가 잘 먹으면 생략 가능)

   *냄비의 너비와 화구의 세기에 따라 물이 너무 졸 수 있습니다. 이 경우 물을 더 넣어 주세요.

   *처음 시작할 때에는 쌀 1 물 10의 비율을 맞춰 더 적은 양으로 만드세요.

쌀죽 만들기(10배죽) - 쌀가루 이용하기

준비물: 쌀가루 50그램, 물 500그램

1) 쌀가루 50그램을 물 500그램에 잘 풀어줍니다. (미리 풀지 않으면 뭉친 부위가 떡처럼 됩니다.)

2) 1)을 냄비에 넣고 센 불로 끓입니다.

3) 끓어오르면 약불로 줄이고 5분간 더 끓여 줍니다.

4) 가루가 뭉친 부분은 빼고 그릇에 담아 준비합니다.

   *10배죽을 잘 먹는다면 쌀과 물의 비율을 7배로 줄인 7배죽(쌀 50그램+물 350그램), 7배죽을 잘 먹는다면 5배죽(쌀 50그램+물 250그램)으로 단계를 올려 줍니다.

고기반찬 만들기 - 덩어리 고기 사용하기

준비물: 소고기(다른 고기도 가능)

1) 소고기를 얇게 썰어 끓는 물에 5~10분 정도 푹 삶아줍니다. (간은 하지 않

습니다.)

2) 삶은 고기를 믹서나 다지기에 넣고 잘게 갈아 줍니다.

3) 용기에 소분하여 보관합니다.

고기반찬 만들기 - 이유식용 간 고기 물로 볶기

준비물: 이유식용 간 고기

1) 프라이팬에 고기를 넣고 물을 자작하게 붓습니다.

2) 중간 불에 올리고 물이 끓어오르면 주걱으로 잘 저어 줍니다.

3) 물이 증발하고 고기가 완전히 익으면, 용기에 소분하여 보관합니다.

채소 반찬 만들기 - 시금치

준비물: 시금치

1) 시금치를 끓는 물에 2~3분간 데쳐 줍니다.

2) 익힌 시금치를 칼로 잘게 자릅니다.

3) 필요에 따라 다진 시금치를 믹서나 다지기로 갈아 줍니다.

4) 용기에 소분하여 보관합니다.

　*얇은 이파리 채소는 같은 방법으로 조리합니다.

채소 반찬 만들기 - 브로콜리

준비물: 브로콜리

1) 브로콜리를 찜기에 10분 정도 푹 찝니다.

2) 찐 브로콜리는 단단한 줄기를 제외하고 끝의 꽃 부분만 자릅니다.

3) 브로콜리의 꽃은 칼로 잘 다져주거나, 다지기 혹은 믹서로 갈아 줍니다.

4) 용기에 소분하여 보관합니다.

*브로콜리 줄기는 어른들 반찬으로 활용하면 좋습니다.

*당근, 호박, 양배추 같은 단단한 채소는 똑같은 방법으로 조리하면 됩니다.

4장.

7~9개월
우리 아기 지키기

: 면역의 암흑기, 걸음마 대비하기,
알레르기 찾기

성장 속도는 점점 느려지지만 체중은 9킬로그램까지도 늘어요!

앉고, 기어다니면서 세상을 탐구해요.

독립하고 싶고 '애착'이 강해지지만,

그만큼 엄마와 떨어지는 것이 힘들어져요.

이유식을 곧잘 먹어요.

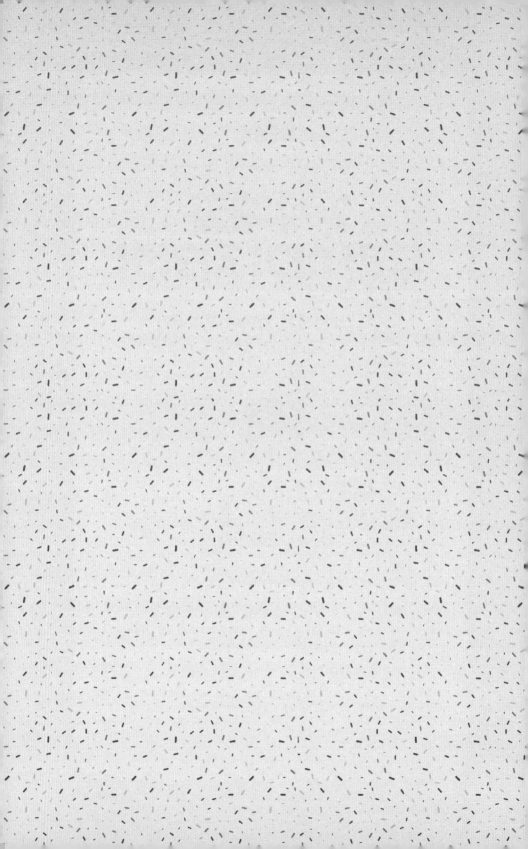

기면서 모험을 시작해요
운동 발달

핵심 먼저!

기어다니고 물건을 집어요. 자석, 동그란 물체를 조심해 주세요.

"옳지! 여기로 와 봐!"

6개월이 넘어선 아이가 있는 집에서는 매우 흔하게 들리는 응원의 목소리입니다. 아이가 도대체 무엇을 하고 있기에 어른들이 열띠게 응원하는 것일까요?

기어다니기 시작합니다

드디어 아이들이 기어다니기 시작합니다. 벌써부터 두 팔과 두 다리로 빠르기 기는 아이도 있지만, 대부분은 배밀이부터 시작합니다. 배밀이는 배를 바닥에 붙인 상태로 팔다리로 바닥을 밀며 앞으로 나아가는 행동을 가리키는데요. 배밀이 하는 아이를 보고 있으면 '아기

배에 걸레를 붙여 놓으면 바닥 청소가 잘 되겠는데?' 하는 생각이 들 정도로, 배밀이에 재미가 들린 아이는 앞으로 쭉쭉 나아가는 것을 즐깁니다!

아이들이 기어다니는 것은 기특하지만, 아이가 차지하는 공간의 범위가 넓어졌다는 것을 의미합니다. 그만큼 어른의 공간은 좁아지고, 아이의 안전을 위해 신경 써야 하는 부분이 더 많아집니다. 잠깐 한눈판 사이에 아이가 화장실이나 신발장에 혼자 들어가 버린다면, 정말 위급한 상황입니다. 무엇을 입에 넣을지 모르는 일촉즉발의 상황이거든요.

아이가 자유롭게 이동할 수 있다는 것은 그만큼 세상을 향해 모험하는 범위가 넓어진다는 것을 의미합니다. 사람과 물체를 관찰하고 궁금하면 직접 살펴보고 입에 넣어보는 등 호기심과 인지 발달이 폭발적으로 성장하는 시기입니다.

앉혀주면 혼자 앉아서 잘 놉니다

기어다니기 시작하면서 아이가 본인의 세상을 넓히기 시작하는 한편, 앉는 것을 도와주기만 하면 혼자 앉아서 눈앞의 세상을 탐구하기도 합니다. 주변을 살펴보기도 하고 장난감이나 여러 가지 물건을 가지고 놀면서 세상을 온몸으로 느껴 봅니다. 시간이 조금 지나면 앉은 자세에서 허리를 돌려 여기저기를 둘러보기도 합니다.

아이마다 발달 속도에 차이가 있기는 하지만, 기어다니는 것을 좋아하는 아이와 앉아서 노는 것을 좋아하는 아이로 구분되기도 한다는 것은 정말 신기합니다. 이 시기부터 활발하게 돌아다니는 아이들은 나중에도 활발한 성격이 될 가능성이 높습니다. 반대로 앉아서 노는 것을 더 좋아하는 아이라면 조금 더 차분한 성향일 가능성이 높죠.

작은 물건을 손으로 잡을 수 있습니다

7개월이 넘어가면 아이들이 작은 물건을 손으로 잡을 수 있습니다. 아직 엄지와 검지의 끝을 이용하여 잡지는 못하더라도, 다른 손가락을 사용하거나 손가락의 두 번째 마디를 사용해서 물건을 곧잘 잡아냅니다.

작은 물건을 잡을 수 있다는 것은 관찰과 탐구의 영역에서 굉장히 큰 발전입니다. 멀리 있던 물건을 더 가까이에서 관찰할 수 있게 되니, 마치 돋보기를 처음 사용하게 된 인류의 발전만큼이나 큰 자극을 줄 수 있습니다.

안정적으로 앉은 자세에서 여러 가지 장난감을 이리저리 살펴보고 있는 모습을 보자면, 벌써부터 공부를 하는 건 아닐까 하는 생각이 들기도 합니다. 자꾸 입으로 가져가는 모습은 공부하는 모습과 차이가 있지만 아이들은 입에서 느껴지는 촉감으로도 세상을 공부하니 이 모습마저도 기특합니다.

작은 물건을 조심하세요

작은 물건을 잡을 수 있다는 것은 주의를 기울여야 하는 문제가 늘어났다는 것을 의미합니다. 아이들이 작은 물건을 입으로 가져갔다가

꿀꺽 삼키면 위험할 수 있기 때문입니다. 아기들이 삼키면 특히나 위험한 물건을 정리해 놓았으니 이 물건들은 아이 주변에 두지 않도록 신경 써 주세요.

자석

자석이 달린 장난감에는 아이가 삼키기 딱 좋은 크기의 자석이 달려 있습니다. 새 제품에는 단단히 고정이 되어 있어 자석이 빠지지 않지만, 시간이 지나거나 중고로 구매한 장난감에서는 자석이 이탈하는 일도 종종 발생합니다.

아이가 자석을 삼키면 삼키는 과정에서 질식이 발생할 수도 있지만, 정말 위험한 상황은 자석을 두 개 이상 삼키는 것입니다. 그렇게 되면 아이의 배 속에서 자석이 서로 붙어 그사이에 장이 끼이는 사고가 발생할 수 있는데, 그렇게 되면 자석 사이에 끼인 장벽이 괴사하고 장에 구멍이 뚫리는 상황을 초래할 수 있습니다!

동전형 건전지

건전지도 아이가 삼키면 위험한 물건입니다. 길쭉한 모양의 건전지는 아이가 삼키기 어렵지만, 동전형 건전지는 아이가 쉽게 삼킬 수 있어 문제입니다.

동전이 배 속에 들어가면, 건전지에서 나오는 미세 전류 때문에 장벽이 화상을 입거나 장벽이 뚫리는 '천공'이 나타날 수 있습니다. 그리고 전지의 내부에 몸에 해로운 중금속이 들어 있기 때문에, 애초에 아이가 삼키지 않는 것이 중요합니다.

요즘 건전지 회사는 동전형 건전지를 아이가 열지 못하도록 정말 꼼꼼하게 포장하고 있고, 건전지 겉에 굉장히 쓴 맛을 내는 물질을 발라두어 아이들이 입에 넣지 못하게 하는 기술을 적용한 회사도 있습니다.

날카로운 물체

소재와 상관없이 날카로운 물건을 아이가 삼켰다면 건강에 심각한 문제를 초래할 수 있습니다. 식도부터 위, 장을 뚫는 큰 상처를 남길 수 있기 때문입니다. 아이가 노는 공간에 날카로운 물건을 두지 않겠지만, 아이들은 항상 우리의 상상을 뛰어넘는 사고를 칩니다.

자석과 동전형 건전지, 날카로운 물체는 아이가 삼킨다면 매우 응급한 상황입니다. 내시경이나 수술로 제거해 주어야 내장 기관에 손상을 주는 것을 예방할 수 있기 때문인데요. 만약 아이가 이런 물건을 삼켰다면, 소아 내시경이 가능한 병원의 응급실로 방문하기 바랍니다.

아이 입에 쏙 들어가는 동그란 물체

아이가 삼킬 수 있는 크기의 동글동글한 장난감은 질식의 위험이 높습니다. 작은 공 모양 장난감부터 액세서리에 달린 비즈까지, 동그란 물체는 아이들이 사탕처럼 물고 놀기 좋은데 그러다 잘못 삼키기라도 한다면 질식 사고가 발생할 수 있습니다. 아이가 있는 공간에서 이런 물건은 모두 치워 주세요.

서서히 잡고 설 준비를 합니다

아기들이 기어다니면서 팔다리의 힘을 기르고, 앉아 있으면서 코어의 힘을 기르다 보면 다음 단계로 발달이 이어지게 됩니다. 9개월이 되면 혼자의 힘으로 앉을 수 있고, 주위의 물건을 잡고 서려고 시도합니다.

이러한 발달을 통해 단순히 운동 능력뿐 아니라 인지와 독립심까지 발달하도록 자극을 준다는 점은 놀랍습니다. 하지만 활동 반경이 넓어지는 만큼 안전 문제도 더욱 신경을 써야 하는데요. 이 문제에 대해서는 뒤에서 더 자세하게 설명하도록 하겠습니다.

의사소통이 시작돼요
언어 발달

핵심 먼저!

교감에서 행복을 느껴요. 옹알이를 도우면서 말을 많이 해 주세요.

"바바! 마마!" 어느 날 아이가 갑자기 이런 소리를 낸다면 어떤 생각이 드나요? '어머, 우리 아이가 벌써 아빠 엄마래! 천재인가 봐!' 하는 생각이 자연스럽게 듭니다.

저도 아이를 키우면서 마찬가지로 겪은 행복한 순간이었는데요. 아이가 드디어 자음 소리를 내면서 말다운 말을 하는 것은 정말 놀라운 일이지만, 사실 아이들이 아직 엄마와 아빠를 지칭하여 딱 맞는 단어를 말하는 것은 아닙니다. 하지만 실망하지는 마세요! 엄마아빠를 부르기 위해 지금 연습하는 중이니까요.

자음 소리를 내며 옹알이를 시작합니다

　이렇게 7개월이 된 아이들은 자음 소리를 내기 시작합니다. 6개월까지 모음만 발음할 줄 알았던 아이들이 자음을 발음한다는 것은 놀라운 발전입니다. 아이가 자음을 단순히 반복하는 소리에도 어른들은 '나를 부르는 건가?'라고 착각하잖아요.

　모음 소리는 숨을 내쉬는 것과 성대를 적절히 조절하는 것만으로 낼 수 있는 비교적 간단한 소리입니다. '아'와 '어'는 소리를 내는 원리가 같고, 소리를 낼 때 입 모양을 조금만 바꾸면 간단하게 전환할 수 있습니다.

　하지만 자음을 발음하는 방법은 조금 더 복잡합니다. 이응과 히읗을 제외한 대부분 자음을 발음하려면 기본적으로 입이 닫힌 상태에서 소리가 시작됩니다. 입술이 완전히 닫히기도 하고, 입술은 열려 있더라도 혀가 입천장에 닿아 있기도 합니다. 이 상태에서 숨을 내쉬고 소리를 내면서 입과 혀를 적절히 움직여야 비로소 자음을 발음할 수 있습니다. 우리가 편하게 말하는 글자들을 어떻게 발음하는지 분석해보면, 정말 복잡한 과정으로 음절 하나가 완성된다는 것을 알 수 있습니다.

　아이가 모음과 자음 소리를 내면서 귀여운 목소리를 계속 들려주는 것을 옹알이라고 합니다. 아이가 쫑알쫑알 옹알이를 하고 있는 모습을 보면 세상 그 어떤 존재보다 예쁜 것이 내 아이라는 것을 알 수 있습니다! 말이 많은 아이들은 쉬지도 않고 알아듣지 못할 말을 떠들기도 합니다.

옹알이를 더 잘하게 하려면 어떻게 할까요?

아이들은 주변 소리를 따라 하는 것부터 말을 배우기 시작합니다. 특히 양육자가 해 주는 말소리를 듣고 그 소리와 비슷한 소리를 내기 위해 노력하며 한 글자씩 발음하는데요. 그렇기 때문에 아이에게 말을 많이 걸어 주는 것이 아이의 언어 발달에 큰 도움이 됩니다.

하지만 평소에 말수가 없는 어른들은 아이에게 어떤 말을 해 주어야 할지 고민이 많을 거예요. 이런 분들을 위해 추천하는 두 가지 방법이 있습니다.

지금 아이에게 어떤 행동을 할지 말로 알려 주세요

기저귀를 갈 때 "이제 기저귀 갈게~" 하며 알려 주거나, 수유할 때 "이제 맘마 먹을 시간이다~" 하며 말을 걸어 주는 것만 해도 충분히 많은 말을 해 줄 수 있습니다. 우리가 하루 동안 아이에게 해 주는 일이 정말 많거든요. 그래서 엄마아빠가 지금 어떤 일을 하는 것인지 말해 주는 것만 해도 아이에게 큰 자극이 됩니다.

혼잣말을 해도 좋습니다

아이를 돌보면서 혼잣말을 하는 분도 있습니다. "너와 함께 있어서 행복하다.", "지금 힘들다.", "맛있는 치킨 먹고 싶다." 같은 말도 아이에게 언어 자극이 될 수 있어, 혼잣말을 많이 하는 것도 도움이 된다고 조언합니다.

혼잣말이 언어 자극으로 효과를 발휘하기 위해서 한 가지 더 노력할 것은 눈을 마주치며 말하는 것입니다. 언어라는 것은 소통과 교감을 통해 배우는 것입니다. 아이와 상관없는 혼잣말이라도 눈을 마주치면서 하다 보면 아이는 어른이 하는 다양한 발음을 듣고 하나씩 따라 합니다.

이렇게 아이에게 말을 많이 해 주는 것이 가장 효과적인 방법이지만, 아이가 발음을 배우기 위해서 할 수 있는 또 다른 훈련법이 있습니다. 바로 이유식 먹기입니다. 앞서 자음을 발음하기 위해서 얼마나 복잡한 과정을 거쳐야 하는지 설명한 것처럼, 아이가 글자 하나하나를 발음하기 위해서는 입과 목 안의 다양한 근육이 조화를 이루며 움직여야 합니다. 이런 훈련을 하는 한 가지 중요한 방법이 바로 이유식 먹기입니다. 이유식을 먹는 것은 수유와 다르게 씹고 삼키는 운동이 필요한데, 행복하게 먹는 일이 한편으로 언어 발달을 위한 훈련의 시간이었다니 참 신기하죠?

교감이 주는 행복

아이의 옹알이를 듣는 것은 정말 행복한 일입니다. 하지만 이보다 더 엄마아빠를 행복하게 해 주는 예쁜 짓이 있으니, 바로 <u>함께 교감하는 것</u>입니다. 엄마아빠가 하는 소리를 따라 하기도 하고, 웃어 주면 함께 웃어 주기도 합니다.

저는 아이의 눈을 바라보며 함께 교감할 때, 역시 세상은 혼자 살아가는 것이 아니라는 것을 느끼고는 하는데요. 이렇게 감정을 주고받는 행동이 우리를 기쁘게 하고, 교감을 통해서 아이들은 언어를 더 효율적으로 배웁니다.

아이를 키우는 일은 힘든 일입니다. 하지만 우리 아이는 그 이상의 보상을 반드시 줍니다. 아이의 눈을 가만히 들여다보세요. 그리고 많은 이야기를 들려주세요. 아이에게 전해 주는 사랑의 메시지는 아이를 자라게 하는 훌륭한 자양분이 됩니다.

독립심과 분리불안이 충돌해요
인지, 사회성 발달

> **핵심 먼저!**
>
> 분리불안은 아이가 똑똑해지면서 생기는 거예요. 헤어지는 요령 다섯 가지를 활용하고 까꿍 놀이로 놀아 주세요.

생후 6개월이 넘어가면 아이의 마음속 여러 부분이 자라면서 서로 충돌하기도 하는 격변의 시기가 시작됩니다. 때로는 이해가 되지 않고 양육자를 당황스럽게 하며 진이 빠지게 만들기도 하는데요. 무언가 말이라도 해 주면 이해하겠는데, 아직 말을 못 하니 어른의 입장에서는 답답합니다. 이번 글에서는 복잡한 아이의 마음을 들여다보는 시간을 가져보겠습니다.

자꾸 혼자 하려고 해요

혼자 앉아서 이리저리 둘러보고 기어다니면서 세상을 탐구하는 활동이 늘어나는 동안 아이는 계속해서 스스로 무언가 하려고 시도합니다. 쥐어 주던 장난감에 만족하지 않고 스스로 장난감을 찾아 나서고, 젖병도 스스로 잡고 수유하려고 합니다. 이렇게 아이가 혼자 무언가를 하려는 모습이 기특해 보여 계속 격려해 주고 싶지만, 실제 육아 현장은 그렇게 아름답지만은 않습니다.

아이의 독립심이 발달하며 곤란한 상황이 연출되는 시간은 바로 이유식 먹는 시간입니다. 안 그래도 이유식을 준비하고 먹이는 것은 체력이 많이 필요한 힘든 일입니다. 아이가 주는 대로 잘 먹어 주면 조금이나마 편하겠지만, 독립심이 마구 자라나는 아이는 이제 직접 이유식을 탐구하고 먹으려고 합니다.

당연히 아이는 어른처럼 깨끗하게 먹을 수 없습니다. 아이의 얼굴과 몸, 식탁과 주변 바닥이 이유식으로 범벅된 사진은 인터넷과 에스엔에스에서 아주 쉽게 찾아볼 수 있습니다. 아이의 소근육 발달과 인지 발달을 생각하면 아이가 하는 행동을 그대로 놔두는 것이 좋겠지만, 지켜보면서 한숨이 나오는 것은 어쩔 수가 없습니다.

아이가 이유식을 스스로 먹게 도와주는 것이 '자기 주도 이유식'인데요. 아이가 주변을 더럽히더라도 스스로 이유식을 먹도록 놔두는 방법입니다. 이렇게 아이의 독립심을 존중해 주는 것은 중요하지만 전제 조건이 있습니다. 바로 양육자의 체력과 인내심입니다. 인내심 또한 체력이 뒷받침되어야 가질 수 있는 것이기 때문에, 어쩌면 체력이 가장 중요한 조건일지도 모르겠습니다.

아기의 독립심에는 안전에 대한 주의 깊은 대비와 대응이 필요합니다. 아이는 자신의 장난감뿐만 아니라 눈에 보이는 물건이라면 모두 넘치는 호기심으로 잡고 물며 놀고 싶어 합니다. 문제는 집에 아이가 가지고 놀면 위험한, 특히 입으로 가져가면 위험한 물건이 많다는 점인데요. 그래서 아이의 생활 반경을 안전하게 제한하는 지혜가 필요합니다.

분리 불안도 강해집니다

이 시기 아이는 독립심이 강해지기도 하지만, 아이러니하게도 애착이 두텁게 형성된 주 양육자와 떨어지기 싫어하는 분리 불안이 함께 나타납니다. 그렇게 혼자 하려고 떼를 쓰던 아이가 얼굴이 잠시라도 안 보이면 울고불고 난리가 나니 양육자 입장에서는 혼란스럽기도 합니다.

가정 보육을 하는 집에서 이 시기에 가장 힘든 것이 바로 화장실 가기입니다. 화장실 가려고 잠깐만 안 보이면 아기가 울음을 터뜨리니 화장실을 제때 가지 못해 방광염과 변비로 고생하는 분들이 많아지는 정말로 힘든 시기입니다.

이 시기에는 아이가 잠에 드는 것이 다시 어려워집니다. 눈을 감으면 엄마아빠가 보이지 않아 불안해지면서 도통 잠에 들지 못하는 것인데요. 자다가 깨었을 때 주변에 보호자가 없다는 것을 알고 불안해하며 분리 수면을 실패하기도 합니다. 이앓이와 함께 분리 불안이 겹쳐지며 통잠을 잘 자던 아이도 갑작스레 수면 패턴이 퇴행합니다.

보호자가 모두 일을 하는 맞벌이 부부 혹은 한부모 가정에서는 이 시기가 더욱 곤란할 수밖에 없습니다. 출근을 해야 하는데 아이가 자지러지게 울음을 터뜨리면 '내가 아이에게 못된 짓을 하는 것은 아닐까?' 하는 죄책감에 시달리기도 하죠.

분리 불안은 아이가 똑똑해지면서 생기는 것입니다

6개월이 넘는 시간동안 넘치는 사랑을 주었는데 이렇게 잠시라도 떨어지는 것이 힘들다니, '내가 그동안 잘못 키운 것은 아닌가' 하는 죄책감과 '앞으로 사회성에 문제가 생기는 것은 아닌가' 하는 불안감이 생길 수도 있습니다. 하지만 이 두 가지 부정적인 생각에 자신 있게 대답해 드릴 수 있습니다.

"오히려 걱정과 반대로 긍정적인 상황입니다!" 분리 불안이 나타나기 위해서는 여러 가지 조건이 만족되어야 합니다. 첫째, 애착이 잘 형성된 대상이 있어야 합니다. 아이를 돌보는 시간이 가장 긴 양육자가 주로 그 대상이 됩니다. 둘째, 아이가 애착 대상을 기억할 수 있어야 합니다. 내가 애착을 가진 사람과 다른 사람을 구별하고, 그 사람을 특정할 수 있는 기억력까지 갖추어야 합니다. 셋째, 눈앞에서 보이지 않으면 사라지는 것이라는 사실을 알아야 합니다. 이것은 있다 없다의 개념을 아이가 가지고 있다는 것을 의미합니다.

이렇게 아이가 애정을 가진 대상을 기억하고, 그 대상이 보이지 않으면 사라지는 것이라는 사실을 아는 단계가 되어야 비로소 분리 불안이라는 본능적인 반응이 나올 수 있는 것입니다. 힘들기는 하지만 지금까지 아이가 잘 자라 주었고 내가 사랑을 잘 주었다고 확인할 수 있는 방법 중 하나가 바로 분리 불안입니다. 그래서 분리 불안에 대하여 걱정하는 부모님들께 저는 이렇게 설명합니다.

"분리 불안을 보인다는 건 아이가 그만큼 사랑을 많이 받았고 똑똑해졌다는 뜻입니다!"

분리 불안을 현명하게 극복하는 법

분리 불안이 아기가 잘 자라 주고 있다는 증거라고 해서, 그대로 놔둬도 되는 문제는 아닙니다. 다음 발달 단계로 나아가기 위한 중요한 단계이기 때문에, 결국은 슬기롭게 극복해야 하죠. 또 정상적인 일상생활을 위해서 분리 불안이 끝나야 하기도 합니다. 그래서 어떻게 하면 이 혼돈의 시기를 잘 넘길 수 있을지 요령을 알려 드립니다.

결국은 '애착'이 기본입니다

분리 불안 극복에서 가장 중요한 것은 재회했을 때의 안정감입니다. 그렇기 때문에 함께 있을 때 애정을 더욱 듬뿍 주고 애착을 단단하게 형성하는 것이 기본입니다. 힘이 들지만 더욱 사랑이 필요한 시기라는 것을 잊지 마세요!

헤어지기 전에 미리 알려 주세요

"지금 어린이집에서 놀고 오면, 오후에 엄마가 꼭 다시 올 거야!" 같은 약속의 말을 꼭 미리 해 주세요. 아무 말도 해 주지 않고 갑자기 사라지는 상황보다는, 헤어질 것을 미리 알려 주는 상황이 더욱 받아들이기 쉽습니다. 이 시기의 아이들이 이런 말을 모두 알아듣지는 못하더라도, 뉘앙스를 이해할 수 있습니다.

헤어지기 전에 한 약속을 꼭 지켜 주세요

헤어지기 전에 한 약속이 깨어지는 상황은 생각보다 다양합니다. 금방 다녀오겠다고 했는데 시간이 오래 걸리거나, 엄마가 마중 나온다고 했는데 아빠나 할머니가 나오는 경우처럼 사소한 사건도 모두 아이와 약속을 어기는 것입니다. 분리 불안을 극복하기 위해서는 아이와 양육자 간의 신뢰가 굉장히 중요합니다. 지금 헤어지더라도 언젠가 다시 만날 것이라는 믿음이 생겨야 분리 상황에서 불안도가 낮아질 수 있기 때문입니다.

분리 상황에서는 '재빠르게' 헤어지세요

내가 밖으로 나간다고 신발장에서 울음을 터뜨리거나, 어린이집 입구에서 울음을 터뜨리는 아이를 보면 굉장히 마음이 미어집니다. 이때 울음소리는 다른 상황과는 다르게 '나를 찾는 소리'이기 때문에 더욱 심장에 와서 박힙니다. 하지만 그럴수록 재빠르게 이별하는 것이 좋습니다.

문 앞에서 발걸음을 떼지 못하는 시간이 길어질수록 아이가 우는 시간은 길어지고 불안도도 올라갑니다. "어떻게 널 두고 가니…." 하며 차마 떠나지 못하는 인사보다는 "금방 다녀올게!" 하는 쿨한 인사가 지금의 헤어짐이 큰 문제가 아니라는 메시지를 전달해 줍니다.

특별한 '인사법'을 만들어 보세요

아이와 헤어질 때 머리에 가벼운 뽀뽀를 해 준다던지 아이를 꼭 안아 주는 것과 같은 특별한 인사법을 만들어 보세요. 의식적인 행동이 반복된다면 아이는 '이런 인사 뒤에 헤어짐이 있지만, 금방 돌아온다고 약속하는 거야.'라는 메시지를 전달받고, 불안을 다스리는 데 큰 도움이 됩니다. 물론 헤어지는 인사는 빨리 해야 하니, 짧고 굵은 인사법이 좋겠죠!

분리 불안의 극복을 위한 '까꿍 놀이'

분리 불안은 '보이지 않는 것은 사라진 것'이라는 인지적인 발달은 이루어졌지만, '눈앞에서 사라졌다고 존재 자체가 없어진 것은 아니'라는 데까지 발달을 이루지 못했기 때문에 생기는 일종의 해프닝 같은 상태입니다. 즉, 주 양육자가 눈앞에서 사라지면 그 사람이 완전히 사라진다고 생각하여 생기는 불안감이라는 것입니다. 그래서 분리 불안을 극복하기 위해서는 눈앞에 없다고 완전히 사라지는 것은 아니라는 사실을 알려 주어야 합니다.

이 어려운 개념을 가르쳐 주는 놀이가 있으니, 바로 '까꿍 놀이'입니다. 까꿍 놀이는 얼굴을 손이나 다른 물건으로 가려 눈앞에서 감춘 뒤 "까꿍!" 하며 다시 나타나는 아주 간단한 놀이로, 이 놀이를 모르는 분은 없을 겁니다.

이 놀이를 모르는 사람은 없어도, 아기들이 왜 이 놀이를 좋아하는지 정확히 이해하는 분은 많지 않습니다. 대부분은 "까꿍!" 하는 소리와 갑작스러운 변화에 깜짝 놀라며 재밌어한다고만 알고 있죠. 하지만 아이들에게 까꿍 놀이는 마술쇼입니다.

아이 앞에서 얼굴을 가리는 행위는, 아이의 입장에서는 존재가 완전히 사라지는 것입니다. 그러다 다시 얼굴을 내밀면서 "짜잔!" 하고 나타나는 것은, 없어졌던 존재가 다시 생기는 매우 신기한 광경이죠. 아이들의 입장에서는 매우 신비로운 경험인 것입니다.

아이들은 이 놀이를 반복하면서 눈앞에서 없어졌다고 해서 완전히 없어진 것은 아니라는 개념을 배웁니다. 지금 내 앞에 있는 사람이 사라졌다가 다시 나타나는 것을 반복적으로 목격하면서, 그 사람이 어딘가에 계속 '존재하고 있다'는 개념을 이해하는 것입니다. 이 개념을 이해하는 것이 분리 불안을 극복하는 가장 중요한 요소입니다.

까꿍 놀이를 부르는 용어는 나라마다 다르지만, 전 세계에 걸쳐서 똑같은 놀이가 존재하고 있다는 사실은 굉장히 놀랍습니다! 그만큼 인간의 발달에서 분리 불안은 중요한 단계이고 힘든 과정이라는 사실을 입증하는 것일지도 모릅니다. 이 불안을 극복하기 위해 존재의 개념을 가르치는 놀이가 큰 도움이 된다는 것을 인류가 경험적으로 깨달은 것이죠.

다시 찾아오겠지만 이젠 익숙할 거예요

건강한 아이의 분리 불안은 수개월 내에 사라집니다. 애착이 더욱 단단해지고 인지가 더욱 발달하면서 아이들은 잠시의 헤어짐에 적응해 나갑니다. 이 고난의 시기가 지나면 양육자는 마음 편하게 일터로 복귀할 수 있고 자유의 시간을 누릴 수 있습니다.

하지만 육아는 절대로 편안하기만 하지 않습니다! 미리 알려드리자면 분리 불안은 다시 찾아옵니다. 15개월 그리고 세 돌이 되기 전쯤 '재접근기'라는 이름으로요.

하지만 걱정 마세요. 위에서 설명한 분리 불안에 대처하는 방법이 이때도 동일하게 적용되니까요. 헤어짐이 힘든 것은 어쩔 수 없지만, 현명하게 대처할 수 있는 한 단계 성장한 양육자가 되어 있다는 사실을 잊지 않는다면 마음을 한결 편하게 가질 수 있습니다.

'면역의 암흑기'
넘기기

핵심 먼저!

6개월 이후에 '면역의 암흑기'가 찾아오고 생활 방식이 변화하면서 자주 아플 수 있어요. 위생 습관을 생활화하고, 단골 병원을 만들어 다니면 크게 걱정하지 않아도 되어요.

"돌치레"라는 말, 다들 들어보셨죠? 아기들이 돌 전후에 한번씩 열도 나고 많이 아프기도 하는 일종의 통과 의례로 알려져 있습니다. 보통 생후 12개월경에 아픈 아이들이 많아서 이런 이름이 붙여졌지만, 평균적으로 보았을 때 생후 6개월 이후가 되면 돌치레를 하는 아이가 생기기 시작합니다. 신기하게도 이 시기의 아이가 크게 아픈 것은 아이의 면역력 발달과 연관이 있는데요. 소중한 우리 아이가 왜 아플 수밖에 없는지, 그 이야기를 해 보고자 합니다.

생후 6개월부터 시작되는 '면역의 암흑기'

우리 몸은 외부의 물질로부터 스스로 몸을 지키는 방법들을 가지고 있는데, 그것을 면역이라고 합니다. 우리 몸을 지키기 위해서 여러 가지 세포들이 지금도 열심히 일을 하고 있습니다. 이 세포들을 '면역 세포'라고 부릅니다. 면역 세포가 세균, 바이러스, 곰팡이균 등 우리 몸을 위협하는 물질들과 싸우는 방법에 관해서는 167쪽에서 자세히 설명해 놓았습니다.

아기 몸에서 항체를 만들어 내는 세포는 엄마의 배 속에 있는 태아 시기에 이미 만들어져 있습니다. 하지만 그 세포들이 충분한 양의 항체를 만들어 내는 데는 시간이 필요합니다. 그래서 탯줄을 통해 엄마의 항체를 전달받고 당분간은 이 항체들로 몸을 지킵니다. 연약한 아기를 엄마의 항체가 지켜준다니, 굉장히 든든하지만 이 방법에도 한계가 있습니다.

항체는 종류별로 크기가 다양한데, 큰 항체는 태반을 통과하지 못해 엄마가 아기에게 전달해 줄 수 없습니다. 그래서 IgG라는 항체만 태반을 통해 전달된다고 알려져 있습니다. 모든 종류의 항체가 전달되지 못하고 한 종류의 항체만 전달받는 것이 아쉽지만, 그래도 IgG는 우리 몸의 체액 전체에 존재하여 중요한 역할을 하는 항체이기 때문에 효율이 좋은 선택이라고 할 수 있습니다.

태반을 통과하지 못하는 항체 중 대표적인 것은 IgM인데요. 하필 IgM이 혈액이나 몸 안에서 가장 중요한 면역 기능을 담당하고 세균과 싸워 주는 역할을 하기 때문에, IgM이 부족한 신생아 시기에는 세균성 감염으로 인한 패혈증의 위험도가 높아 신생아 시기에 열이 나면 주의를 합니다.

엄마에게 받은 IgG 항체가 아이가 스스로 몸을 지킬 수 있는 나이까지 충분히 유지된다면 좋겠지만, 항체의 수명에도 한계가 있다는 치명적인 문제가 있습니다. 엄마에게 받은 항체의 농도가 서서히 감소하더라도 아이가 제때 항체를 만들어 내면 문제가 없을 텐데, 아기의 면역 세포가 항체를 만들어 내는 속도가 엄마 항체의 감소 속도를 따라가지 못하는 치명적인 문제가 발생합니다.

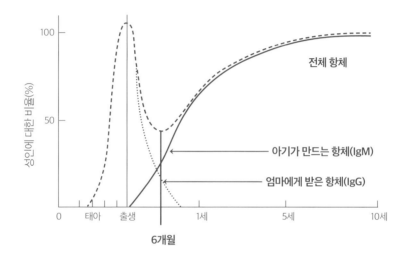

위 그래프를 보면 IgG라는 항체는 태어날 때 양이 많고 점점 감소하다가 다시 증가하는 것을 알 수 있습니다. 항체의 양이 감소했다 증가하는 이유가 바로 엄마에게 받은 항체는 줄어들고 뒤늦게 아기가 스스로 항체를 만들어 내기 때문입니다.

다른 종류의 항체(IgM)는 태어날 때는 거의 없다가 시간이 꽤 지나야 충분한 양을 만들어 내는 것을 확인할 수 있는데요. 이 두 가지 항체 양의 변화가 합쳐지며, 생후 6개월이 된 아기의 몸속에 항체의 농도가 낮아지는 시기가 찾아옵니다. 자연적으로 낮아진 항체 양은 만 2~3세는 되어야 회복되는데요. 이렇게 몸속 항체 농도가 낮게 유지되는 생후 6개월에서 만 2~3세까지 시기를 '유아기 일과성 저 감마글로블린혈증' 혹은 "면역의 암흑기"라고 부릅니다.

항체가 부족해서 아픈 걸까?

아이 몸속에 항체 양이 적다는 것은 면역력의 입장에서 불리한 상태입니다. 그 결과 아이가 아플 확률이 더 올라간다고 할 수 있습니다. 하지만 항체 부족이 아픔의 원인이라는 생각은 오해의 소지가 있습니다.

우리 몸을 지키는 면역 체계는 항체만 있는 것이 아닙니다. 여러 가지 세포와 물질이 관여하기 때문에 항체 부족만이 아이를 아프게 하는 범인이 아닙니다. 오히려 생후 6개월 이후에 나타나는 생활 변화가 아이들을 아프게 하는 주요한 원인일 수 있습니다.

6개월이 지나면 아이들은 대근육의 발달로 생활 반경이 넓어집니다. 기어다니고 걸어 다니기 시작하며 더욱 적극적으로 세상을 탐험합니다. 아기가 별로 움직이지 못할 때는 아이가 만질 수 있는 물건이나 아이의 입에 들어갈 수 있는 물건이 어른이 손에 쥐어준 것으로 국한되었지만, 이제는 아이가 직접 돌아다니며 신기한 것이라면 모두 손으로 만지고 입으로 가져갑니다.

아이가 집 안에만 머문다면 걱정이 덜 하겠지만 외출의 빈도도 늘어나며 균과 마주칠 기회가 늘어납니다. 아이가 자라면서 여행을 가기도 합니다. 생후 6개월이 지나면서 기관에 아이를 맡기는 집도 많아지죠.

이 모든 변화는 아이의 몸속에 유해균이 들어갈 기회를 제공합니다. 면역력이 일시적으로 낮아지는 것만으로는 아이가 아프지 않습니다. 아이가 아프다는 것은 결국 해로운 균이 몸속으로 들어와 문제를 일으키는 것이기 때문입니다. 이러한 관점으로 보면 만 6개월 이후 아이들이 돌치레를 하고 감기도 잘 걸리는 것을 면역력만 탓하기도 어렵습니다.

아이는 아프지 않아야 더 좋을까?

그리고 우리는 더 근본적인 질문을 생각해 볼 필요가 있습니다. "아이들은 아프지 않는 것이 더 좋을까요?" 물론 생명을 위협하고 장애를 남길 수 있는 질환은 평생에 걸쳐 걸리지 않는 것이 좋습니다. 하지만 감기와 가벼운 장염 같은 경증 감염병을 우리 아이가 한 번도 걸리지 않는 것이 정말 아이를 위한 것인가 하는 문제에 대해서 저는 회의적입니다.

아이가 아픈 것은 정말 마음 아픈 일입니다. 저도 제 아이가 아프면 굉장히 마음 아프고 누구보다 아이가 아픈 것을 보기 힘들어합니다. 그래서 아픈 아이들을 돕기 위해 소아과 의사의 길을 택했죠. 하지만 저는 아이들이 적당히 아파 가며 자라야 더 건강하다고 생각합니다.

우리 몸의 면역 체계 중 효율성이 높은 체액성 면역, 즉 항체를 이용한 면역 체계는 기본적으로 경험을 기반으로 해서 작동합니다. 항체는 뭐든지 파괴하는 폭탄 같은 물질이 아니라 각각의 세균과 바이러스에 따라 다르게 만들어지는 맞춤형 무기입니다.

우리 몸의 면역 세포는 태어나서 한 번도 만나지 않은 물질에 대한 항체를 가지고 있지 않습니다. 새로운 세균이나 바이러스가 몸속에 침범하면 일단 면역 세포가 직접 싸우면서 버티고, 거기서 나오는 정보를 토대로 항체를 만드는 세포가 열심히 항체를 만들어 냅니다. 그 설계도를 기억해 두었다가 다음에 같은 유해균이 침범할 때 항체를 빠르게 대량 생산해서 우리 몸을 효과적으로 지키는 것입니다.

이 과정은 똑같은 감염이 두 번 이상 있을 때 효과적이지만, 처음 감염이 발생했을 때 대응이 늦어진다는 단점이 있습니다. 그래서 이전에 걸려 본 감염병은 다시 걸리지 않거나 금방 낫지만, 난생처음 걸리는 감염병이라면 더 오래 더 심하게 아픈 것입니다.

그럼 아이가 아프도록 그냥 놔둘까?

제가 이런 이야기를 하면 오해하는 분이 간혹 있는데, 아이가 아프면서 큰다는 이야기는 아이가 아파도 그냥 놔두라는 이야기가 아닙니다. 아이가 아픈 것은 살아가며 당연히 겪어야 하는 과정이고, 아이가 아프면서 고생만 하는 것이 아니라 더 튼튼해지고 있다고 생각해야 한다는 것입니다.

아이가 아픈 것에 너무 집중하게 되면 작은 일에도 자꾸 병원과 약에 의지하고, 불안감에 광고에 속아 값비싸고 효과도 없는 영양제 구

초보 부모 방탄 육아

입에 너무 많은 비용을 소비합니다. 멸균에 너무 집착해서 아이 돌보는 일을 양육자가 스스로 더 힘들게 만들기도 합니다. 그 과정에서 아이가 건강한 면역력을 습득할 기회를 오히려 사라지게 만들 수도 있습니다.

아이가 아픈 것은 부모로서 지켜만 볼 수는 없는 일입니다. 하지만 아이가 열이 조금 나고 콧물 기침이 있는 것이 호들갑을 떨어야 하는 일도 아닙니다. 양육자가 가져야 하는 가장 우선적인 마음가짐은 '아이는 아플 수 있다. 크게 아픈 것만 아니면 된다.'는 생각입니다.

소아청소년과 전문의로서 아이들이 면역의 암흑기를 건강하게 넘기기 위해서 제안하는 방법은 세 가지입니다. 첫째는 예방 접종을 일정에 맞추어 잘하는 것입니다. 예방 접종은 아이들이 걸리게 되면 목숨을 잃거나 장애가 남을 수 있는 위험한 질병을 예방하게 해 줍니다. 우리 몸의 면역을 돕는 매우 슬기로운 방법이죠.

둘째는 생활 속 위생과 방역을 잘 지키는 것입니다. 코로나19 사태 이후로 우리는 개인 방역을 아주 잘 알게 되었습니다. 사람이 많거나 감염병이 걸리기 쉬운 곳에 가면 마스크를 쓰고, 외출하고 돌아와서 손 잘 닦고, 음식 먹기 전에 손을 닦는 등 아주 기본적인 노력만 하더라도 대부분의 감염병을 충분히 예방할 수 있습니다.

셋째는 건강한 식사를 하는 것입니다. 면역력을 높여 준다는 영양제에 포함된 대부분의 물질은 우리가 평상시 식사만 잘하더라도 충분히 섭취할 수 있는 영양소입니다. 따라서 아이들이 다양한 식재료를 골고루 먹는 건강한 식습관을 갖는 것이, 아이들의 면역력을 지키는 중요한 방법입니다.

너무 자주, 많이 아픈 아이들은 어떻게 해야 할까?

아무리 자주 아픈 시기라고 해도 가볍게 감기만 걸리는 경우가 있는가 하면 면역력이 심각하게 저하된 것은 아닐까 걱정해야 하는 경우도 있습니다.

아이의 면역력이 걱정될 때 병원에 찾아가는 것보다 더 중요한 습관은 병원을 너무 자주 바꾸지 않는 것입니다. 아이가 자주, 심각한 질환에 걸린 기록이 한 병원에 모여 있으면 주치의 선생님이 아이에게 이상은 없는지 먼저 알아차리고 검사를 권유할 수 있습니다. 하지만 이 병원에서 준 콧물 약이 안 들으니 다른 병원으로 옮기는 등 사소한 이유로 자주 병원을 옮기는 경우에는, 아이가 반복적으로 아프다는 사실이 기록으로 남지 않아 아무리 유능한 의사라도 문제 상황을 놓칠 수 있습니다.

마음에 딱 맞는 병원을 찾는 것이 쉬운 일은 아닙니다. 그래도 예방접종이나 영유아 건강검진 등을 통해 다양한 병원에 방문하면서, 나와 우리 아이에게 잘 맞는 주치의 선생님을 선택해 보세요. 건강할 때도 아플 때도 믿고 의지할 수 있는 주치의 선생님이 있다는 것은 부모님 입장에서 정말 든든한 일입니다. 아이가 자라는 모습을 지켜보는 것은 소아과 의사의 입장에서도 정말 소중한 경험입니다.

공포의
이앓이 극복법

핵심 먼저!

유치가 다 맹출되는 3세까지는 반복적으로 겪어야 해요. 완화 방법을 활용하면서 함께 견뎌야 합니다.

　모두가 잠든 새벽, 아기의 울음소리에 온 가족이 잠에서 깨어납니다. 저녁까지만 해도 잘 먹고 잘 싸고 잘 놀던 아이가 갑자기 어딘가 아프다는 듯이 울며 잠에서 깨니 가족들은 당황하기 시작합니다. 원인을 찾기 위해 아이 기저귀도 갈아 보고 달래 보지만 울음을 그칠 생각을 하지 않고, 체온을 재 보니 37도가 조금 넘어가며 뜨끈한 느낌이 듭니다.

　백일의 기적으로 아이가 통잠을 자는 덕분에 찾아온 한밤중의 평화는 이렇게 다시 신생아 시절처럼 원상 복구 되는데요. 바로 아이의 치아가 처음 나오면서 발생하는 통증인 이앓이 때문입니다.

이앓이는 무엇일까?

이제 막 태어난 아기는 정상적으로는 치아가 나와 있지 않고, 매끈한 잇몸만 자리 잡고 있습니다. 생후 7개월이 넘어가면서 처음으로 치아가 나오는데, 아기의 첫 치아를 '유치'라고 합니다. 유치는 보통 초등학생 즈음이 되면 하나씩 빠지면서, 앞으로 평생 가지고 살아야 하는 치아가 대신 나오는데요. 이렇게 새롭게 나오는 치아를 '영구치'라고 합니다.

치아가 나오는 '맹출'은 앞니부터 시작하여 점점 뒤의 치아가 나오는데, 송곳니는 조금 늦게 나와서 첫 번째 어금니부터 맹출됩니다. 유치가 맹출되는 시기는 각 치아별로 수개월의 차이가 납니다. 그래서 같은 연령의 아이라도 지금 나와 있는 치아 개수가 다를 수 있지만, 평균적으로는 '연령(개월 수) 빼기 6'으로 계산하면 맹출된 치아 개수를 추측할 수 있습니다. 7개월 된 아이라면 '7-6=1', 즉 평균적으로 1개의 유치가 나와 있는 것이죠.

치아가 처음으로 나오는 것은 생각보다 아프고 고통스러운 일입니다. 우리 머릿속에 남아 있는 기억으로는 초등학생 시절 유치가 빠지고 영구치가 나는 과정에서 치아가 빠질 때 빼고 별다른 통증이 없었던 것 같지만, 유치가 나오는 과정은 다릅니다. 영구치는 이미 치아가 있던 부위의 잇몸에 길이 남아 있기 때문에 그 길을 따라 나오면 되지만, 유치는 꽉 막혀 있는 잇몸을 뚫고 나와야 합니다. 이 과정은 아기에게 굉장한 불편감과 통증, 약한 열감까지 유발합니다. 이때 발생하는 여러 가지 불쾌한 느낌을 이앓이라고 합니다.

이앓이는 치아가 나오는 6~7개월이 되어서 절정에 이르는 경우도 있지만, 빠르게 시작하는 아이는 3~4개월경에 시작하기도 합니다. 다른 발달은 빠른 것이 좋다고 생각되지만 통잠을 깨우는 이앓이만큼은 하루라도 늦게 시작하기를 기도하는 웃지 못하는 상황이 펼쳐집니다.

왜 하필 밤에 심해질까?

아이들의 이앓이는 사실 하루 종일 지속됩니다. 낮 시간에는 조금 칭얼대거나 침을 많이 흘리는 정도로 넘어가지만, 밤이 되면 잠을 자지 못할 정도로 힘들어합니다. 도대체 이앓이는 왜 밤에 더 심해지는 것일까요?

모든 종류의 통증은 다른 감각의 영향을 받습니다. 어른들도 두통이 심할 때 시끄러운 음악을 들으면 머리가 같이 울리면서 통증이 심해지지만 편안한 음악을 듣거나 마사지를 받으면 완화되는 느낌이 들기도 하는데, 통증이 다른 자극의 영향을 받아 악화되거나 완화되기 때문에 나타나는 현상입니다.

이 때문에 모든 종류의 통증은 주로 밤에 악화됩니다. 낮에는 밝은 빛 때문에 다양한 시각적인 자극이 있고 사람들이 생활하며 발생하는 소리 자극도 있습니다. 노래가 들리고 재미있는 영상을 시청하기도 하는 등 우리 몸에 들어오는 여러 자극은 통증이라는 신호를 흐리게 만듭니다.

하지만 밤에는 거의 아무런 자극이 없습니다. 햇빛이 없어 시각 자극이 없고, 소리 자극도 촉각 자극도 많이 줄어듭니다. 이 때문에 사람은 통증에 더욱 집중하게 되고, 그 결과로 밤에 통증이 심해지는 결과가 발생하는 것입니다.

이앓이를 완화하는 방법

다른 자극이 통증을 완화한다는 원리를 이용하면 이앓이를 완화할 수 있습니다. 대표적인 방법은 다음과 같습니다.

- 씹을 수 있는 장난감
- 잇몸 마사지
- 냉찜질

아이가 직접 물고 씹을 수 있는 장난감은 잇몸에 자극을 주며 통증을 완화해 주는 효과가 있습니다. 구강기 아이는 대부분의 장난감을 입으로 가져가기 때문에 모두 활용할 수 있지만, 닦기 편하고 소독하기 간편한 장난감을 물고 놀게 하는 것이 도움이 됩니다.

작은 구슬(비즈)로 된 팔찌나 목걸이를 아기에게 주어 물고 놀게 하는 분도 있는데요. 동그란 물건은 아이들이 물고 놀기 좋아서 통증을 완화하는 데 도움이 될 수 있지만, 아이가 삼킬 경우 질식이 일어날 확률이 있기 때문에 이런 장신구 형태는 아기에게 주지 말 것을 권고합니다. 목걸이의 경우 아기 목에 감기는 사고가 발생할 수 있기 때문에 더더욱 주면 안 됩니다!

잇몸 마사지는 같은 원리로 이앓이의 통증을 완화해 줄 수 있습니다. 깨끗하게 손을 씻고 깨끗하게 세척한 아기 수건을 깨끗한 물에 적셔 잇몸을 살살 문질러 주면 되어서 매우 간편합니다. 잇몸 마사지에 사용하는 육아용품도 있어 안전한 소재로 만들어진 제품을 골라 활용해도 좋습니다.

통증과 미열이 유발되는 이앓이는, 차가운 물건으로 마사지해 주면 통증이 경감됩니다. 깨끗한 수건을 돌돌 말아 물에 적셔 얼린 다음 아기가 보챌 때 물고 놀게 해 주는 방법도 있고, 장난감 중에 내부에 물이 들어 있어 얼린 다음 아기에게 줄 수 있는 제품도 있습니다.

이렇게 얼려서 사용하는 물건을 아이에게 줄 때 주의할 점은, 아기가 손으로 잡는 부분은 수건을 덧대는 등의 방법으로 아기가 차가운 물건을 직접 잡지 않도록 하는 것입니다. 아기가 잡고 있는 물건이 차가워서 금방 내려놓기도 하고 너무 차가운 온도 때문에 오히려 화상을 입을 수도 있습니다.

이앓이가 너무 심한 아이는 병원에서 해열진통제를 처방하기도 합니다. 아기들에게 안전하게 사용할 수 있는 약 중 하나인 아세트아미노펜 계열의 약을 주로 복용하게 하는데요. 해열진통제는 이름 그대로 열을 가라앉히면서 통증을 다스리는 효과가 있기 때문에 이앓이를 완화하는 데 도움을 줄 수 있습니다.

입안에 바르는 젤은 어떨까?

이앓이를 완화하는 제품 중에는 잇몸에 바르는 젤 형태의 제품도 있습니다. 이 제품들은 시원한 느낌을 주며 통증을 잠시 완화해 주기도 하여 효과가 있지만, 다음의 주의 사항을 반드시 숙지해야 합니다.

국소 마취제가 들어간 제품은 피하는 것이 좋습니다. 국소 마취제는 진통제와 다르게, 약이 닿은 부분의 신경이 어느 정도 마비되는 원리로 통증을 완화하는데요. 이러한 약물이 잇몸에만 작용하면 큰 문제가 없을 수 있지만 아기들이 잇몸에 묻은 약을 삼키며 목 안쪽의 신경도 마비되는 부작용이 발생할 수 있습니다. 이 때문에 아기가 침이나 음식을 잘 삼키지 못하고 사레가 들리며 심하면 흡인성 폐렴이 발생할 수 있습니다. 이 때문에 미국 식품의약품안전처에서는 국소 마취제가 들어간 제품을 사용하지 말 것을 권고합니다.

특히 국소 마취제 중에서 벤조카인이라는 약물이 사용된 제품도 있는데요. 이 약물은 아이들이 삼킬 경우 '매트헤모글로빈혈증'이라는 적혈구의 기능을 떨어뜨리는 무시무시한 질환을 유발한 전적이 있습니다. 미국에서 이러한 사고가 발생하여 매우 큰 뉴스가 된 적이 있는 만큼, 벤조카인이 들어간 제품의 사용을 피하라고 권고하고 있으니 수입 제품을 구매할 때 반드시 확인하기 바랍니다.

언젠가 끝나지만, 긴 싸움이 되기도 합니다

이앓이는 지금 맹출되는 치아가 다 나오고 나면 완화되기도 합니다. 하지만 맹출되는 치아가 한창 많을 경우에는 아이가 이앓이를 연속해서 하느라 온 가족이 고생하죠. 그리고 유치가 다 맹출되는 만 3세경까지는 반복적으로 이앓이 때문에 고생합니다.

너무 긴 시간 좋아졌다 나빠졌다 반복되는 문제이다 보니 어느 순간 아이가 이앓이로 고생하는 것이 잠시 잊힐 때도 있습니다. 아이를 키우다가 갑자기 짜증이 많아지고 잠을 잘 자지 못하는 시기가 온다면 입 안쪽을 한번 살펴봐 주세요. 모든 경우에 그런 것은 아니지만, 쪼그맣게 나오고 있는 귀여운 치아를 발견할 수도 있을 겁니다. 아이의 짜증이 이앓이 때문인 것을 알게 되면, 아이의 투정이 안쓰럽고 귀엽게 느껴질 수도 있을 거예요.

첫 걸음마를 대비한
안전한 환경 만들기

핵심 먼저!

바닥 매트, 거실에 울타리 치기, 장난감은 가능한 한 적게 두기를 추천합니다.

아이들이 어려운 발달 과업을 하나씩 정복해 나가는 모습을 지켜보는 것은 정말 기특하고 행복한 일입니다. 하지만 상상하지 못했던 다양한 방법으로 사고치는 모습을 보고 있자면 가슴이 철렁 내려앉는 일도 많아집니다. 나이가 조금 더 들고 덩치도 큰 아이라면 조금 넘어지고 높지 않은 곳에서 떨어지는 일로 가슴을 졸이는 일은 별로 없지만, 아직 돌도 되지 않은 아기는 똑같이 다치더라도 더 큰 부상으로 이어질 수 있어 양육자 입장에서 걱정되는 것이 당연합니다.

특히 돌이 되면서 걷기 시작하면 크게 다칠 위험이 더 높아지는데요. 아직 걸어 다니는 아이는 거의 없지만, 집 안 환경은 이제 슬슬 변화를 주어야 하는 시기입니다. 벌써부터 사고를 치고 다니는 사고뭉치 아이가 최대한 다치지 않게 하기 위해서 어떤 준비를 해 두어야 할지 알아보겠습니다.

아이 성향에 따라 달라요

7~9개월 아이들을 한데 모아두면, 벌써 타고난 성향에 따라 행동 패턴이 크게 다르다는 것을 쉽게 알 수 있습니다. 굉장히 조심스럽고 겁이 많아서 새로운 일에 잘 도전하지 않는 아이가 있는가 하면, 벌써부터 맷집 좋게 여기저기 부딪히고 넘어지면서 도전적으로 무언가 배워나가는 아이도 있습니다.

보통 조심성이 많은 아이는 자신이 준비가 될 때까지 다음 단계의 모습을 잘 보여 주지 않기 때문에, 상대적으로 발달이 느려 보이기도 하지만 그만큼 사고를 치지 않습니다. 하지만 도전적인 아이는 잘하지 못하더라도 계속해서 도전하면서 실패를 반복합니다. 이런 아이들은 사고를 치고 다치는 일이 많지만 상대적으로 발달이 빨라 보입니다. (지금 운동 발달이 빠르다는 것이 나중에도 운동을 잘하게 되는 것을 의미하지는 않습니다.)

하지만 어떤 성향의 아이이든 상관없이, 아이의 운동 발달을 위한 안전한 환경을 마련하는 것은 굉장히 중요합니다. 도전적인 아이에게는 반복적인 실패에서 발생하는 부상의 위험을 낮출 수 있고, 조심성이 많은 아이에게는 마음을 안심시켜 조금이라도 더 도전할 수 있도록 도와줍니다.

아이들은 넘어지면서 배워요

우리 아기의 연약한 피부에 작은 생채기라도 나면 부모님의 마음에는 비교도 할 수 없는 큰 상처가 남습니다. 그렇다고 해서 아이가 한 번도 넘어지지 않고 걷기를 바라는 것은 말이 되지 않는 너무 큰 욕심입니다. 아이는 시행착오를 반복하며 스스로의 문제를 교정하고 다음 단계로 나아가기 때문입니다.

아이가 잡고 서는 시기는 평균적으로 10개월경입니다. 문제는 10개월경에 무언가 잡고 서기 위해서는 9개월경에 물건을 잡고 서는 것을 시도하기 시작한다는 것입니다. 즉, 이제 서는 자세에서 넘어지기 시작합니다.

아이가 넘어지며 다치는 것이 걱정되기는 하지만, 사실 아이는 넘어지는 것 자체보다 주변 환경 때문에 다치는 일이 많습니다. 아이의 작고 아담한 키로는 넘어져 봤자 큰 충격이 발생하지 않습니다. 그래서 환경 관리가 중요합니다.

바닥 매트가 여러모로 유용합니다

아직은 바닥에 매트를 깔아 놓은 집이 많지 않을 것입니다. 대부분은 층간 소음을 방지하기 위한 목적으로 매트를 깔기 때문에, 아이가 걷기 시작하면 설치하는 경우가 많습니다. 단독 주택인 경우나 1층에 거주하는 경우에는 아예 설치하지 않기도 합니다.

실제적인 측면과 개인적인 경험을 종합해 보았을 때, 바닥 매트는 소음 방지만큼이나 충격 완화의 효과가 굉장히 큽니다. 특히 푹신한 소재로 만들어진 매트에서는 아이들이 넘어질 때 부딪히는 소리 자체가 다릅니다. 일반 바닥은 쿵 하며 울리는 소리가 매우 무섭지만 매트에서는 웬만하면 부드럽게 넘어지죠.

하지만 바닥 매트에도 큰 단점이 있습니다. 바로 열효율 문제인데요. 우리나라는 날씨가 추울 때 바닥을 데워 집의 온도를 높이는 온돌식 난방을 사용하기 때문에, 바닥에 매트를 깔아 둘 경우 난방비가 많이 올라가는 단점이 있습니다.

집 안 공간 대부분에 매트를 깔아 둘 계획이라면 어쩔 수 없지만, 몇 개의 매트를 효율적으로 사용해 볼 계획이라면 아이의 생활 반경을 제한하는 것이 좋습니다. 그 공간 안에만 매트를 까는 것입니다. 그렇게 되면 매트 구매 비용도 줄이고 난방비를 아낄 수 있습니다.

아이의 생활 반경을 제한하기

아이가 움직이는 공간을 제한하는 것은 비단 바닥 매트와 관련된 문제이기만 한 것은 아닙니다. 중요한 것은 아이가 내 시야에 들어오도록 하는 것인데요. 이제 잡고 서는 것에 관심이 생긴 아이는 무엇이든 잡고 일어나려고 하기 때문에, 집 안 모든 가구와 물건이 위험 요소가 될 수 있습니다. 그런데 24시간 아이 옆에 있을 수는 없죠. 그래서 아이를 양육자의 시야 안에 안전하게 두고 아이에게서 최대한 눈을 떼지 않는 것이 좋습니다.

우리나라의 일반적인 주택 구조를 생각한다면, 아이의 생활 반경은 거실로 추천합니다. 대부분의 집안일이 주방이나 그 근처에서 이루어지기 때문에, 한눈에 들어오는 공간은 거실입니다. 그리고 아이가 혼자 놀 때 옆에 있는 소파에서 쉴 수도 있죠.

아이가 사용하는 공간과 다른 공간을 구분하는 가장 기본적인 방법은 문을 닫는 것입니다. 아직 아이는 방문을 스스로 열지 못하기 때문에, 문을 닫아 놓는 것만으로도 화장실과 같이 사고 나기 좋은 환경이나 위험한 물건이 있을지도 모르는 어른 방에 들어가는 것을 막을 수 있습니다.

아이를 위한 공간 주변에 울타리를 설치하는 것도 좋습니다. 울타리는 아이가 양육자의 시야에서 벗어나는 것을 방지하기도 하지만, 잡고 일어서는 연습을 하는 좋은 도구가 되기도 합니다. 따라서 울타리를 구매할 예정이라면, 가벼운 것보다 잘 넘어지지 않도록 설계된 안정적인 제품을 구매하는 것이 좋습니다.

간혹 울타리 제품들을 보고 아이를 가둬 놓는 것이라며 좋지 않은 시선을 보내는 분도 있는데요. 우리가 이런 제품을 설치하는 이유는 아이를 가두는 것이 아니라, 외부의 위험한 사고에서 아이를 보호하는 것이라고 생각하는 게 올바른 시선입니다.

장난감은 미니멀 라이프로

어느 늦은 저녁, 친구가 저에게 다급히 연락을 주었습니다. 9개월 된 아기가 벽을 짚고 일어서다 넘어져서 언니의 블록 놀이 상자에 얼굴을 부딪쳤고, 이 때문에 얼굴에서 피가 많이 나는데 어떻게 하는 것이 좋겠냐는 연락이었습니다. 아이는 다행히 아이 상처를 전문으로 보는 성형외과에서 잘 치료받았지만, 조그마한 흉터가 어쩔 수 없이 남을 것이라고 하여 부모님 마음을 정말 아프게 했습니다.

이렇듯 아이들이 넘어지면 그 자체보다 주변의 물건 때문에 많이 다치게 됩니다. 특히 아이 장난감은 주변에 많이 놓여 있기도 하고 단단하게 만들어진 것이 많아 아이가 부딪힐 경우에 크게 다치기 쉽습니다.

아이가 낮 시간에 주로 활동할 공간이 정해졌다면, 그 공간 안에는 장난감을 최소한으로 두는 것이 좋습니다. 아이들이 혼자 잘 놀게 하려고 주변에 장난감을 많이 가져다 두는 경우가 있는데요. 이런 경우에는 아이들이 넘어지며 언제 어떻게 다칠지 모릅니다.

아이 주변에 장난감을 많이 두지 않는 것은 안전 문제뿐 아니라 발달의 측면에서도 좋습니다. 아이의 흥미를 끌어 발달을 유도하거나 아이와 소통을 시도할 때는 집중력이 중요한데요. 주변에 재미있는 장난감이 많으면 아이는 시선을 이리저리 뺏기며 집중하기 힘들어집니다. 그만큼 여러 발달을 유도하는 데 단점이 됩니다.

교육의 측면에서도 장난감이 많은 것이 썩 바람직한 상황이 아닌데요. 모든 아이는 심심할 줄 아는 것을 배우는 것이 중요합니다. 아이가 심심해야 주변을 더욱 잘 탐구하고 스스로 놀이를 만들어 내는 등 두뇌를 많이 사용하기 때문입니다. 하지만 요즘 아이들은 심심할 틈이 잘 없습니다. 아이가 심심하면 큰일이 난다, 항상 즐거워야 한다고 생각하는 부모님이 많은 것이 현실이기 때문입니다. 하지만 꼭 기억하세요. 아이들은 심심해야 무언가 잡고 서려고 한다는 것을요.

보행기는 사용해도 될까요?

우리나라에서 선물로 많이 구매하는 육아 물품이 바로 보행기입니다. 하지만 보행기는 캐나다에서는 판매가 금지되어 있고, 미국 소아과학회에서도 판매 및 생산을 금지하라고 청원하고 있습니다. 또한 우리나라의 소아과 의사들도 보행기를 사용하지 말 것을 권고하고 있는데요. 잘 사용하고 있는 보행기를 왜 판매하지 못하게 하려고 할까요?

걷기 발달에 도움이 되지 않는다

보행기는 걷기 발달에 도움이 되지 않습니다. 아이들이 두 발로 걷지 않아도 걷는 것처럼 움직일 수 있기 때문에, 힘들게 걷는 훈련을 할 필요성을 느끼지 못합니다. 걷는 연습을 하는 것이라고 생각하는 일반적인 생각과 반대의 결과를 가져오죠.

사고 위험이 크게 증가한다

보행기에 앉으면 아이들은 평소보다 높은 곳에 손이 닿습니다. 높이 있는 물건을 건드려 떨어뜨리면서 사고가 날 확률이 높습니다. 그리고 아이들이 스스로 감당할 수 있는 것보다 더 빠른 속도로 움직이게 하여 충돌 사고가 나거나, 신발장이나 화장실 등에서 떨어지며 넘어지는 사고가 발생할 수 있습니다.

아이의 일거수일투족을 어른이 원하는 방향으로 이끌어 가려고 무리하는 부모님이 점점 많아지고 있어 안타깝습니다. 많은 전문가가 이야기하는 건강한 부모의 역할은, 아이의 일상에 적절한 울타리를 치는 것입니다. 그 안에서 일어나는 일이라면 아이를 믿어 주고 울타리를 벗어나려고 하면 단호하게 대처하는 것이, 아이의 인생에 중요하고 아이와 부모님의 관계에도 정말 중요합니다.

부모의 역할도 연습이 필요합니다. 누구나 부모가 처음이기 때문이죠. 그래서 아이가 첫 걸음마를 떼려고 준비하는 이 시기에, 아이를 위한 안전한 울타리를 만드는 연습을 해 보는 것이 더욱 중요합니다. 이 글을 읽는 독자라면, 이 점에 대해서 한번 고민해 보고 실천해 보세요. 앞으로 육아에 굉장히 큰 도움이 될 것이라고 생각합니다.

입 주변이 빨간데
알레르기일까요?

핵심 먼저!

식품 알레르기의 증상을 알아두고, 병원에 간다면 미리 체크리스트를 작성하세요. 힘든 검사를 줄일 수 있어요.

"아이가 이유식을 먹고 입 주변이 빨개요!" "이유식을 먹고 나서 토를 했는데, 혹시 알레르기일까요?"

진료실에서 굉장히 흔하게 듣는 질문이고, 한밤중에 응급실로 많이 찾아오게 하는 상황입니다. 식품 알레르기는 아이 키우는 집이라면 모두 신경이 곤두서는 문제이지만, 집에서 정확하게 평가하기에 어려움이 있어 더욱 혼란스럽습니다. 이유식의 목적을 특정 식재료에 알레르기가 없는지 확인하는 과정이라고 설명한 것과 같은 맥락에서 생각해 보면, 이유식을 먹을 때 알레르기 반응이 나타나진 않는지 관찰하는 것은 보호자가 해야 할 중요한 역할입니다. 지금부터 식품 알레르기를 제대로 이해하도록 도와드릴게요.

초보 부모 방탄 육아

식품 알레르기란?

알레르기란 우리 몸이 특정 물질에 대해서 과민한 면역 반응을 보이며 불편한 증상이 나타나는 것입니다. 증상은 전신에 나타나는 경우도 있지만, 몸의 특정 부위에만 나타나기도 하는데요. 알레르기 비염은 코에서 증상이 나타나고, 천식은 폐에서 증상이 나타나지만, 아나필락시스처럼 전신에서 증상이 나타나는 경우도 있습니다.

이러한 알레르기 중 음식 섭취로 인해 발생하는 경우를 식품 알레르기라고 합니다. 식품 알레르기는 이름 그대로 음식을 섭취한 뒤에 알레르기 증상이 발생하는데, 그 증상이 전신적으로 나타나기도 하고, 호흡기나 피부에 나타나기도 하며, 입 주변과 목 안쪽인 후두부에 나타나는 경우도 있습니다.

그래서 식품 알레르기 증상은 입 주변의 발진부터 시작해서 구토, 설사 등의 소화기 증상, 천식 증상, 전신 반응인 아나필락시스 등을 유발할 수 있습니다. 아나필락시스가 나타나면 혈압이 떨어지며 생명이 위급한 상황이 발생하기도 합니다.

특징적인 증상

알레르기라는 질환은 원인 물질이 워낙 다양합니다. 그렇기 때문에 아이가 이유식을 먹고 알레르기 의심 증상이 발생했다고 하더라도, 이 증상이 꼭 음식물 때문에 발생했다고 판단하기 어렵습니다. 이유식을 먹고 난 뒤 우연히 다른 알레르기 유발 물질과 접촉하여 증상이 발생한 경우와 같이, 다른 물질 때문에 증상이 발생했는데 음식물 알레르기로 오해하는 상황이 생길 수도 있습니다. 따라서 다른 원인보다 식품 알레르기가 더 의심되는, 식품 알레르기의 특징적인 증상을 설명하겠습니다.

입 주변과 목 안쪽

주로 입 주변에 빨간 발진이 올라오는 양상이 발견됩니다. 음식을 먹은 뒤 5~10분 내에 발진이 올라오고, 식사가 끝나고 몇 분 지나면 다시 가라앉는 경우가 많습니다. 만약 식사를 하고 난 뒤 몇 시간 뒤에 발생한 입 주위 발진이라면 식품 알레르기가 아닐 가능성이 높습니다.

피부

피부에 가려운 발진이 올라오거나, 눈 주위나 입 주변과 같이 혈관이 많은 부분이 붓는 모습을 보입니다. 알레르기 물질을 섭취한 지 수분 내에 발생하는 특징을 보입니다.

소화기

구역, 구토, 복통과 같이 윗배 쪽 증상은 식사를 한 지 몇 분 이내에서 길면 두 시간 이내에 나타납니다. 하지만 설사 같은 아랫배 증상은 식사를 한 지 두 시간 이상 지나고 발생합니다. 소화기 증상은 장염으로 오해할 수 있기 때문에 식사와 증상이 생긴 시간 사이의 간격을 유심히 관찰하는 것이 좋습니다.

호흡기

특정 음식을 섭취하고 비염 증상이 생기거나, 눈 주위가 빨개지는 결막염이 생기고, 숨 쉬기가 힘들어지는 천식 증상이 생기기도 합니다. 원래 알레르기성 비염이나 천식이 있는 경우 음식으로 유발된 것인지 명확하지 않을 수 있지만, 알레르기 원인 음식을 먹고 운동을 하면 증상이 더 세게 발현되는 특징을 보이기도 합니다.

전신

음식을 먹고 난 뒤 수 분 내에 피부에 발진이 생기며 호흡 곤란이 오거나 구토를 하는 등 여러 가지 증상이 동시에 나타나는 아나필락시스 반응이 발생할 수 있습니다. 아나필락시스는 혈압이 떨어지는 쇼크를 유발하여 생명을 위협할 수 있기 때문에 매우 위험한 증상입니다.

식품 알레르기가 의심될 때 대처법

아이가 이유식을 먹고 위의 증상을 보이는 경우에는 식품 알레르기를 의심할 수 있습니다. 이런 경우에는 새롭게 먹은 식재료를 다음 식사부터 제외하고, 병원에 방문하여 전문의와 상의하는 것이 좋은데요. 알레르기가 의심된다고 무조건 다급하게 병원에 가야 하는 것은 아닙니다. 아래에 병원에 급하게 가야 하는 증상을 따로 정리해 놓을게요.

병원에 급하게 가야 하는 증상

- 호흡기 증상(특히 호흡 곤란)
- 얼굴이 부어오르는 증상
- 전신 증상(컨디션이 처지고 쓰러짐)
- 구토, 설사 등이 심한 경우
- 피부 발진 때문에 너무 간지러운 경우

다음 날 병원에 가도 좋은 경우

- 발진이 입 주위에만 생기고 금방 가라앉은 경우
- 구토, 콧물 등의 증상이 약하게 나타났다가 금방 사라진 경우

병원에 방문할 때는 다음 내용을 준비해서 가는 것이 정확한 진단을 내리는 데 도움이 됩니다.

병원 방문 전 작성할 사항

- 새롭게 추가한 식재료
- 증상을 찍은 사진
- 식사하고 증상이 발생하기까지 걸린 시간
- 증상이 좋아졌다면, 좋아지는 데 걸린 시간

위 체크리스트의 정보가 있으면 환자의 증상이 알레르기 때문인지 아닌지 더 정확하게 판단할 수 있고, 명확히 알레르기가 의심된다면

힘든 검사 없이 진단을 내리기도 합니다.

제대로 진단받아야 하는 이유

음식 알레르기로 진단되는 경우 아이의 식습관에 큰 변화가 생길 수 있습니다. 예를 들어 계란 알레르기가 발견된 경우 계란이 들어간 음식을 먹으면 안 되는데, 우리 주위에 계란이 들어가지 않은 음식은 생각보다 다양하지 않습니다. 웬만한 빵과 간식에 모두 계란이 들어가고, 한식도 계란이 포함된 음식이 정말 많습니다.

음식 알레르기가 스스로 없어지는 경우도 있지만 대부분 수년 뒤, 초등학생쯤 되어야 사라지고 모든 음식 알레르기가 사라지는 것도 아닙니다. 그리고 같은 종류의 알레르기라도 사람마다 사라지는지 여부가 다릅니다. 이건 확률의 문제이거든요.

음식 알레르기가 발견되는 순간, 아이는 최소한 성장기 동안 굉장히 많은 음식을 제한해야 합니다. 이것은 아이의 성장에 큰 방해가 될 수 있고, 알레르기를 앓는 아이와 그 가족 모두 매우 힘든 시간을 보낼 수밖에 없습니다.

그렇기 때문에 음식 알레르기는 집에서 함부로 의심해서 식단을 제한하면 곤란합니다. 식단 제한은 굉장히 힘들고 조심스러운 문제이기 때문입니다. 따라서 전문가에게 제대로 진단받고, 진단으로 원인을 찾으면 전문 영양사와 상담하는 것이 중요합니다.

식사는 성장과 생존에 중요한 영양분을 공급하는 매우 중요한 생존

수단입니다. 그런 의미에서 음식 알레르기가 삶에 주는 파장은 매우 큽니다. 그렇기 때문에 많은 부모님이 이 문제로 걱정하고 고민합니다. 적당한 걱정은 도움이 될 수 있지만, 과도한 불안은 편안한 육아에 방해가 될 수 있다는 점 꼭 기억하면 좋겠습니다. 우리 아이가 이상 증상을 보인다면 혼자 너무 걱정하지 말고 병원에 가서 상담을 받으세요.

초보 부모 방탄 육아

갑자기 이유식을 먹지 않아요
진료실 단골 질문

> **핵심 먼저!**
>
> 의심 증상이 있는지 아래에서 확인해 보세요. 그렇지 않다면 먹는 양이 일시적으로 줄어들 수 있어요. 수유보다 이유식을 먼저 먹이고, 간식은 주지 않거나 줄이고, 간을 하지 마세요.

"이거 얼마나 정성스럽게 만든 건데, 왜 안 먹는 거야…" 어느 날 갑자기 정성스럽게 만든 이유식을 아이가 거부하면 부모님 입장에서는 굉장히 당황스럽습니다. 특히 원래 잘 먹던 아이가 먹는 양이 줄어들면 더 당황스럽죠. 다시 아이가 잘 먹게 하려고 잘못된 선택을 하는 분도 있습니다. 이번 글에서는 갑자기 먹는 양이 줄어든 아이, 어떻게 대처하는 것이 좋을지 설명하겠습니다.

먹는 양이 줄어드는 것이 정말 문제일까?

아이가 갑자기 밥을 거부하면 속상하기 마련입니다. 하지만 먹는 양이 줄어드는 것 자체가 아이의 건강에 이상이 생긴 것은 아닙니다.

일단 다음의 증상이 동반되지 않는지 확인해 보세요. 하나라도 '예'라는 답변이 있다면 병원에서 진료가 필요할 수 있습니다.

- 최근에 체중이 늘어나지 않거나 줄어들었나요?
- 설사나 변비처럼 변의 양상이 변했나요?
- 배를 아파하나요?
- 현재 열이 나거나 치료받는 질환이 있나요?
- 이유식 외에 분유 수유 양도 함께 많이 줄었나요?
- 잘 안 먹어서 소변 양이 줄지는 않았나요?(탈수)

일단 위의 질문에 해당되는 사항이 없다면 안심해도 좋습니다. 이어지는 내용에서 우리 아이가 먹는 양이 줄어든 이유가 있는지 살펴보기 바랍니다.

이제는 먹는 양이 줄어들 수 있습니다

아기는 키와 몸무게가 자라는 속도가 연령에 따라 차이가 납니다. 태어나서 처음 6개월 동안 성장 속도가 가장 빠르다가 생후 6개월이 지나가면 그 속도가 조금 줄어듭니다. 첫 6개월 동안 체중 증가 속도는 하루에 20~30그램 정도인데, 생후 6개월이 지나면 12~15그램으로 줄어듭니다. 키도 첫 6개월 동안은 평균 17센티미터 정도 자라지만 그 이후 6개월 동안은 8센티미터 정도 자랍니다. 돌이 지나면 키와 체중의 성장 속도가 점점 감소합니다.

아이들은 매일 똑같이 성장하지 않습니다. 위에서 말씀드린 수치는 평균적인 수치이고, 실제로 아이들은 계단식으로 자랍니다. 갑자기 확 크는 급성장기가 있고, 당분간 키와 몸무게가 유지되는 시기가 뒤따릅니다. 키와 체중이 자라는 것은 에너지가 많이 필요한 일입니다. 그래서 아이들의 성장 속도가 줄어든다는 것은 성장에 필요한 에너지가 줄어든다는 것을 의미합니다. 급성장기가 끝난 아이는 일시적으로 몸에서 필요한 열량이 줄어들고 배고픔을 덜 느끼게 됩니다.

우리 몸은 신기하게도 스스로 필요한 열량이 얼마인지 알고 그만큼 섭취하고 싶게 만듭니다. 성인의 배고픔은 평상시 생활 습관과 스트레스 등 영향을 끼치는 요소가 다양하게 있어 필요한 만큼 먹지 않기도 하지만, 아이는 다릅니다. 아이는 스스로 필요한 에너지가 적으면 적게 먹습니다. 아이가 최근 잘 자라 주었는데 별다른 이유 없이 갑자기 식욕이 줄어든다면, 아이가 스스로 먹는 양을 조절한다고 생각할 수 있는 것입니다.

급성장기 이후에 식사량이 일시적으로 줄어든 것을 걱정하지 마세요. 6개월 전보다는 천천히 자라지만 아직도 빨리 자라는 시기이고, 신체 활동이 점점 늘어나면서 먹는 양을 다시 회복할 것입니다. 오히려 늘어날 거예요! 생후 6개월까지 아이들의 하루 필요 열량은 500킬로칼로리이지만, 6개월에서 12개월까지는 600킬로칼로리이거든요.

이유식 자체의 영향일 수 있습니다

이유식을 잘 시작했더라도, 급성장기를 잘 넘긴 이후에도 식사를 거부하는 일명 '밥태기'가 많은 아이에게 찾아옵니다. 그 원인은 매우 다양합니다.

최근 추가한 재료를 아이가 싫어할 수 있습니다. 토핑 혹은 반찬식 이유식이라면 아이가 특정 재료를 거부하고 나머지 재료만 잘 먹는 모습을 통해 아이가 어떤 재료를 싫어하는지 볼 수 있습니다. 하지만 한 그릇 이유식으로 만들면, 아이가 싫어하는 한 가지 재료 때문에 이유식 자체를 거부하는 문제가 생길 수도 있습니다. 최근에 추가한 재료가 없는지 한번 확인해 보세요.

잘 먹던 재료를 갑자기 거부하는 아이도 물론 있습니다. 이런 경우 보통 식감과 관련된 경우가 많은데요. 조리법이 달라져서 평소 먹던 식감과 달라졌거나 기존에 먹던 식감이 지겨워질 때도 아이들은 먹는 것을 거부합니다. 참 까다롭죠. 그래서 최근 조리법을 바꿨다면 이전에 잘 먹던 조리법으로 돌아가 보고, 계속 먹던 대로 주었다면 조리법을 바꾸거나 이유식을 다음 단계로 올려 보는 방법을 추천합니다.

이유식 입자의 크기가 커지고 나서 먹는 양이 감소하는 경우도 있습니다. 아이가 식재료의 크기를 낯설어한다면 재료를 조금 더 작게 준비할 수 있습니다. 하지만 처음 몇 입은 잘 먹는데 금방 식사를 끝내려고 하는 아이라면, 스스로 식사 양을 맞추는 것일 수도 있습니다. 이유식 재료의 크기가 커지면 그만큼 열량의 밀도가 커지기 때문에 눈으로 보는 식사 양은 줄어들어 보일 수도 있고요. 이럴 때는 한 끼 식사 양을 조금 줄여 보는 것도 좋은 방법입니다. 아직 이유식을 하루 한두 끼 먹는 아이라면, 두 끼나 세 끼로 횟수를 늘려 볼 수 있습니다.

초보 부모 방탄 육아

수유 양이 많은 것일지도 모릅니다

아이가 이유식 먹는 양은 줄어드는데 수유 양을 유지하고 있다면, 지금 먹는 수유의 양이 너무 많아서 이유식을 거부하는 것은 아닌지도 의심해 보아야 합니다. 왜냐하면 하루에 먹어야 하는 총 열량은 오히려 줄어든 상태인데, 수유로 그 열량의 대부분을 채우고 있는 것일 수 있기 때문입니다.

새로 시작한 이유식보다 그동안 먹은 분유나 모유를 더 선호하는 아이들이 있습니다. 여러 가지 이유로 이유식에 대한 요구가 줄어든 아이들은 수유로 배를 채우면서 이유식을 더 멀리하기도 합니다. 이럴 땐 아래의 몇 가지 방법을 시도해 볼 수 있습니다.

수유를 이유식보다 먼저 하는 아이라면 이유식부터 먹이세요. 이때 중요한 것은 아이가 배고파하는 신호를 먼저 알아채는 것입니다. 보통 이유식을 아이가 배고플 때 먹이는 것이 좋다고 하여 수유보다 먼저 이유식을 주라고 합니다. 하지만 이 순서로 먹이기 힘든 경우도 생기는데요. 아이가 배고파하는 신호를 놓쳐 이미 울음을 터뜨리고 나면, 낯선 이유식은 거부하고 수유만 원하는 경우가 있습니다. 따라서 아이가 너무 배고파서 울기 전에 미리 배고픔을 알아채고 이유식을 주는 것이 좋습니다.

식사 일정을 바꿔 보는 것도 좋은 방법입니다. 이 경우에도 이유식을 먹이는 횟수를 늘리면서 자연스럽게 분유 양을 줄이는 것이 가능한데요. 아래의 예시를 참고해 보세요.

변경 전	변경 후
7시 아침 수유 200밀리리터 10시 이유식 50밀리리터 12시 점심 수유 200밀리리터 4시 오후 수유 200밀리리터 7시 저녁 이유식 50밀리리터 9시 저녁 수유 200밀리리터	7시 아침 이유식 40밀리리터 9시 아침 수유 200밀리리터 12시 점심 이유식 40밀리리터 3시 오후 수유 200밀리리터 6시 저녁 이유식 40밀리리터 9시 저녁 수유 200밀리리터
총 수유량 : 200*4 = 800밀리리터 총 이유식량 : 50*2 = 100밀리리터	총 수유량 : 200*3 = 600밀리리터 총 이유식량 : 40*3 = 120밀리리터

먹이는 순서를 변경하면 수유와 이유식의 간격이 마찬가지로 3~4시간을 넘기지 않으면서도 이유식 양을 늘리고 수유 양을 줄일 수 있습니다. 이 간격이라면 아이가 한 끼에 먹는 이유식 양이 더 늘어날지도 모릅니다.

수유 양이 줄어드는 것을 너무 두려워하지 마세요! 이유식을 먹는 단계에서는 수유 양을 하루에 500밀리리터 이상으로 유지하면 충분합니다.

간식을 주고 계시진 않나요?

아이가 밥을 잘 안 먹는 모습을 지켜보는 어른의 마음은 참 안타깝습니다. 그리고 곧 아이가 배고파하며 칭얼댈 모습을 상상하니 눈앞이 캄캄해지기도 합니다. 그래서 어른들이 자연스럽게 아이에게 건네주는 것이 간식입니다.

이유식을 거부하는 아이도 떡을 이용해 만든 과자인 떡뻥이나 달콤한 과일을 잘 먹는 경우가 있습니다. 그래서 이유식을 잘 안 먹는 경우 과자나 과일을 입에 물려 주곤 하는데요. 이 방법은 아이가 이유식을 더욱 거부하게 만드는 주범입니다.

간식은 이유식보다 아이들의 입맛에 더 잘 맞습니다. 하지만 간식은 여러모로 영양이 부족하여 식사를 대체할 수 없습니다. 열량이 높지만 다양한 영양소의 함유량은 적죠. 이건 어른도 마찬가지입니다. 우리가 먹는 디저트는 달고 자극적이어서 일반적인 식사보다 더 맛있게 느껴지지만, 영양이 부실하고 열량만 높아 식사로 대신 먹다가는 건강을 해치기 쉽습니다.

비타민, 무기질 등의 영양은 부족하지만 열량이 높기 때문에 간식이 식사와 같은 배부름을 불러온다고 생각해야 합니다. 즉, 이유식을 먹기 전 너무 배고파해서 간식을 준 경우에는 이미 식사를 한 번 한 것이기 때문에 진짜 식사인 이유식을 거부하는 것입니다. 소중한 식사를 간식으로 대체하면서, 건강한 식사를 통해 배우고 다양한 영양소를 섭취할 기회를 빼앗는 것입니다.

식사를 잘하는 아이라면 식사가 끝난 후에 간식을 줘도 좋습니다. 하지만 식사를 잘하지 않는 아이는 오히려 간식을 끊어야 합니다. 우리가 먹는 건강한 음식은 이런 맛이라는 사실을 이유식을 먹으며 알려주세요. 간식은 잘 먹은 식사 이후에 추가로 먹는 것임을 기억해 주세요.

이유식을 거부하는 아이에게 이렇게 하시면 안 됩니다!

간식을 준다

이 이야기는 위에서 다루었으니 넘어가겠습니다.

이유식에 간을 해 준다

이유식이 밍밍해서 잘 안 먹는 것은 아닌지 걱정되어 소금 간을 해 주거나 육수를 많이 넣어서 조리하는 경우가 있는데, 이는 잘못된 방법입니다. 짠 음식이 맛있지만 너무 짠 음식은 몸에 안 좋다는 것 모두 알고 있을 겁니다. 아이들은 몸에서 소금을 걸러 낼 능력이 부족하기 때문에 짠 음식은 건강에 매우 좋지 않습니다.

육수를 사용하는 것도 주의해야 합니다. 특히 멸치를 이용한 육수는 멸치의 짠맛이 국물에 우러나와 음식에 간이 될 수 있습니다. 이렇게 국물에 포함된 나트륨도 다 같은 나트륨입니다. 아이의 이유식을 굳이 육수를 내어 섞어 줄 필요는 없습니다.

아이가 몸에 필요한 소금(나트륨)의 양은 이유식에 포함된 재료 본연의 양으로 충분합니다. 어른이 먹기에 맛있는 음식은 아이에게 짠 음식입니다. 아이에게는 싱거운 음식이 딱 알맞은 음식입니다.

시판 이유식에 의존한다

여러 가지 이유로 이유식을 직접 만들지 못하고, 시중에 판매되는 제품을 사서 먹이는 경우도 많습니다. 몇 년 전만 하더라도 시판 이유식 공장에서 위생과 관련된 문제가 발생한 적이 있지만, 최근 믿을 수 있는 회사의 제품은 마치 반도체 공장을 연상시키는 매우 위생적인 공간에서 만들어진다고 하여 신뢰도가 높아지고 있습니다. 그래서 저도 시판 이유식을 반대하는 입장은 아닙니다. 하지만 시판 이유식을 먹일 때 몇 가지 주의할 점이 있습니다.

우선 아이에게 먹이기 전에 직접 맛을 보기 바랍니다. 아이가 잘 먹게 하기 위해서, 인위적으로 간을 했거나 짠 육수를 많이 넣어 맛있게 느껴지는 이유식을 만드는 회사가 간혹 있습니다. 아이는 어른이 먹기에 싱거운 음식을 먹어야 합니다. 짠 음식을 판매하는 회사는 피하거나 물이나 다른 재료를 넣어 간을 희석해 주세요.

최근에도 이유식 업체에서 재료 함유량을 속여 판매한 사실이 밝혀져, 시판 이유식에 대한 신뢰도가 다시 떨어진 사건이 있었습니다. 이 사건도 소고기의 양이 문제였는데요. 대부분의 시판 이유식은 아이들이 먹어야 하는 권장량을 겨우 채우거나 고기가 모자라게 함유되어 있습니다. 고기는 단백질과 철분 섭취를 위해서 매우 중요합니다. 제품에 함유된 양을 꼼꼼히 살펴보고 구매한다면, 걱정을 덜 수 있을 거예요.

아이가 갑자기 먹는 양이 줄어 부모님 마음을 철렁하게 하지만, 시간이 지나면 자신에게 필요한 양을 찾아가면서 양이 다시 늘어납니다. 어른도 매 끼니 똑같이 잘 먹지 않습니다. 그날의 상태와 신체 활동량, 기분에 따라서 입맛이 왔다 갔다 하죠. 우리 몸은 기계가 아닙니다. 매 끼니 똑같은 양을 잘 먹는 것은, 매 끼니 먹는 양이 달라지는

것보다 부자연스러운 일입니다. 아이의 건강에 이상이 없다면 마음을
놓고 조급해하지 않아도 좋습니다.

초보 부모 방탄 육아

중기, 후기 이유식 준비하기
육아 더하기

핵심 먼저!

지금 이유식을 잘 먹으면, 다음 단계를 시도해 보세요.(12개월이 되었을 때 목표가 한 끼 200밀리리터씩 하루 세 번이면 되어요.) 4세가 될 때까지는 질식의 위험이 있으니까 음식 크기와 식사 환경에 주의하세요.

이유식을 한 달 이상 했다면, 아이들은 이제 조금 더 큰 덩어리를 씹을 수 있는 준비가 되었습니다. 이제 더 이상 믹서나 다지기를 사용하지 않는다면 중기 이유식이라고 할 수 있는데요. 다른 이유식 책에서 나오는 크기 기준은 재료를 자로 재서 자를 것이 아니라면 참고만 하세요. 점점 볶음밥 크기로 재료를 키워 간다고 생각하면 충분합니다.

언제 이유식 단계를 넘어갈까?

초기 이유식을 먹던 아이에게 언제 중기 이유식을 줘야 하는지 궁금해하는 분이 많습니다. 자칫 잘못 주면 거부할까 봐 고민되지만 사실 간단합니다.

"지금 먹는 이유식을 꿀떡꿀떡 잘 먹으면 다음 단계를 시도한다!"

처음에는 아이가 이유식을 거부하다가 익숙한 재료는 걱정될 정도로 쉽게 삼키는 때가 올 것입니다. 바로 이때가 조금 더 큰 재료를 아이에게 시도해 볼 수 있는 절호의 기회입니다.

한 번에 재료 크기를 키워도 될까?

이유식 단계를 올릴 때, 한 번에 모든 크기를 키워서 주는 것은 좋은 생각이 아닙니다. 물론 잘 먹는 아이도 있지만 거부하여 뱉어내거나 심하면 기도로 넘어가 질식이 일어날 수도 있습니다.

그래서 두 크기를 섞어 가며 비율을 바꿔 보는 방법을 추천합니다. 예를 들면 하루는 원래 재료 8 새로운 크기 2, 다음 날은 5대 5, 그 다음 날은 2대 8로 올리며 아이가 적응하는 시간을 주고 다음 단계로 넘어가는 방법이죠.

아이 주도 이유식을 시도해 보세요

아이의 소근육이 발달하여 작은 물체도 잡을 수 있는 시기가 됩니다. 이렇게 아이가 발달하면 스스로 밥을 집어 먹을 수 있는 아이 주도 이유식을 시도해 볼 수 있는데요. 아이가 스스로 식사하며 식재료의 질감에 대한 이해를 높이고, 흥미를 유도하여 편식을 예방하는 효과가 있고, 소근육 발달과 인지 발달에도 도움이 되기 때문에 유익한 식사법입니다. 하지만 아직 미세한 운동이 서툰 아이들이 하기에 몇 가지 준비 사항이 필요하다는 사실을 기억하세요.

죽 이유식보다는 반찬식 이유식이 적합합니다

모든 재료를 한 그릇에 섞어서 내어 주는 죽 이유식은 아이 주도 이유식을 시작하는 데 적합하지 않습니다. 죽을 먹으려면 숟가락을 써야 하는데, 아이들은 아직 그런 도구를 사용할 만큼 소근육이 발달하지 않아 어려움이 많습니다.

대신 반찬식 이유식을 주면 아이가 반찬을 하나하나 집어서 먹을 수 있기 때문에 더욱 재미를 느끼며 스스로 먹게 됩니다. 이때 가로와 세로는 3~5밀리미터, 높이는 3~5센티미터 정도의 막대로 만들어 주면, 아이가 쉽게 반찬을 잡고 먹을 수 있습니다. 물론 막대도 아이의 혀로 쉽게 뭉갤 수 있는 질감으로 주어야 안전하게 먹을 수 있겠죠?

그렇다고 아이가 숟가락으로 전혀 못 먹는 것은 아닙니다. 아이가 사용할 수 있는 짧고 가벼운 숟가락으로 죽 먹기를 도전하게 해도 좋습니다. 대신 많이 흘리긴 할 거예요.

많이 흘리는 것을 대비하세요

아이 주도 이유식은 아이가 많이 흘리기 때문에 뒷정리가 매우 힘들다는 치명적인 단점이 있습니다. 그래서 마음의 대비를 미리 하는 것이 중요합니다.

아이가 흘리는 것을 최소화하기 위해 커다란 포와 같은 턱받이를 사용하고, 김장 날처럼 바닥에 비닐을 깔고 식사하는 집도 있습니다. 하지만 이러나저러나 흘린 것을 치워야 하는 것은 변함없는 사실입니다. 저도 여러 시도를 하다가, 나중엔 결국 다 흘리게 놔두고 식사가 끝나면 아이의 온몸을 물로 씻어 줬습니다.

아이가 많이 흘리면서 먹는다는 것은, 아이가 먹는 양이 모자랄 수 있다는 것을 의미합니다. 그럼 금방 배고파하고 심하면 탈수가 일어날 수 있겠죠. 그래서 이유식을 넉넉하게 준비하는 것이 좋습니다.

식탁에 붙는 그릇을 준비하세요

아이가 스스로 밥을 먹다 보면 그릇을 잡고 흔들고 던지기도 합니다. 이러면 준비된 이유식 전체를 버리게 되어 식사에 지장이 크게 발생합니다. 치울 것이 정말 많아지고요. 그래서 식탁에 붙는 아이용 접시를 사용하는 것이 여러모로 유용합니다. 이런 작은 준비가 큰 재앙을 막아 줍니다.

이유식은 얼마나 늘리면 좋을까요?

이유식 양이 점차 늘어나는 아이들이 생길 것입니다. 많이 먹어서 기특하기도 하지만, 어느 정도 먹는 것이 적당한지 감이 잡히지 않아 궁금해하는 분이 많은데요. 이유식을 먹는 아이들이 생후 12개월이 되어서 최종적으로 먹는 양의 목표는 다음과 같습니다.

"수유는 하루 500밀리미터 이상 유지하며, <u>한 끼에 200밀리리터씩 하루 세 번!</u>" 한 끼에 먹는 양이 많은데 아직 하루 두 번만 이유식을 주고 계신다면 세 번으로 횟수를 빨리 늘려도 좋습니다. 그리고 이유식 양이 늘며 수유 양이 줄어드는 것 때문에 걱정인 분들은, 하루 500밀리리터 이상 수유를 하고 있다면 이유식 양을 늘리는 것을 겁낼 필요는 없습니다.

중기 이유식까지만 하더라도 이유식에 수분이 굉장히 많이 포함되어 있습니다. 그래서 이유식을 많이 먹는다고 해서 생각보다 칼로리 섭취가 많지 않을 수 있습니다. 오히려 이유식 양이 느는 것이 두려워 천천히 늘리면서 수유 양이 그대로인 아이들은 비만이 생길 위험이 높아집니다.

과일을 줘도 되나요?

인터넷을 보면 이유식은 모두 푹 익혀서 주어야 하니 과일도 익혀서 주어야 한다고 말하는 사람들이 있습니다. 하지만 이 말은 잘못된 주장입니다. 이유식 하는 아기에게는 과일을 그냥 주어도 좋습니다.

과일은 신선하기만 하면 껍질을 벗겨서 아이에게 주면 됩니다. 단지 아기가 혀로 씹을 수 있는 식감인지 생각해야 하는데요. 바나나와 키위같이 부드러운 식감의 과일은 작은 크기로 잘라서 줘도 좋지만, 사과와 배같이 단단한 과일은 갈아서 퓌레 형태로 주거나 과즙 망에 담아 즙을 짜서 먹게 하는 것이 안전합니다. 하지만 즙만 먹으면 섬유질을 섭취할 수 없기 때문에 퓌레 형태로 주는 것을 추천합니다.

포도같이 동그랗고 미끄덩한 식감의 과일은 주의해야 하는데요. 아이에게 질식이 발생할 수 있기 때문입니다. 아이에게 질식을 일으킬 수 있는 식재료에 대해서는 다음에서 설명하겠습니다.

질식을 주의하세요!

이제 점점 크기가 큰 음식을 먹다 보면 질식의 위험이 높아집니다. 만 4세가 될 때까지는 항상 질식의 위험이 있기 때문에 아래의 주의 사항을 반드시 지켜야 합니다.

- 안정적으로 앉은 상태에서 식사하게 하세요. 아이가 눕거나 울거나 웃을 때 음식을 주면 음식이 기도로 잘못 넘어갈 확률이 높습니다.
- 동그랗고 미끄덩하거나 단단한 식재료는 더 작게 잘라서 주세요. 대표적인 식재료로 포도, 땅콩 등의 견과류, 콩, 젤리, 캐러멜, 마시멜로우, 동그란 모양의 치즈, 팝콘 등이 있습니다.
- 생선 가시는 철저히 발라서 주세요.
- 한 번에 너무 많은 양을 먹게 하지 마세요.

이유식 레시피

중기 이후 이유식을 먹는 아이를 위한 바나나빵 만들기

준비물: 쌀가루(혹은 밀가루) 40그램, 바나나 1개, 계란 1개, 아기용 요거트 1통, 컵케이크용 빵틀

1) 껍질을 깐 바나나를 포크 등으로 잘게 으깨 줍니다.
2) 으깬 바나나에 쌀가루(혹은 밀가루)와 계란, 요거트를 넣고 잘 섞어 반죽을 만듭니다.
3) 반죽의 점도가 슈크림 정도가 되면 완성이지만, 너무 묽다면 쌀가루

(혹은 밀가루)를 더 넣어 주고 너무 되직하면 물을 조금 넣어 주세요.

4) 완성된 반죽을 빵틀에 넣어 주세요.

5) 오븐이나 에어프라이어 160도에서 22~24분 구워 주세요.

*굽는 온도와 시간은 기계마다 차이가 있습니다. 색깔을 보면서 확인

해 주세요.

*아기가 안전하게 먹을 수 있는, 알레르기가 없는 식재료로 만드세요.

5장.

10~12개월
우리 아기 지키기

: 낙상 사고와 열성 경련 대처법,
돌발진 알아 두기, 아플 때 음식 먹이기

키는 75센티미터, 몸무게는 10킬로그램까지 자랍니다.
이제 아이는 첫걸음을 떼고, 세상을 향해 한걸음 나아갑니다.
독립성이 커지며 말을 안 듣기도 하지만,
"엄마!" "아빠!" 한마디에 마음이 녹습니다.

조금씩 걷기 시작해요
운동 발달

핵심 먼저!

걷기가 늦다면 15개월까지는 기다려 주세요. 걷도록 유도하는 놀이를 해 주면 좋아요. 절대 다른 아이와 비교하지 말아요.

두 발로 걷는다는 것은, 신체적으로 연약한 인간이 생태계의 최상위 포식자가 될 수 있게 한 아주 강력한 무기입니다. 인간은 두 발로 걸을 수 있어 두 손으로 다양한 도구를 사용합니다. 키가 커지니 더 먼 곳을 볼 수 있고, 몸의 회전이 자유로워 주변을 둘러보고 탐구하기 좋습니다.

두 발로 걷는다는 것은 이렇게 큰 의미를 갖습니다. 그런 의미에서 저는 아이들이 두 발로 걷게 되는 만 12개월, 즉 첫 생일을 더욱 특별하게 축하해 줍니다. 이전까지는 인형처럼 귀여운 아가였다면, 이제는 정말 사람다워지는 모습을 관찰할 수 있습니다.

걷는 데 왜 1년이나 걸릴까?

두 발로 걷기는 사실 굉장히 어려운 운동입니다. 우리 몸 전체의 무게를 두 다리의 힘으로 이겨 내서 발바닥의 좁은 면적으로 균형을 잡고 다리와 골반, 허리 관절까지 조화롭게 움직여야 겨우 걸을 수 있습니다. 그래서 1년이라는 시간이 걸리는 것이죠. 몸을 일으키는 법을 배우고, 균형 감각을 익히고, 걸을 때 다리를 어느 정도로 들고 어느 순간에 움직이는지 배우는 것은 하루 이틀 만에 될 일이 아닙니다.

그래서 아이들이 돌 즈음이 되어 걷기 시작한다고 하더라도 아직 걷는 자세가 엉성합니다. 아이들이 자연스럽게 걷고 잘 뛰기 위해서는 적어도 3년이라는 시간이 필요합니다. 그전까지는 대부분의 아이가 뒤뚱뒤뚱 걷거나 뛰는 모습을 보이죠. 참 사랑스러운 모습입니다. 이렇게 설명하면 정말 많은 분이 이 질문을 합니다.

"다른 동물은 태어나자마자 기어다니는데, 왜 사람은 기어다니지도 못할 이른 시기에 태어나나요?" 이 의문을 설명하기 위한 가설은 여러 가지가 있고, 정답을 아는 사람은 아무도 없을 것입니다. 제가 생각하는 가장 설득력 있는 가설은 인간의 이족 보행이 원인이라는 것입니다.

이족 보행은 아기가 일찍 태어날 수밖에 없는 상황을 만들었는데요. 일단 네 발로 걷는 동물에 비해 두 발로 걷는 사람의 골반 각도가 좁아, 태아가 너무 크기 전에 출산해야 합니다. 그리고 태아가 너무 무거워지면 골반과 그 안의 장기가 눌려 건강에 이상이 생길 수 있습니다. 그래서 인간은 다른 동물에 비해 이르게 출산하고 자기 몸을 가누지 못하는 연약한 아이가 태어나는 것입니다.

어떻게 걷게 할까?

　아이들은 평균적으로 10개월이면 잡고 서는 운동을 본능적으로 해냅니다. 물건을 잡고 옆으로 걸으며 이동하는 운동도 스스로 잘 해내는 아이들이 많습니다. 하지만 아무것도 잡지 않고 걷는 것은 아이마다 시도하려는 의지가 크게 다른데요. 겁도 없고 타고난 균형 감각이 뛰어난 아기는 걱정이 없지만, 도통 걸으려고 하지 않는 아기는 어떻게 하는 것이 좋을지 많은 부모님이 고민합니다.

　타고난 조심성이 많거나 균형 감각이 조금 좋지 않은 경우, 체중이 많이 나가는 경우에 걷기 시작하는 시기가 늦은 경향이 있습니다. 이런 아이의 대부분은 시도조차 하지 않으려고 하니 옆에서 지켜보기에는 매우 답답합니다. 말이라도 잘 통하면 모르겠는데 아기가 내 말을 알아듣는 것이 아니니 직접 가르치기도 어렵습니다. 이럴 때 필요한 요령이 하고 싶게 만들기입니다. 제가 추천하는 방법은 이렇습니다.

1. 우선 아이가 넘어져도 안전한 장소를 준비해 주세요.
2. 아이가 잡고 설 수 있는 칸막이나 소파 같은 가구를 준비합니다.
3. 아이가 좋아하는 장난감이나 간식을 준비합니다.
4. 아이가 잡고 서 있을 때, 아이 손이 살짝 닿지 않는 곳에 장난감 혹은 간식을 손으로 들고 아이를 부르세요.
5. 처음에는 아주 가까운 곳에서 손을 뻗으면 닿을 수 있게 하다가, 점점 더 거리를 멀게 합니다.

이런 방법을 사용하면 아이가 걸어야 목표물을 잡을 수 있다는 의식을 가지고 용기를 내게 됩니다. 그리고 넘어지는 것에 대한 공포보다 목표물을 향한 집념이 더 강해서 잠시 겁을 잊을 수 있습니다. 물론 이 방법을 사용한다고 아이가 바로 걷는 것은 아니니, 시간을 두고 반복하세요.

걷기를 도와주는 장난감도 있습니다

쇼핑카트 같은 모양을 가지고 있어 아이가 밀고 다닐 수 있는 장난감이 요즘 많이 나왔습니다. 아이들이 보통 가구 등을 잡고 걸을 때는 옆으로 걷는데, 이런 장난감을 활용하면 앞으로 걷는 것에 대한 감각을 익힐 수 있어 도움이 됩니다.

하지만 이러한 장난감을 고를 때 안전을 위해 반드시 확인해야 하는 기능이 있습니다. 바로 바퀴가 너무 잘 굴러가지는 않는지 확인해야 합니다. 바퀴가 잘 굴러가지 않는 제품으로 고르세요.

밀면 잘 밀리는 장난감이 걷기에는 물론 더 도움이 됩니다. 하지만 그 반대의 제품을 골라야 하는 이유는 바로 안전입니다. 아이들이 밀고 다니는 장난감을 사용하다 보면, 몸의 균형이 맞지 않거나 과도하게 흥분하여 장난감을 세게 밀 수 있습니다. 이때 너무 잘 밀리는 장난감을 사용할 경우, 장난감만 앞으로 밀리며 아이가 균형을 잃고 넘어질 수 있습니다. 이런 경우 앞으로 넘어지기 때문에 아이의 얼굴이 다치거나 치아와 부딪힌 입 안쪽에 피가 나고 심하면 치아의 손상까지 초래할 수 있습니다.

한 가지 더 생각해야 하는 점이 있는데요. 조심성이 많은 아이들은 이런 장난감을 잡고 걷는 것까지는 잘하더라도, 장난감을 손에서 놓고 혼자 걷는 것은 무서워하여 시도하지 않을 수 있다는 것입니다. 이런 경우에는 위에서 알려드린 방법을 시도해 보면 좋습니다.

늦게 걷는 아이, 언제까지 지켜봐야 될까요?

아이가 돌이 지나도 걷지 않는다면 걱정되는 것이 부모의 당연한 마음입니다. 그래서 언제까지 지켜봐도 되는지 진료실에서 많이 질문하는데요. 그럴 때는 이렇게 대답합니다. "15개월까지 기다려 보세요."

아이의 성장과 다른 발달이 모두 건강하다면 15개월까지 기다려 볼 수 있습니다. 체중과 근력에 따라 걷는 것을 늦게 시도하는 아이가 있기 때문입니다. 하지만 16개월부터는 아이가 걷지 못하는 이유에 대한 정밀 검사가 필요할 수 있습니다. 어딘가 아픈 곳이 있어 걷지 못하는 것은 아닌지, 다리 쪽 운동 발달이 느려 치료가 필요한 것은 아닌지 평가를 받고 필요하면 도움을 받는 것이 좋습니다.

만약 아이가 다른 발달도 함께 느리다면 15개월까지 기다리지 않고 정밀 검사를 받는 것이 좋습니다. 여러 발달 분야에 함께 이상이 있는 경우라면 질환이 있을 가능성이 있을뿐더러, 걷기 연습만이 아니라 다각도의 전문적인 발달 치료가 필요한 상황일 수 있기 때문입니다.

이런 모든 상황은 영유아 건강검진을 받는다면 미리 확인할 수 있습니다. 아이 발달에 대해 걱정되는 부분도 진료 시 상담을 통해 속 시원한 답변을 들을 수 있으니, 이 시기 영유아 건강검진을 꼭 놓치지 마세요!

빨리 걸으면 좋은 것일까?

걸음마가 빠른 아이는 10개월 전후에도 걷기 시작합니다. 아이의 첫걸음은 말로 표현할 수 없는 감동의 순간이고, 이 어려운 발달을 다른 아이보다 빨리 성공한다면 그 뿌듯함도 이루 말할 수가 없죠. 하지만 아이가 빨리 걷는다고 꼭 좋다고만 말할 수는 없습니다.

"아이가 빨리 걸으면 안짱다리가 된다."는 어른들의 말을 이야기하는 것이 아닙니다. 아이들은 원래 안짱다리, 즉 오(O) 모양의 다리를 갖고 있습니다. 그것은 아이가 너무 빨리 걸어서 무릎이 체중을 견디지 못해 생기는 이상이 아닙니다. 아이들은 버틸 만하니까 걷는 것입니다. 아이들의 다리 모양에 대한 자세한 내용은 240쪽에서 설명했으니 다시 한번 복습하면 좋겠습니다.

아이의 발달이 빠르다는 것은 부모로서는 뿌듯한 일이 맞습니다. 하지만 이 점을 가지고 다른 아이보다 우리 아이가 더 우수하다고 말할 수 없습니다. 누구 집 아이가 더 빨리 걸었는지, 누가 더 말이 빨리 트였는지를 가지고 다른 아이와 비교하는 분이 있습니다. 단순히 비교만 하면 모르겠지만, 은연중에 다른 아이를 무시하는 분도 있고 정상적으로 발달하는데도 과도하게 불안해하는 분도 있죠.

아이들은 성향에 따라 쉽게 도전하는 아이가 있고 그렇지 않은 아이가 있습니다. 잘은 못 하지만 어설프게라도 성공하는 아이가 있는

초보 부모 방탄 육아

반면, 완벽히 해내기 전까지는 도전하지 않는 아이도 있죠. 그렇기 때문에 아이들의 발달 속도가 우수함을 뜻하는 것이 절대 아닙니다.

비교는 아이를 키우면서 절대로 해서는 안 되는 것입니다. 아이와 어른 모두에게 대부분의 불행은 비교에서 생기기 마련입니다. 발달 속도가 정상 범주에 들어간다면, 그 아이는 자신만의 속도로 잘 커 가고 있는 것입니다. 잘 해내고 있는 우리 아이를, 남과의 비교를 통해 바라보지 않았으면 좋겠습니다.

우리 아이는 정말 힘든 일들을 해내고 있습니다. 발걸음 하나하나를 자세히 살펴보고, 그 자체로 칭찬하고 사랑해 주세요. 우리 아이는 존재만으로도 칭찬과 사랑을 받을 자격이 충분하니까요.

엄마아빠 말하기 시작해요
언어 발달

핵심 먼저!

언어 발달의 핵심 요소는 교감, 교류, 피드백입니다. 가르치려 하지 말고 보여 주세요.

아이를 키운다는 것은 감동적인 순간이 가득한 일이지만, 첫 1년 동안 가장 기억에 남는 순간을 꼽으라고 하면 모든 부모님은 같은 순간을 고를 겁니다. 바로 엄마를 엄마라고 부르고 아빠를 아빠라고 부르는 순간 말이죠.

지금까지의 옹알이는 아이가 혼자 소리 내는 행동 자체를 즐기거나 어른이 말하는 것을 따라 하는 수준이어서, 의미가 담긴 언어라고 말하기 어려웠습니다. 하지만 드디어 아이는 본인의 의도를 담아서 의미가 담긴 단어를 말하기 시작합니다. 이것은 내 아이가 나를 불렀다는 감동에 더하여 아이가 그만큼 똑똑해졌다는 사실을 의미합니다.

교감, 교류, 피드백을 기억하세요

아이가 처음 엄마아빠를 말할 때의 감동적인 순간에 과연 부모님은 어떤 반응을 보일까요? 백이면 백, 아이의 눈을 바라보며 "엄마라고 했어?!" 하고 기뻐할 겁니다. 그리고 "엄마 해 봐, 엄마!"라고 다시 말할 겁니다. 놀랍게도 이때 보이는 반응에 아이의 언어 발달에 중요한 요소가 모두 담겨 있습니다.

- 눈을 마주 본다 → 교감
- 기뻐한다 → 정서적인 교류
- 다시 말해 준다 → 피드백

교감과 정서적인 교류가 언어 발달에 얼마나 중요한지 여러 차례 말했지만, 이 두 가지야말로 아이가 스스로 말을 하고 싶도록 만드는 가장 중요한 요건입니다. 아주 강력한 동기 부여가 되는 것이죠.

다른 공부도 마찬가지이지만, 언어는 특히 동기 부여가 강하게 있어야 스스로 더 잘 배울 수 있습니다. 물론 지금 시기의 아이에게 "지금부터 말을 빨리 배워야, 책도 빨리 읽게 되고 공부도 잘하고 훌륭한 사람이 된다." 따위의 말로는 전혀 동기 부여가 되지 않죠. 아이에게 절실한 것은 부모님과 소통하고 싶은 마음입니다. 그렇기 때문에 정서적인 교감과 교류가 아이들의 언어 발달에 중요하다고 강조하는 것입니다.

아이가 말을 배울 때, 발화를 돕고 올바른 발음을 돕는 방법 중 하나가 피드백입니다. 아이를 가르친다고 생각하면 어려울 것 같지만, 사실 피드백은 전혀 어렵지 않습니다. 아이가 처음 "엄마"라고 했을 때, "엄마라고 다시 해 봐!"라고 말하는 모습이 바로 피드백입니다.

언어 발달에서 피드백은 아이가 한 말을 어른이 올바른 발음으로 다시 한번 말해 주는 것입니다. 아이는 어른이 말한 올바른 발음을 듣고, 본인이 발음한 소리와 비교하며 자기 발음을 교정해 갑니다.

아이가 더 알아듣기 좋게 하려고 혹은 아이와 눈높이를 맞추기 위해서 아기의 발음을 따라 하는 일명 '아기어'를 사용하는 부모님도 많습니다. 사실 저도 아기의 발음이 귀여워서 "뭐뭐 해쪄?" 하고 따라 하기도 했는데요. 사실 아기어의 사용은 언어 발달 측면에서 아기에게 도움이 되지 않습니다. 아기는 어른의 언어를 듣고 배우기 때문에 발달을 위해서는 올바른 발음을 알려 주는 것이 좋습니다.

가르치기가 아니라 보여 주기

"아이를 가르치려고 하지 마세요. 아이는 부모를 역할 모델로 생각하고 우리를 따라 하며 배워 갑니다." 제가 실제 육아하면서 항상 마음에 되뇌는 내용이자, 부모님들께 발달에 대해서 조언할 때 항상 꺼내는 이야기입니다. 이 책에서 발달에 대해 말한 내용은 모두 이 생각을 기본으로 한 것입니다.

우리는 아이의 발달을 자극할 때 가르치는 마음으로 접근하는 경우가 많습니다. 특히 아이가 말과 운동을 시작하면 그런 마음이 더 들기 마련입니다. 물론 발달에 어려움이 있어 실제로 도움이 필요한 아이도 있지만, 대부분의 아이에게 발달은 주위 어른을 보고 배우는 것입니다.

《정글북》이라는 소설을 책이나 만화, 영화로 본 분들이 많을 겁니다. 늑대 부모에게 정글에서 길러진 "모글리"라는 주인공이 여러 역경을 딛고 인간 사회로 돌아와 적응하는 것을 보여 주는 이야기인데요. 소설의 주인공인 모글리는 주위에 사람 대신 늑대와 동물만 있는 환경에서 자라다 보니, 사람처럼 말을 하거나 두 발로 걷지 못하고 동물과 비슷한 행동 양상을 보입니다.

우리도 만약 주변에 두 발로 걷는 사람이 없다면 두 발로 걸으려고 하지 않았을 것입니다. 그리고 우리 주변에 언어를 사용하는 사람이 없다면, 언어라는 것의 존재도 알지 못했을 것입니다. 사람이 보이는 발달의 모든 것이 본능에 의한 것은 아닙니다. 우리는 자신도 모르게 주위의 어른을 모방하며 배웁니다. 특히 이족 보행과 언어 발달과 같이 고차원적인 발달은 더욱 그렇습니다. 그리고 그 뒤로 아이가 보이는 고차원적인 발달인 사회성 또한 어른을 보며 배워 갑니다.

교육자가 아니라 역할 모델이 되어야 한다는 사실은, 아이를 어떻게 대하고 부모로서 어떤 인생을 살아야 하는지에 대해서 큰 방향을 결정합니다. 아이에게는 대단한 교육보다 올바른 역할 모델이 필요합니다. 광고에서 말하는 반드시 사야 하는 교구나 교재는 없습니다. 하지만 아이에게 모범을 보여 줄 어른은 반드시 필요합니다.

말을 가르치려고 하지 말고 "좋은 말을 많이 해 주고 많이 대화해 주세요."

인사를 해야 한다고 가르치지 말고 "이웃에게 먼저 인사하세요."

친구들과 잘 지내야 한다고 가르치지 말고 "주변 사람들과 잘 지내는 모습을 보여 주세요."

행복하게 살아야 한다고 가르치지 말고 "부모님의 인생이 행복하도록 노력하세요."

말 안 듣고 혼자 하려 해요
인지, 사회성 발달

핵심 먼저!

아이가 시도하고 실패하도록 기다려 주세요. 부모님 스스로 체력을 기르고
잘 분배해야 해요.

아침에 알아서 일어나서 옷을 갈아입고, 아침 식사도 스스로 하고,
유치원이나 학교 갈 준비를 스스로 하는 모습은 아이를 키우는 집이
라면 모두 꿈꾸는 모습일 겁니다. 이런 모습은 프랑스식 육아에 관한
다큐멘터리를 보면 흔히 보는 것으로, 우리나라 부모님들이 프랑스의
독립적인 아이들의 모습에 감명을 받아 프랑스식 육아에 대한 관심이
높아지기도 했습니다. 하지만 이런 독립심은 공짜로 길러지는 것이
아닙니다. 그 과정이 매우 험난하죠.

혼자 이유식 먹겠다고 숟가락을 잡고 음식을 온 집 안에 흩뿌리고,
손으로 이유식을 만지작거리면서 온몸에 밥을 적시는 것, 돌이 가까
워지는 아이의 전형적인 모습입니다. 어찌나 혼자서 먹으려고 하는지

부모님이 먹여 주려는 것을 고개를 돌려 완강히 거부하기도 하죠. 어떻게 보면 이 험난한 과정이 아이의 독립심을 키우는 첫걸음입니다.

아이의 독립심이 강해지면서 무엇이든 혼자 해내려고 노력하는, 그 과정에서 집안일이 몇 배로 늘어나는 이 시기를 현명하게 넘기는 것은 매우 중요한데요. 한 가지 중요한 현실을 더 알려 드리자면 지금이 가장 편할 때라는 것입니다. 아이는 앞으로 더 많은 것을 혼자 하려고 하고, 양육자는 아이가 스스로 해내도록 도와주어야 합니다. 그런데 아이가 스스로 하려고 할수록 어른이 챙겨 주어야 하는 일도 늘어납니다. 그래서 부모님이 먼저 지치고 결국은 이런 생각을 하게 됩니다. '차라리 내가 해 주고 말지.'

실패를 기다려 주기

우리나라 교육은 생각하는 과정보다는 정답을 맞히는 것에 더 집중했습니다. 앞으로 어떻게 변할지 모르지만, 적어도 지금 부모님 세대와 그 이전 세대에는 그랬죠. 수학 공식이 어떤 의미인지 이해하는 것보다는 공식을 잘 외워 정답을 맞히는 것이 중요했고, 영어가 실제로 어떻게 쓰이고 있는지보다 문법을 잘 외워 문제를 맞혀야 훌륭한 학생이었습니다.

교육의 영향 때문일까요? 아니면 우리나라 사람들의 빨리빨리 성격의 영향일까요? 우리나라의 많은 부모님은 아이의 실패를 지켜보기 매우 힘들어합니다. 아이가 실수하고 실패하며 배워 나간다는 걸 잘 알면서도, 내 아이가 정해진 방법대로 하지 않으면 행동을 고치려고

초보 부모 방탄 육아

합니다.

아이가 옷을 혼자 입으려고 끙끙대는 것도, 신발을 반대로 신는 것도, 장난감을 자기 마음대로 가지고 노는 것도, 부모님이 준비해 준 놀잇감을 부모님의 의도대로 갖고 놀지 않는 것도 모두 아이에게는 소중한 경험입니다. 정해진 규칙대로라면 실패일지 몰라도, 아이가 결국 올바른 방법을 찾아 가는 시행착오가 되고 창의력이 자라나는 소중한 기회가 되기도 합니다.

아이의 독립성을 지켜 주는 것이 중요하다는 것은 다들 알고 있지만, 자기 마음대로 하는 아이를 지켜보는 것은 왜 이렇게 힘들기만 할까요? 왜 우리는 자꾸 "이렇게 해야 해."라고 옆에서 아이의 행동을 고쳐 주는 것일까요?

우리가 받아 온 교육, 우리 민족의 특징은 우리가 고칠 수 없는 문제이기 때문에 오롯이 그것 탓을 하는 것은 육아에 도움이 되지 않습니다. 그렇다면 우리가 아이들에게 더 나은 환경을 마련해 주기 위해서 어떤 노력을 할 수 있을까요?

저는 그 답을 여유에서 찾았습니다. 여유라는 것은 사실 여러 가지 측면에서 생각해 볼 수 있습니다. 사회적인 여유, 경제적인 여유, 시간적인 여유 등등. 그중 사회적 경제적인 여유는 우리가 바꾸기가 어려운 문제이고, 시간적인 여유에 관해서도 현실적인 장벽이 가로막고 있는 경우가 많습니다.

하지만 우리의 의지로 어느 정도 조절할 수 있는 부분도 있습니다. 바로 체력의 여유입니다. 부모님이 아이가 보이는 제멋대로 행동에 화가 나는 이유 중 가장 큰 것은 체력적으로 지치기 때문입니다. 그래서 우리는 체력의 여유를 더 가지기 위해 노력해야 합니다. 체력적인 여유를 확보하기 위해서는 크게 두 가지 방법을 생각해 볼 수 있습니다.

- 체력을 기르는 것
- 체력을 잘 배분하는 것

육아는 종종 마라톤에 비유되곤 합니다. 마라톤 선수가 경기를 완주하기 위해서는 체력을 기르고, 경기 전에 체력을 잘 배분해야 합니다.

운동을 해야 하는 이유

체력을 기르는 일은 장기적인 관점에서는 중요한 문제입니다. 체력을 기르라고 말씀을 드리면 운동을 가장 먼저 생각할 겁니다. 하지만 운동을 하기 위해서는 시간이 필요합니다. 잠자는 시간도 모자라는 상황에서는 하루 30분 걷기도 사치일 수밖에 없습니다.

그럼에도 부모님이 운동하는 것은 매우 중요합니다. 앞으로 아이의 체중이 점점 늘어날 텐데 그에 맞는 근력을 갖는 것이 중요하고, 아이의 활동 범위가 커질수록 체력을 써야 하는 일도 많아지기 때문입니다. 그리고 체력을 기르는 일을 게을리 하다 보면 체력이 더욱 감소할 수밖에 없습니다.

저도 아이가 태어나고 일과 육아를 병행하면서 체력이 많이 나빠지고 체중도 점점 증가하는 것을 경험한 뒤로, 운동의 중요성을 느끼고 꾸준히 해 오고 있는데요. 바쁜 시간을 어떻게 쪼개어 운동을 할 수 있는지 세 가지 팁을 알려드립니다.

5~10분의 짧은 홈 트레이닝을 합니다

요즘 유튜브 같은 영상 플랫폼에는 짧은 시간 동안 집에서 할 수 있는 운동 정보가 정말 많이 있습니다. 꼭 힘든 것을 할 필요는 없습니다. 할 만한 영상을 골라 아침에 10분만 일찍 일어나서 해 보세요. 이왕이면 근력 운동이 포함된 것이 좋습니다. 아이는 점점 더 무거워지고 힘이 세지기 때문입니다.

부부 혹은 양육자가 서로 운동 시간 품앗이를 합니다

저희 부부는 서로 운동 시간을 확보하기 위해 운동 시간 품앗이를 합니다. 아이 때문에 운동할 시간이 나지 않는 경우에는 하루씩 번갈아 가며 아이를 전담하고, 서로에게 30분에서 1시간을 확보해 줍니다. 맞벌이 부부라면 번갈아 가며 서로 시간을 확보해 주는 것도 좋습니다.

육퇴 후 시간을 활용합니다

운동은 체력을 기르는 데 가장 기본적이고 중요한 습관이지만, 더 쉽게 건강과 체력을 챙기는 방법이 있습니다. 바로 야식과 술을 줄이는 것입니다.

육퇴 후 맥주 한 잔이 마치 육아의 정석처럼 알려진 시대입니다. 술을 마시면 육아로 인해 받은 스트레스가 풀리는 것 같지만, 음주가 스트레스를 푸는 데 도움이 되지 않는다는 사실은 의학적으로 밝혀진 사실입니다.

저도 사실 야식과 맥주 한 잔을 좋아하던 사람이지만 지금은 최대한 자제하고 있는데요. 매일 마시는 술 한 잔 덕분에 뱃살과 체중이 늘어나고 밤에 잠도 푹 자지 못하면서 체력이 나빠지는 것을 직접 경험했기 때문입니다. 실제로 음주는 깊은 숙면을 방해합니다.

그래서 육퇴 후 술 한 잔 대신 다른 활동을 하는 것도 체력에 매우 큰 도움이 됩니다. 아이가 잠이 들면 아무리 힘들더라도 하루 10분 운동을 실천하거나, 평소 읽고 싶던 책을 읽고 오늘 하루 있었던 일에 대해 부부가 서로 대화를 나누는 것도 건강한 방법입니다. 그리고 이 시간 동안 앞으로 어떻게 아이를 키워 나갈지 양육자들이 서로 의견을 나누고 고민을 하는 것도 중요합니다.

체력 분배도 중요합니다

육퇴 후 시간 활용에 대해 조언하면 이렇게 생각하는 분들이 있습니다. "집안일이 얼마나 많은데 그런 일을 하라는 겁니까?!"

육퇴 후의 삶이 얼마나 바쁜지 저도 잘 압니다. 아이와 함께 하면서 하지 못한 개인적인 일이 산더미처럼 쌓이고, 아이의 밥을 미리 준비하고 빨래와 청소도 해야 하죠. 그럼에도 제가 그 시간을 활용하라고 말씀드린 것은 야식 먹는 시간 대신 하라는 의미가 가장 큽니다.

또 중요한 것은 체력 분배, 즉 시간을 분배하는 것입니다. 아이 돌보느라 정작 자신은 돌보지 못하는 부모님들께는 꼭 주변에 도움을 요청해서 시간을 확보하라고 말씀을 드립니다. 집안일과 육아에 부부가 함께 참여하는 것이 가장 이상적이고, 아이를 돌보는 일에 도움을 주는 아이의 조부모님이나 도우미의 도움을 받고 그 시간을 활용하는 것도 좋습니다. 두 가지 방법을 이용하기 어려운 분들은 주위를 둘러보면 도움을 받을 수 있는 곳이 있습니다. 지자체에서 운영하는 돌봄센터나 어린이집 같은 기관의 도움을 받을 수도 있죠. 경제적으로 어려운 분은 지방자치단체에서 지원받는 방안이 있으니 거주하는 곳의 행정복지센터에 문의해 보는 것도 중요합니다.

아직 어린 아이를 기관에 맡기는 것을 부정적으로 생각하는 분도 많습니다. 아이가 부모님과 함께해야 더 똑똑하게 자란다는 이야기도 있고, 아이를 다른 사람의 손에 맡기는 것 자체가 불안하기도 하죠.

하지만 아이가 집에 있다고 해서 아이에게 집중할 여유가 없다면, 아이가 집에 있는 것보다 어린이집에 갔을 때 더 다양한 활동을 할 수 있다는 생각이 든다면, 아이를 돌보는 일이 더 이상 행복하지 않고 부정적인 생각만 든다면, 도움의 손길을 뻗는 것을 나쁘게 생각하지 마세요.

부모님이 행복한 가정에서 아이는 진정으로 사랑받을 수 있습니다. 모든 책임을 부모님이 오롯이 짊어지려고 하지 마세요. 아이들은 생각보다 더 잘 적응하고, 집과 다른 환경에서 다양한 기회를 통해 더욱 독립적인 아이로 자랄 수 있습니다. 그 시간 동안 체력을 회복하고 함께 있는 시간 동안 아이에게 잘해 주는 것이 아이를 더욱 위하는 길입니다.

훈육,
시작해도 될까요?

> **핵심 먼저!**
>
> 훈육은 혼내는 게 아니에요. 울타리를 만들고 그 밖에서는 제지와 교육을,
> 그 안에서는 보호와 애착을 주는 거예요.

이렇게 어린 아이도 훈육을 해도 될까요?

아이가 걸어 다니기 시작하면 사고뭉치가 됩니다. 위험한 상황이라도 발생하면 큰소리가 목 끝까지 올라오다가도, 훈육을 시작하기에 너무 이른 시기가 아닌가 싶어 고민되는 경우가 많습니다.

훈육은 혼내는 것이 아닙니다

훈육이라는 단어에 거부감이 드는 것은 훈육을 '혼낸다'라고 생각하기 때문인 경우가 많습니다. 하지만 표준국어대사전에서 훈육의 첫 번째 뜻은 "품성이나 도덕 따위를 가르쳐 기름"이라고 되어 있습니다. 다른 어디에도 혼낸다는 의미는 없습니다. 이런 의미의 훈육이라면

각 잡고 혼내는 것이 아니라, 평상시에 아이의 행동에 대해 알려주는 모든 가르침을 의미하니 언제 시작해도 이르지 않습니다.

무조건적인 허용과 건강한 좌절

좌절이라는 단어는 어감이 좋지 않습니다. 아마도 우리가 살아오며 겪었던 많은 경험 때문일지도 모릅니다. 그래서 내 아이는 이런 감정을 느끼지 않았으면 하는 마음에 아이의 행동을 무조건적으로 허용하는 분들이 있습니다.

하지만 아이는 건강한 좌절이 필요합니다. 세상에는 하고 싶지만 해서는 안 되는 일이 있고, 지금 걷고 싶지만 잘 걷지 못하는 상황도 일종의 좌절 상황입니다. 아이도 이런 상황이 힘들겠지만, 좌절을 겪지 못한다면 한 단계 더 나아갈 수 없습니다. 아이가 올바르게 자라는 과정에서 건강한 좌절은 필수입니다.

양육자 간의 대화가 중요합니다

훈육으로 인해 양육자 간에 갈등이 생기는 경우도 굉장히 많습니다. 이런 경우에는 어떤 방향으로 훈육을 해 나갈 것인가에 대한 뜻이 서로 맞지 않는 것이 가장 큰 원인인데요. 이 문제는 아이를 어떻게 키워 나갈 것인지 함께 고민하면서 극복할 수 있습니다.

훈육은 안전한 울타리를 만드는 일이라는 것을 항상 기억하세요. 어떤 방향으로 아이를 키워 나갈지 많은 대화를 나누세요. 그럼 아이에게도 어른에게도 평화로운 훈육을 할 수 있습니다.

아기가
떨어졌어요!

잡고 서고 걷기 시작하는 우리 아이들! 활동 반경이 적었던 이전 시기에는 아이가 혼자 다치기보다, 높은 곳에 두고 안전 조치를 충분하게 하지 못한 어른들의 부주의가 사고의 원인인 경우가 많았는데요. 이제 두 발로 서기 시작한 아이들은 언제 사고가 발생할지 모르는 시한폭탄과 같습니다. 특히 이제부터 더욱 긴장해야 하는 사고의 유형이 바로 어딘가에서 떨어지는 낙상입니다. 서는 것에 자신이 생긴 아이들은 이제 안전 문을 타고 넘어가거나 소파 등의 가구에 올라타려는 시도도 하고, 침대에서 걸어 다니다 떨어지기도 쉽습니다.

아이가 어딘가에서 떨어진다면 연약한 몸에 문제가 생기지는 않았는지 걱정되어서 응급실을 찾는 경우가 많습니다. 하지만 병원에서는 신체 진찰을 쓱 하고 "조금 더 지켜보자."라며 귀가하라고 말하는 경우가 많을 거예요. 이럴 때면 힘들게 병원에 온 것이 허탈하면서 이대로 집에 돌아가자니 걱정도 됩니다.

아이가 어딘가에서 떨어져서 병원에 갈지 말지 고민인 분들과 병원에 다녀왔지만 걱정을 완전히 떨쳐버리지 못하는 분들을 위하여, 집에서 어떤 점을 주의 깊게 보아야 하는지 함께 알아보도록 하겠습니다. 아래의 내용은 꼭 낙상의 경우가 아니더라도 무언가에 맞거나 부딪히고 넘어지는 모든 경우에 적용해 볼 수 있습니다.

아이가 떨어지면 이것부터 보세요!

아이가 어딘가에서 떨어진다면 주로 다치는 부위는 머리와 팔, 다리입니다. 그중 가장 걱정이 되는 부위는 당연히 머리일 텐데요. 머리가 크게 다치면 뇌까지 다칠 수 있기 때문입니다. 아이들은 어딘가 문제가 생겨도 말을 할 수 없기 때문에 아이들이 보이는 증상과 다칠 때의 상황을 토대로 상태를 파악하는 것이 중요합니다. 아래의 내용을 기억해 두었다가 다쳤을 때 활용하세요.

추락한 높이가 1미터 이상 되나요?

아이들이 낙상했을 때 심각한 부상을 일으킬 수 있는 높이는 보통 1미터 정도입니다. 물론 더 낮은 높이에서 추락해도 심각한 부상을 입는 경우가 있지만, 1미터 이상 높이에서 떨어진다면 그 확률이 훨씬 높아집니다. 병원에 방문해도 어느 정도 높이에서 떨어졌는지에 대한 질문은 무조건 들을 겁니다.

그런데 다급한 상황에서 자를 대고 높이를 측정하고 있을 시간과 여유는 없습니다. 그래서 떨어진 곳의 사진을 찍어 오면 진료에 도움이 됩니다.

의식을 잃지 않았나요?

의식을 잃었다는 것은 정말 위급한 상황입니다! 초기 처치가 중요할 수 있으니 직접 병원으로 옮기는 것보다 119에 신고하여 구급차의 도움을 받으세요.

경련을 하거나, 행동이 변하지는 않았나요?

아이가 계속 졸려 하거나 갑자기 경련을 하는 등 행동에 변화가 생기는 것은 머리에 큰 부상이 생겼을 가능성을 암시합니다. 이때도 구급차의 도움을 받아 서둘러 병원에 가세요.

구토를 하나요?

뇌진탕, 뇌출혈 등 머리에 심각한 이상이 생겼을 때 나타나는 증상 중 하나가 바로 구토입니다. 아이들이 아파서 울다 보면 토를 하는 경우도 있어 정확히 구별하는 것은 어렵지만, 아이가 반복해서 구토한다면 뇌에 이상이 생겼을 가능성이 높습니다. 아이가 추락한 뒤에 구토 증상이 보이면 얼른 병원으로 가세요.

팔다리를 잘 움직이고, 만졌을 때 아파하진 않나요?

낙상 사고로 팔이나 다리의 뼈가 빠지는 탈골이나 뼈가 부러지는 골절도 흔하게 발생할 수 있는 부상입니다. 아이가 갑자기 한쪽 팔을 안 쓰려고 하거나, 일어서려고 하지 않는 등 운동이 이상하다면 팔이나 다리에 이상이 생겼을 가능성이 높습니다.

골절이 발생한다면 부러진 주변이 붓고 만지면 많이 아파하니, 팔다리를 가볍게 주무르듯이 만져 봐 주세요. 이상이 의심된다면 병원에 내원하세요!

아이의 울음이 달래지지 않나요?

아이의 큰 부상은 달래지지 않는 울음으로 표현되는 경우가 많습니다. 아이가 어디에선가 떨어진다면 아프고 깜짝 놀라 울음을 터뜨리는 것이 당연하지만, 평소 같으면 울음을 그쳐야 하는 시간이 되고 여러 방법을 사용해도 울음을 그치지 않는 경우는 어딘가 다쳤을 가능성이 높습니다. 이런 경우에도 병원에 내원하는 것이 좋습니다.

병원에서도 방사선을 주의합니다

부상으로 인해 아기가 병원에 내원했을 때 어디까지 검사해야 하는지는 진료를 보는 의사도 사실 많이 고민됩니다. 눈으로 보기에 확연한 문제가 있는 경우에는 그 문제와 관련된 검사를 하면 되지만, 아이이기 때문에 오히려 고민되는 점이 있습니다. 아이가 어릴수록 연약하기 때문에 더 자세한 검사가 필요할 수 있지만 어리기 때문에 검사를 많이 할 수 없다는 딜레마가 존재합니다.

부상을 당한 환자에게 이상이 생겼는지 확인하기 위해 시행하는 검사는 주로 엑스레이와 전산화 단층촬영술(CT)입니다. 배 안, 즉 복부에 출혈이 생기는지에 대한 검사는 초음파로 가능하지만, 집에서 발생하는 아이들의 낙상 사고는 복부 장기의 이상보다 머리와 뼈에 이상이 생기는 경우가 흔합니다. 우리 몸의 뼈와 뇌의 상태를 재빠르게 확인할 수 있는 검사가 위의 두 가지인데요. 두 가지 모두 치명적인 단점이 있습니다. 바로 방사선을 사용하는 검사라는 것입니다.

엑스레이에서 사용되는 방사선의 양은 많지 않아서 아기들의 진료에 자주 사용됩니다. 아기들은 몸이 작고 몸통의 두께가 어른보다 훨씬 얇아 엑스레이 검사에 사용되는 방사선의 양 자체가 어른에 비해 훨씬 적다는 점도, 의사들이 소아 환자에게 이 검사법을 시행하는 이유가 됩니다.

하지만 시티의 경우 엑스레이에 비해 훨씬 많은 방사선이 사용되기 때문에, 아이들에게 이 검사를 하기 전에 항상 한번 더 고민합니다. 물론 촬영으로 인한 방사선 노출이 건강에 악영향을 바로 미치지는 않지만, 아이들에게는 신경이 쓰이는 것이죠.

이 점은 부모님들도 알고 있습니다. 그래서 진료실에서 "아이가 정말 걱정되면 시티를 찍어 보아야 하는데 괜찮으시겠어요?"라고 말씀을 드리면, 아이의 상태가 심각하지 않으면 부모님도 검사를 보류하는 경우가 많습니다. 물론 아이의 상태가 위중하거나 위중할 것이라고 의심되는 경우에는 의사가 먼저 검사를 하자고 말을 하니, 할지 말지 선택을 하라는 말을 듣는 경우에는 오히려 안심해도 좋습니다.

결국은 예방이 가장 중요합니다

아이를 한 번도 다치지 않게 하며 키우는 것은 불가능합니다. 아이들은 넘어지고 부딪히면서 발달을 이루기 때문에, 다치지 않도록 키우는 것이 꼭 좋은 것도 아닙니다. 하지만 큰 사고와 큰 부상은 절대로 일어나면 안 되죠.

그래서 이제 막 걸음마를 하는 아이에게 헬멧과 무릎 보호대를 씌우는 분들도 있습니다. 이런 방법이 도움이 될 수도 있겠지만, 사실 근본적인 예방이 중요합니다. 이 점에 대해서는 296쪽에서 자세히 설명했으니 다시 한번 살펴보면 도움이 될 거예요.

'돌발진'이 무슨 병이에요?
진료실 단골 질문

핵심 먼저!

돌발진은 열성 경련을 동반할 수도 있어요. 생각보다 심각하지 않은 질환이니, 병원에서 진료받고 대증 치료(증상에 대응하는 치료법)로 대처하세요.

'돌치레'란 무엇일까요?

돌 무렵, 아이들은 한번씩 고열이 나며 크게 아픈 경우가 많습니다. 그런 경우 생후 12개월이라는 기념비적인 시간을 치르면서 아픈 것이라고 하여 돌치레라고 부릅니다. 영아 사망률이 높았던 옛날에는 아이들이 백일과 돌을 맞는 것이 큰 경사였을 것이고, 한번 아프면 치료 방법이 마땅치 않아 생명을 잃는 아이들도 많았으니 가슴이 철렁 내려앉았을 거예요.

위생과 의학이 발달한 현대에도 돌 무렵 아파서 고생하는 아이는 정말 많습니다. 아직도 돌치레 없이 넘어가는 아이를 정말 튼튼하다고 말하죠. 아이들이 이렇게 많이 아픈 것에는 의학적인 이유가 있는데요. 돌이 다가오는 아이들에게 찾아오는 '면역의 암흑기'가 대표적인 원인으로 꼽힙니다. 그리고 아이가 걷기 시작하며 야외 활동을 하는 빈도가 올라가고, 어린이집과 같은 기관 생활을 시작하면서 바이러스에 노출될 가능성이 높아지는 것도 중요한 원인입니다.

돌치레라는 것은 이 시기 아이들이 한번씩 아픈 것을 의미하기 때문에 특정한 질환을 가리키지 않습니다. 보통 열이 나는 많은 바이러스와 세균이 범인일 수 있습니다. 저희 아들 같은 경우 돌잔치 다음날 코로나19에 감염되며 온 가족이 힘들었던 기억이 나는데, 이런 경우에도 돌치레를 했다고 말합니다.

하지만 돌치레 중 유명한 질환도 있는데요. 바로 돌발진입니다. 갑작스러운 고열로 많은 부모님을 공포에 빠트리는 돌발진. 정확히 어떤 질환인지 알아보겠습니다.

'돌발진'은 무슨 병일까요?

돌 무렵 아이들이 걸리면 특별한 증상도 없이 고열에 시달리다가, 3~4일쯤 지난 후 열이 내리며 온몸에 열꽃이 피는 질환이 바로 돌발진입니다. 돌에 생기는 발진이어서 이름이 붙여진 것으로 오해받지만, 사실은 "돌발"적으로 생기는 "홍역(疹, 진)같이 아픈 질환"이라는 뜻에서 붙여진 이름입니다. 돌치레와 다르게 돌발진은 이러한 특성을 가진 특정한 질환을 부르는 용어입니다.

돌발진은 우리가 어디선가 들어본 헤르페스 바이러스에 의해서 생기는 질환입니다. 헤르페스 바이러스는 종류가 굉장히 많은데, 그중

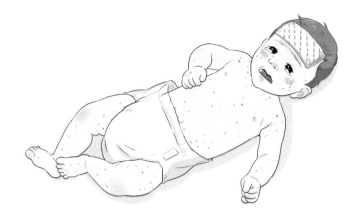

'사람 헤르페스 바이러스-6'(HHV-6)이라는 바이러스가 돌 무렵의 돌발
진을 일으키는 주범입니다.

아기들이 태어날 땐 이 바이러스에 대한 항체를 엄마에게 받아서
가지고 있지만, 생후 6개월이 지나며 그 항체가 줄어들며 감염이 되
는데요. 대부분 바이러스를 증상이 없는 성인이나 더 큰 소아에게 전
달받게 됩니다. 즉, 면역의 암흑기와 사회 활동의 증가가 원인이 되는
대표적인 경우이죠.

시작도 끝도 당황스러운 질환

돌발진이 당황스러운 질환인 이유는 정말 뜬금없이 39~40도의 고
열이 나기 때문입니다. 콧물이나 기침이라도 있으면 감기라고 생각할
텐데, 아무런 증상도 없이 고열이 나기 시작하니 부모로서 당황스럽
기 마련입니다.

거기다 고열이 갑자기 나다 보니 열성 경련도 굉장히 흔하게 발생

하는데요. 돌발진에 걸린 아이 중 15퍼센트 정도나 되는 아이들이 열성 경련을 겪는다고 알려져 있습니다. 갑자기 열나는 것만 해도 골치가 아픈데 갑자기 경련까지 하면 부모님의 속은 타 들어갈 수밖에 없습니다. 아이가 열성 경련을 보이면 어떻게 대처해야 하는지는 364쪽에서 더 자세하게 알아보겠습니다.

돌발진은 나빠질 때뿐 아니라 좋아질 때도 당황스럽습니다. 보통 열이 나기 시작하고 72시간 정도 지난 후에 열이 내리면서 몸에 빨간 발진이 생깁니다. 몸통에서 시작한 발진은 2~3밀리미터의 작은 크기를 가지며 팔다리까지 번지기 시작하는데 온몸에 빨간 점 모양의 발진이 생기다 보니 이 모양 자체로도 많은 부모님이 겁을 먹습니다. 다행히 하루에서 사흘 정도면 좋아지니 너무 걱정하지 마세요. 병의 진행도 총 일주일 정도로, 다른 감기와 비슷한 기간 동안 아이들이 고생합니다. 매우 당황스러운 방식으로요.

돌발진은 어떻게 진단하고, 치료할까요?

갑자기 고열이 나는 아이가 병원에 왔을 때 의사가 돌발진으로 진단하기까지 고민이 많아집니다. 왜냐하면 다른 증상이 없어, 드러나는 증상으로 진단의 단서를 얻기 어렵기 때문입니다. '그럼 증상이 없는 고열이면 돌발진으로 진단하면 되지 않나?' 하는 의문이 들 수도 있지만, 한 가지 짚고 넘어가야 하는 질환이 있습니다. 바로 요로 감염입니다.

요로 감염은 소변이 요도를 통해 밖으로 배출되는 경로에 세균 감염이 생겨 발생하는 질환으로, 돌 이전 아이에게 잘 발생합니다. 요도 주변에 간지러움이나 소변을 볼 때 아파하는 등의 증상을 보이는 경우도 있지만 아무런 증상 없이 열만 나는 경우도 많습니다.

요로 감염은 세균에 의해 발생하기 때문에 항생제 치료를 반드시 해야 합니다. 요로 감염인 것을 모르고 열감기라고 생각하고 치료하지 않은 상태로 계속 방치하면, 요로 감염이 반복되는 경우도 있고 심한 경우에는 신장 기능 저하까지 발생합니다. 그래서 의심이 된다면 꼭 진단해야 하는 질환입니다.

다른 증상 없이 열이 나는 돌발진을 요로 감염과 구분하기는 쉽지 않습니다. 그래서 대부분의 경우에는 진료 시 소변검사를 먼저 시행합니다. 검사 결과상 요로 감염이 아니라고 판정이 되면 돌발진으로 진단합니다.

돌발진도 요로 감염처럼 검사로 딱 진단되면 좋겠지만, 검사에 사용되는 항체 검사나 바이러스 유전자 검사는 비용이 비싸고 시간도 많이 소요됩니다. 열이 사흘 정도면 알아서 떨어지는데, 사흘보다 더 오래 걸리는 검사를 비싼 돈을 주고 할 필요는 없겠죠.

항생제는 세균을 죽이기 위한 약입니다. 그래서 돌발진과 같은 바이러스 질환에는 항생제를 처방할 이유가 없습니다. 약에 의한 부작용만 겪으면서 치료에는 하나도 도움이 되지 않을지도 모릅니다.

그래서 돌발진의 치료는 대증 치료입니다. 고열이 날 때 수분을 충분하게 섭취하고, 해열제로 열을 잘 조절하면 됩니다. 컨디션을 잘 유지하면서 사흘간의 고비를 넘긴다면 열도 자연히 떨어질 것이고 피부

초보 부모 방탄 육아

발진도 며칠 안에 좋아질 것이니 너무 걱정하지 마세요!

열이 날 때의 대처 방법을 꼭 기억하세요!

원인이 무엇이든 돌 무렵 아이들이 열이 나는 경우가 많다는 사실은 변함이 없습니다. 열이 날 때 어떤 것을 보아야 하고 어떤 점을 챙겨 주어야 하는지 이 책을 통해 여러 번 강조해서 알려드리고 있습니다. 책에서 설명한 내용을 잘 기억하면서 아이가 아픈 시기를 현명하게 넘기면 좋겠습니다. 특히 383쪽에 아이가 아플 때 주면 좋은 음식에 대해서 자세히 설명해 놓았으니 아이가 지금 아프다면 이 글도 꼭 읽어 보기 바랍니다!

'열성 경련'이 무서워요
진료실 단골 질문

핵심 먼저!

3~5퍼센트의 아이가 경험해요. 대처 요령을 숙지하고, 119에 연락하고, 가능하다면 동영상을 찍어 두세요.

"갑자기 눈이 뒤집히고 몸이 부들부들 떨리기 시작해서, 도저히 진정이 되지 않아요!"

부모님이 겁에 질린 모습으로 아이를 안고 응급실에 뛰어오는 대표적인 증상이 바로 경련입니다. 평소에 보아 오던 아이의 모습이 아니고 이런 모습을 생전 본 적 없는 사람이 대부분이기 때문에, 아이가 경련 발작을 하는 모습은 정말 무섭습니다. 무서움 아래에는 아이의 생명이 위험할까 걱정하는 마음이 있는데요.

경련을 보여 응급실로 내원하는 아이는 열을 동반한 경우가 많습니다. 안 그래도 돌치레 한다고 열이 자주 나는데, 열이 나면서 경련을 한다니 무서운 마음이 생기기도 합니다. 왜 열이 나면 경련을 하는 아이들이 있는지, 이럴 땐 어떻게 해야 하는지 알아보겠습니다.

경련은 왜 생기는 것일까요?

경련은 우리 몸에 갑자기 발생하는 일시적인 운동, 감각, 행동을 의미합니다. 갑자기 몸을 심하게 떨거나, 몸에 힘이 꽉 들어가거나, 반대로 몸에 힘이 빠지는 등 굉장히 다양한 양상이 관찰됩니다. 겉으로 보기에는 몸에서 증상이 발생하는 것이지만, 경련을 시작하는 진짜 원인은 뇌에 있습니다.

우리 뇌는 컴퓨터처럼 전기로 신호를 주고받으며 일을 하고 있습니다. 평소에는 잔잔하게 딱 필요한 만큼 일하던 뇌가 어떠한 이유에서든 갑자기 많은 전기를 내뿜기 시작하면 과부하가 생기며 경련이 발생하는 것입니다. 뇌 세포의 이상, 뇌에 가해지는 부상, 뇌에 발생하는 감염 등 경련을 일으키는 원인은 다양하지만, 열 자체도 경련의 원인이 될 수 있습니다.

경련은 대뇌 전체의 전기 신호에 이상이 생기며 온몸에서 이상 증상이 생기는 '전신 발작'과, 대뇌의 일부에서 이상 신호가 발생하며 몸의 일부에서 증상이 생기는 '부분 발작'으로 나눌 수 있습니다. 전신 발작은 온몸을 떨거나 온몸에 힘이 빠지는 증상으로 나타나는 경우가 많고, 부분 발작은 얼굴만 찡긋하거나 팔이나 다리 중 일부만 움찔하는 등 다양한 증상으로 나타날 수 있습니다.

경련은 뇌에서 발생하기 때문에 한번 발생하면 지능과 발달에 이상이 생기지 않는지 걱정되기 마련입니다. 이 점은 딱 잘라 설명하기 어려운데요, 원인 질환에 따라 발달에 영향을 주기도 하고 주지 않기도 합니다. 뇌에 질환이 있어 경련이 생기는 경우엔 악영향을 주지만, 일시적인 짧은 경련의 경우엔 뇌에 후유증이 대부분 남지 않습니다.

'열성 경련'은 무엇일까요?

컴퓨터도 과열되면 정상 작동하지 못하듯이, 우리 뇌도 온도가 비정상적으로 올라가면 이상 작동을 하며 경련을 유발할 수 있습니다.

'열성 경련'은 생후 6개월에서 60개월 사이에 발생하는, 뇌와 같은 중추 신경계의 감염이 없고 비열성 경련(열이 동반되지 않는 경련)의 과거력이 없는 아이가 38도 이상의 열이 나면서 경련을 보이는 증상을 의미합니다. 경련을 해 본 적이 없던 아이가 열이 나면서 경련을 하기 때문에 더욱 당황스럽고 무서운 질환입니다.

어떤 아이는 열이 나도 경련을 하지 않지만 어떤 아이는 경련을 하는데요. 이 차이는 대뇌에서 온도를 몇 도까지 견딜 수 있는지에 따라 결정됩니다. 즉, 타고난 체질적인 부분이 있습니다.

통계적으로 열성 경련은 전체 소아의 3~5퍼센트 정도에서 나타난다고 합니다. 즉, 생각보다 많은 아이가 열성 경련을 경험합니다.

단순 열성 경련과 복합 열성 경련

경련의 종류마다 후유증 유무가 다릅니다. 후유증을 걱정하지 않아도 되는 경우를 '단순 열성 경련'이라고 하고, 후유증이 남을 확률이 9퍼센트 정도 되어서 정밀 검사가 필요한 경우를 '복합 열성 경련'이라고 합니다.

단순 열성 경련은 전신 발작의 형태로 15분 내로 끝납니다. 보통은 3~5분 안에 경련이 멈춥니다. 그리고 경련이 24시간 내에 재발하지 않습니다. 즉, 하루에 한 번만 나타나고 끝나는 것입니다. 경련이 끝나면 졸려하거나 잠이 드는 모습이 관찰되는 경우가 많습니다.

전신 발작의 형태이기 때문에 온몸이 떨리거나 전신에 힘이 들어가는 무서운 모습을 보이지만, 뇌에 이상이 있는 것이 원인이 아니라 뇌가 열을 견디는 역치가 낮아 생기는 체질적인 문제로 보기 때문에 오히려 뇌파 검사 등의 정밀 검사를 하지 않습니다.

단순 열성 경련이 체질적이라고 말하는 이유는, 실제로 가족력의 영향을 받기 때문입니다. 열성 경련을 보이는 아이의 3분의 1은 부모님도 열성 경련을 앓았던 과거력이 있죠. 부모님 중 열성 경련이 있었던 분이 있는데 만약 다른 치료를 받지 않고 후유증도 없었다면, 아이의 경련도 조금 더 안심하고 지켜볼 수 있습니다.

반면에 전신 발작이 아니라 부분 발작의 형태로 나타나거나, 경련이 15분보다 더 길게 지속되고 24시간 내에 두 번 이상 나타나는 경우에 복합 열성 경련으로 분류합니다. 이 경우 경련이 끝나고 나서 잠이 드는 것이 아니라, 한쪽 팔이나 다리가 마비되는 특이한 증상이 나타나기도 합니다.

복합 열성 경련의 경우 경련을 일으키는 질환을 가지고 있을 가능성이 있고, 기저 질환이 없더라도 발달에 나쁜 영향을 끼칠 수 있기 때문에 뇌파 검사나 뇌 엠알아이 같은 정밀 검사가 필요합니다. 이러한 차이로 열성 경련으로 응급실에 온 부모님들께는 이런 설명을 드립니다. "아이가 무서운 경련을 할수록 오히려 다행인 겁니다."

증상	단순 열성 경련	복합 열성 경련
경련 양상	전신 발작	부분 발작
경련 지속 시간	15분 이내(대부분 3~5분)	15분 이상
24시간 내에 재발 여부	없음	재발할 수 있음
경련 후 증상	졸림, 잠	팔 혹은 다리 마비 등

열성 경련은 언제 생길까요?

"열이 원래 없었는데, 경련을 하고 나니 고열이 나요." 열성 경련이 생기는 많은 경우에 이런 증상을 보입니다. 이 설명이 바로 열성 경련이 생기는 두 가지 조건을 포함하는데요. "갑작스러운", "39도 이상의 고열"입니다.

고열과 열이 오르는 속도 중 어느 것이 더 중요한 조건인지에 대해서는 아직도 논란이 있지만, 열이 갑자기 오르며 뇌에서 그 열을 견디지 못하고 이상 증상이 생기는 것이라고 이해하는 것이 좋습니다.

열이 지속되면 아이가 경련을 할까 봐 걱정되어 해열제를 너무 많이 주는 부모님이 있지만, 열이 오래 가는 것보다는 갑자기 오르는 것이 경련을 일으키는 요인이기 때문에 열이 지속되는 것 자체를 너무 걱정할 필요는 없다고 말씀드립니다. 거기다 39도 이상의 고열이 지속되는 경우에는 다른 동반 증상 때문에 이미 병원에서 적절한 진료를 받았을 테니 더욱 안심이 되죠.

생애 첫 열성 경련이 언제 생기는지 예측할 방법은 없습니다. 그래서 처음 증상을 보일 때 가족 모두 당황스러울 수밖에 없습니다. 하지만 전에 열성 경련을 보였던 아이라면 미리 대비할 수 있습니다.

단순 열성 경련이라고 하더라도 30~50퍼센트의 아이는 고열이 날 때 다시 경련을 할 수 있습니다. 따라서 이전에 열성 경련을 한 아이라면 고열이 나는 질환이 의심될 때 해열제를 규칙적으로 복용하며 고열과 열성 경련을 예방하려고 시도해 볼 수 있습니다. 아쉽게도 이 방법이 통하리라는 보장은 없지만요.

아이가 경련을 할 때 어떻게 해야 할까?

경련을 하는 경우 주위에서 어떻게 대처해야 할까요? 이는 아이뿐 아니라 어른이 경련을 하는 모든 경우에도 공통적인 사항이니 알아 두면 좋습니다. 경련에 대처할 때에는 일단 두 가지를 기억하세요.

"집에서 경련을 빨리 끝낼 수는 없다."
"다치지 않도록 보호하는 것이 목표다!"

안전을 확보하세요

평평하고 안전한 바닥에 환자를 눕히는 것이 중요합니다. 아이가 침대나 소파, 의자 등에서 경련을 할 경우 떨어지며 부상을 입을 수 있기 때문에 바닥으로 내려 주세요. 베개를 사용 중이라면 베개 때문에 목뼈에 부상을 입을 수 있으니 치워 주고, 주변에 머리를 부딪칠 수 있는 가구가 있다면 가구에서 멀리 떨어뜨려 놓는 것이 좋습니다. 만약 안경을 하고 있다면 안경을 치우고, 턱받이나 넥타이를 한 경우 제거해 주세요.

팔다리를 주무르거나 몸을 너무 세게 누르지 마세요

경련이 일어나면 혈액 순환을 돕는다고 팔다리를 주무르거나 몸이 떨지 못하게 온몸을 꽉 잡는 경우가 있습니다. 하지만 경련은 뇌에서 전기 신호가 잘못 내려오는 것이기 때문에 이런 노력은 하나도 도움이 되지 않습니다. 오히려 심한 경우에는 뼈가 부러지는 부상이 생길 수 있기 때문에 이런 조치를 하지 않는 것을 추천합니다.

손을 입에 넣지 말고, 고개를 옆으로 돌려 주세요

혀가 말려 들어가며 숨이 막힐까 봐 걱정되어 입에 손을 넣는 분이 있습니다. 이런 경우 오히려 손에 부상만 입을 가능성이 높습니다. 경련이 일어나면 혀로 인해 기도가 막히는 것보다 침 등의 분비물이 입에 차고 숨을 쉬는 근육마저 경련이 일어나 숨을 쉬지 못한다고 생각하는 것이 좋습니다.

따라서 손 다칠 위험을 감수하지 말고 고개를 옆으로 돌려 주세요. 침도 자연스럽게 흐를 것입니다. 고개를 옆으로 돌리면 자연스럽게 혀도 옆으로 떨어져서 기도가 막히는 것을 해결할 수 있습니다.

초보 부모 방탄 육아

약이나 물을 입에 넣으면 안 됩니다

경련을 멈추게 한다는 민간요법의 약 등을 입으로 넣는 분이 많습니다. 경련이 일어날 때에는 무언가 삼키는 근육도 조절이 되지 않기 때문에 약이 위로 넘어가기보다 폐로 넘어가 흡인성 폐렴이 생길 가능성이 높습니다. 병원에서도 경련을 멈추는 약은 주사나 좌약으로 투약합니다. 그러니 집에서는 절대로 입에 무언가 넣으면 안 됩니다.

안전이 확보되었다면 동영상을 찍어 주세요

아이가 갑자기 경련하는 모습에 당황하면 어떤 양상으로 경련을 했는지 기억하기 쉽지 않고, 3~5분의 시간도 30분처럼 길게 느껴지기 때문에 경련 지속 시간을 제대로 기억하는 것도 어렵습니다.

그런데 아이가 열성 경련을 할 때는 많이 걱정할 질환인지 정밀 검사까지 받아야 하는지를 증상으로 판단하기 때문에, 의료진에게 정확한 증상을 전달하는 것이 중요합니다. 따라서 경련을 하는 아이가 안전한 상황이라고 판단되거나 보호자가 두 명 이상인 경우에는 경련하는 모습을 전신이 다 보이도록 동영상으로 찍어 주세요. 동영상은 경련이 끝날 때까지 쭉 찍는 것이 경련 시간을 추측하는 데 도움을 주고, 경련의 양상을 파악할 수 있도록 해 주기 때문에 중요합니다.

119에 신고하여 병원으로 이동합니다

경련이 끝나고 나면 축 처진 상태로 잠이 드는 경우가 많습니다. 이런 아이를 카시트에 앉히거나 안고 차로 이동하는 것은 매우 위험합니다. 그리고 처음 경련을 보인 경우에는 언제 다시 경련을 보일지 모르는 상황이고, 경련 이후에 옅게 숨을 쉬며 산소 공급이 필요한 경우도 있습니다. 따라서 119에 신고하여 병원으로 이송하는 것이 안전합니다.

이미 여러 차례 단순 열성 경련을 앓은 아이라면 부모님께서 현명하게 대처하겠지만, 첫 경련이라면 단순 열성 경련인지 아닌지 알 수 없기 때문에 최대한 안전하게 이송하여 진료받는 것이 좋습니다.

경련은 원래 무섭습니다

열성 경련은 95~97퍼센트의 아이는 경험하지 않을 문제이기도 합니다. 하지만 지켜보는 것만 해도 무서운 증상이기 때문에, 부모님이 대처법을 미리 숙지하는 것이 중요합니다.

경련은 뇌에서 생기는 질환인 만큼 정확한 진료와 치료가 중요합니다. 그 어떤 의사도 경련을 가볍게 보지 않습니다. 그렇기 때문에 의심되거나 걱정되는 내용이 있다면 언제든 진료실에서 상담받으세요. 정확한 상담을 위해서 동영상을 찍는 것도 잊지 마세요!

'열성 경련' 알아보기

정밀 검사가 필요할 때
영유아 건강검진

핵심 먼저!

9~12개월 건강검진에서는 발달을 추가로 평가해요. 정밀 검사가 필요한지 판단하는 데 큰 도움이 되어요.

영유아 건강검진은 아이의 성장과 발달을 주기적으로 관찰하는 아주 좋은 제도입니다. 아이가 잘 자라고 있는지 확인하는 것뿐만 아니라 육아에 대한 올바른 정보를 제공해 주고, 혹시나 특정한 질환의 위험이 있는지 판단하여 정밀 검사를 권고하기도 합니다. 간혹 영유아 건강검진의 중요성을 간과해서 정밀 검사를 권고받았음에도 무시하는 분들도 있지만, 반대로 이 검진의 결과로 과도한 걱정을 하는 분들도 있습니다. 이런 분들을 위해 영유아 건강검진에서 어떤 경우에 정밀 검사를 권고하는지 잘 이해할 수 있도록 설명하겠습니다.

정밀 검사를 권고하는 영역

영유아 건강검진에서 평가하는 영역은 크게 '신체진찰', '성장', '육아 정보에 대한 이해', '발달' 네 가지로 나눌 수 있습니다. 이 네 영역 중에서 혹시나 이상이 의심될 때 심화 검사를 권고하는 영역은 '신체 진찰', '성장', '발달'입니다.

이전 영유아 건강검진에서는 시행하지 않았다가 9~12개월 영유아 건강검진에서 처음 시행하는 것이 바로 발달입니다. 이 시기 검사에서는 '대근육 운동', '소근육 운동', '인지', '언어', '사회성' 부분의 총 다섯 가지 부분에 대해서, 18개월 이후 검진부터는 혼자 세상을 살아갈 준비가 되었는지 평가하는 '자조'가 포함되어 총 여섯 가지 부분에서 아이들이 발달을 잘 이루고 있는지 평가합니다.

의사 입장에서는 모든 평가 항목에 대해 혹시나 있을 이상을 놓치지 않기 위하여 항상 긴장하고 진찰하지만, 부모님이 가장 신경 쓰는 부분은 바로 '키'와 '발달'입니다. 우리 아이가 다른 아이에 비해 조금 작거나 늦다면 가장 속상해하는 부분이죠.

'질병을 진단'하는 것이 아니라 '위험도를 평가'합니다

영유아 건강검진을 하고 결과를 설명할 때, 부모님이 우리 아이가 어떤 부분에 정밀 검사가 필요하다는 이야기를 들으면 가장 많이 하는 질문이 이것입니다.

"우리 아이에게 어떤 병이 있는 건가요?"

부모님 입장에서는 검진과 검사를 하고 이상이 있다는 이야기를 들었으니, 벌써부터 질병에 진단된 것으로 오해하는 경우가 많습니다. 하지만 건강검진은 진단을 목적으로 하지 않습니다.

이건 어른의 건강검진도 마찬가지인데요. 성인의 건강검진에서 가장 많이 시행하는 검사 중 하나는 바로 대장 내시경입니다. 대장 내시경 검사를 하고 나서 "용종을 몇 개 뗐다."라고 말하는 경우를 많이 들어 보았을 겁니다. 용종은 혹인데 건강검진을 통해 혹이 발견되었고, 정밀 검사로 이 혹을 떼어 내서 조직검사를 시행하는 것입니다. 즉, 건강검진은 이 혹을 발견하는 것까지이고, 혹의 정체를 밝혀 내는 과정은 정밀 검사입니다.

영유아 건강검진도 마찬가지입니다. 이상 소견이 보여 심화 검사를 권고받았다고 하더라도, 그 자체가 어떤 병이 있다 없다를 의미하지 않습니다. 하지만 확률적으로 질환이 있을지 모르니, 정밀 검사를 통해 질병이 있다면 빨리 발견하자고 권고하는 것입니다. 특히 성장과 발달에 영향을 주는 질병의 경우에는 빨리 발견하고 치료할수록 효과가 좋은 경우가 많기 때문에, 이런 검진을 통해서 아이의 건강 상태를 확인하는 것입니다.

신체 진찰 준비하기

신체 진찰은 이전 영유아 건강검진을 해 보았다면 어떻게 진행되는지 잘 아실 겁니다. 아이의 머리끝부터 발끝까지 샅샅이 살펴보면서 이상이 의심되는 곳은 없는지 살펴보는 과정인데요. 수월한 신체 진찰을 위해서 다음의 사항을 준비하면 좋습니다.

입히고 벗기기 쉬운 옷을 입혀 주세요

신체 진찰은 기본적으로 아기의 전신을 눈으로 살펴보고 만져 보아야 합니다. 그런데 외출한다고 예쁘지만 벗기기 힘든 옷을 입고 오면, 옷을 벗기는 것도 힘들고 다시 입히는 것은 더욱 힘듭니다. 아기가 이미 울음을 터뜨리고 있을 것이기 때문입니다. 따라서 입히고 벗기기 쉬운 옷을 입혀 주세요.

생식기 관찰은 필수라는 것을 알고 와 주세요

아기들의 생식기를 관찰하는 것은 여러 가지 질병을 발견하는 데에 매우 중요합니다. 따라서 신체 진찰을 할 때 생식기를 직접 관찰하고 만져 보아야 할 때도 있습니다. 이 점을 미리 알고 오는 것이 좋겠습니다.

이상이 의심되는 부분은 미리 메모하거나 사진을 찍어 오세요

아이를 씻기고 기저귀도 갈아 주고 하다 보면 '이건 이상이 있는 거 아닌가?' 하는 생각이 드는 부분이 있습니다. 이런 부분은 미리 메모를 하거나 사진을 찍어 오는 것이 진료에 매우 큰 도움이 됩니다. 검진표를 작성할 때 미리 챙겨 주세요!

키와 몸무게의 평가

성장과 발달에 관련된 평가는 모두 통계적으로 이루어집니다. 키와 몸무게는 백분위수로 평가하게 되는데요. 결과가 숫자로 나오기 때문에 간혹 결과를 보고 오해하는 경우도 있습니다. 예를 들어 "아이 키가 1백분위수(1p)"라고 말씀을 드리면, 1등은 좋은 거니까 키가 아주 큰 것으로 오해하는데요. 오히려 반대입니다. 백분위수는 숫자가 클수록 아이가 큰 것이라고 기억하면 좋습니다. 키가 1백분위수라는 의미는 "같은 연령의 아이 100명 중 가장 작은 한 명의 키"를 의미하기 때문입니다.

키는 '얼마나 작은지'를 봅니다

기본적으로 키는 얼마나 작은지, 즉 저신장을 주로 관찰합니다. 모든 연령을 통틀어서 "3백분위수 미만"의 작은 키라면 저신장으로 의심하고 심화 권고를 권고하도록 되어 있습니다. 3백분위수 미만이라면 같은 나이의 아이 100명을 모아 놓았을 때 그중 작은 쪽에서 1, 2등 정도 된다는 것이니 매우 작은 키입니다. 물론 키가 너무 큰 경우에도 특별한 질환 때문에 그런 것은 아닌지 지속적으로 관찰하며 이상이 의심되면 검사를 권고합니다.

몸무게는 '얼마나 많이 나가는지'를 봅니다

몸무게는 기본적으로 얼마나 많이 나가는지, 즉 과체중을 주로 평가합니다. 과체중의 경우에는 연령에 따라 평가 기준이 다른데요.

만 2세 미만의 경우에는 체중 자체가 95백분위수 이상인 경우 과체중으로 진단하고, 만 2세 이상의 경우에는 체질량지수(BMI)가 95백분위수 이상인 경우 비만으로 진단합니다. 어른의 경우 체질량지수 자

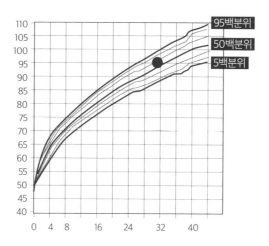

체가 비만인지 아닌지를 가르는 기준이 되지만, 아이들은 체질량지수도 다른 아이들과 비교하여 평가합니다.

물론 체중이 너무 작은 아이도 키의 성장과 다른 건강 상태를 함께 고려하여, 영양 결핍이나 다른 질환 때문에 체중이 늘지 않는 것은 아닌지 확인합니다.

잘 크고 있는지도 평가합니다

아이 키가 3백분위 이상이고 체중도 95백분위 이하이더라도, "성장 속도가 느리다"고 판단되는 경우에도 심화 검사를 권고합니다.

영유아 건강검진 결과 통보서를 보면 위와 같은 그래프를 볼 수 있습니다. 굵은 선은 각각 5, 50, 95백분위로 이상이 있을지 모르는 위치를 표시하고, 얇은 선까지 포함하면 5, 10, 25, 50, 75, 90, 95백분위수를 나타냅니다. 그중 우리가 중요하게 보는 것은 25, 50, 75백분위수입니다. 그리고 이 백분위수들의 간격을 "급간"으로 표현합니다.

결과 요약

영역＼분류	1	2	3	4	5	6	7	8	총점	절단점 가	절단점 나	절단점 다
대근육운동										10	18	24
소근육운동										16	20	24
인지										17	20	24
언어										11	17	23
사회성										12	17	23

만약 아이가 이전 건강검진에 비해 한두 단계 이상 급간이 낮아졌다면 성장 속도가 느리다고 판단하여 심화 검진을 권고할 수 있습니다. 예를 들어 이전 건강검진에서 키가 75백분위수였던 아이가 다음 건강검진에서 키가 자라긴 했지만 25백분위수로 두 급간이나 작아졌다면 정밀 검사가 필요한 것이죠.

발달 평가

영유아 건강검진에서 가장 신경을 쓰며 확인하고, 또 문진표 작성에 가장 많은 시간을 할애하는 곳이 바로 발달 선별검사입니다. 발달 선별검사의 경우에는 총 두 가지 방법으로 정밀 검사가 필요한지 여부를 판단하는데요. 첫 번째는 문진표를 토대로 점수를 종합해서, 발달의 영역별로 총점이 통계적으로 어느 위치에 있는지 보고 판단합니다.

결과표의 맨 오른쪽을 보면 '절단점'이 나와 있는데, 절단점의 점수를 기준으로 "다 이상", "나 이상~다 미만", "가 이상~ 나 미만", "가 미만"의 네 구간으로 나눌 수 있습니다. 그리고 네 구간은 각각 다음과 같이 해석할 수 있습니다.

"다 이상" : 또래보다 비교적 빠른 수준

"나 이상~다 미만" : 또래 수준

"가 이상~나 미만" : 추적검사 요망

"가 미만" : 심화 평가 권고

총점이 "가 미만", 즉 심화 평가가 권고되는 영역이 한 가지라도 있다면 정밀한 발달 검사를 받아 볼 것을 권고합니다. 추적검사가 필요하다고 판단되는 "가 이상~나 미만" 구간의 발달 영역은 또래보다 다소 느린 발달을 보이니, 다음 영유아 건강검진까지 발달을 더욱 열심히 자극할 것을 요청합니다.

이렇게 통계적인 방법으로 발달을 평가할 때는 각각의 발달 영역별로 전반적인 발달 수준을 보는 것이지만, 이 발달을 보이지 않는다면 당장 검사가 필요한 아주 중요한 질문들이 있는데요. 그 질문은 바로 추가 질문으로 구성되어 있습니다.

아래의 그림은 "10~11개월 발달 선별검사 문진표"인데요. 모든 발달 선별 문진표에는 아래와 같이 추가 질문이 포함되어 있습니다. 추가 질문에 하나라도 해당되어 "예"라고 답변한다면 아이에게 이상이 있을 확률이 높다는 것을 의미하기 때문에, 정밀 평가를 받도록 권고하고 있습니다.

● 추가 질문   ① 예 ② 아니요

1	한쪽 손만 주로 사용한다.	①	②
2	서거나 걸을 때 발바닥을 잘 딛지 못하고 '항상' 까치발을 한다(가끔 까치발을 하고 걷는 경우는 제외한다).	①	②

문진표를 작성하고 결과를 해석할 때 주의할 점

병원에서 정밀하게 진행하는 발달 검사와 영유아 건강검진에 포함된 발달 선별검사는 굉장히 큰 차이점이 있습니다. 병원에서 진행하는 검사의 경우 전문 평가자가 아이의 발달 상태를 평가하고, 영유아 건강검진은 부모님이 평가한다는 차이점입니다.

발달 선별검사의 가장 큰 한계가 이 차이점에서 생기는데요. 아이들의 발달 상태를 객관적으로 바라보는 것에 훈련이 되지 않은 일반적인 부모님은 답변을 주관적으로 작성합니다.

예를 들어 우리 아이가 달리기를 얼마나 잘하는지를 평가한다고 가정해 봅시다. 육상 종목의 전문 심판이라면 몇 미터를 몇 초에 달리는지 확인하여 달리기 속도를 객관적으로 측정할 것입니다.

하지만 영유아 건강검진은 "부모님이 보기에 아이가 얼마나 빠르게 달리는 것처럼 보이나요?"라고 질문하는 것과 같습니다. 달리기 속도를 어떻게 측정하는 것이 객관적인지 훈련받지 않은 일반인이라면 "내가 보기에 빠른 것 같다.", "내가 보기에 느린 것 같다."는 등 주관적인 평가밖에 하지 못하는 것입니다.

실제 진료실에서 발달 선별검사의 문진표를 받아 보면 아이를 객관

적으로 보려고 노력하는 분도 많지만, 아이에 대한 기대치가 담긴 결과지도 받아볼 수 있습니다. 아이를 바라보는 시각이 낙관적인 분은 대체로 점수를 높게 주고, 아이에 대한 기대치가 높은 분은 점수를 짜게 주기도 합니다. 그래서 대체적인 점수 분포가 한쪽으로 쏠린 경우, 특히 점수가 낮은 쪽으로 많이 치우친 경우 진료실에서 한 번 더 평가하는 경우도 있습니다. 간혹 이상이 없는데 정밀 검사를 권고하게 되는 점수가 나오는 경우가 있거든요.

하지만 놀랍게도 이렇게 주관적인 검사에서 심화 평가가 권고되는 경우에, 실제 발달 지연으로 진단되는 경우가 많습니다. 즉, 허술해 보일지도 모르는 이 검사들이 문제가 의심되는 경우를 잡아낼 수 있게 잘 설계되었다는 뜻입니다. 그래서 저는 발달 선별검사의 주관성이라는 한계점에 대해 이렇게 설명합니다.

"발달 선별검사에서 나온 점수를 가지고 아이들의 발달 등수를 매기기에는 검사가 부정확할 수 있습니다. 그럼에도 이 검사는, 낮은 점수가 나온 아이들이 정밀 검사가 필요하다는 판단과 관련해서는, 정확도가 높은 잘 설계된 검사입니다."

아플 땐 뭘 먹이는 게 좋을까?
육아 더하기

핵심 먼저!

의학적으로 보았을 때 아이가 아프다고 먹이면 안 되는 음식은 없습니다. 열이 날 때는 수분 섭취에 신경 써 주세요. 설사할 때는 음식을 줄이지 말고 찬음식, 기름기 많은 음식, 과일을 피해 주세요.

감기에 걸려서 입맛이 줄고 장염에 걸려서 잘 먹지 못할 때, 약을 먹이고 간호하는 것도 중요하지만 회복에 있어서 중요한 것은 식사입니다. 특히 어떤 음식을 챙겨 주어야 빨리 낫는지, 혹시 먹이면 안 되는 음식이 있지 않은지 많이 궁금할 거예요. 주위 어른이나 인터넷에서 "이런 증상일 땐 이걸 먹여라.", "아이가 아플 때 이런 건 먹으면 안 된다." 등의 이야기가 많아서, 부모님을 더욱 혼란스럽게 만듭니다.

아프다고 먹지 말아야 할 음식은 없습니다

감기에 걸리면 우유를 마시면 탈이 난다, 사과를 먹이면 안 된다 등등 다양한 말이 많은데요. 의학적으로 보았을 때 아이들이 아프다고 해서 먹이면 안 되는 음식은 없습니다. 어른이야 소화가 잘 안 될 때에는 자극적인 음식을 피하는 등의 노력을 해야 하지만, 아직 이유식을 먹는 아이들은 지금 먹는 음식이 굉장히 순한 음식입니다.

이유식을 먹는 아이들이 지금 먹는 음식 중에 아이가 탈이 나게 하는 음식은 없습니다. 연약한 아이들이 그런 음식을 먹는다면, 건강한 상황에서도 문제가 생길 수 있겠죠. 그래서 특별히 피해야 할 음식이 없는 것입니다.

빨리 낫게 해 주는 마법의 음식도 없습니다

우리가 어떤 것을 먹고 병이 낫는다면, 우리는 그 물질을 약이라고 부릅니다. 보통 효과가 좋은 약일수록 부작용도 잘 나타나기 때문에, 약의 작용을 잘 이해하고 있는 의사와 약사가 약의 처방과 조제를 관리합니다.

하지만 우리가 식사로 먹는 것은 음식 혹은 식품이라고 부릅니다. 음식이나 식품은 수많은 연구에서 특정한 병을 낫게 하는 효과가 충분하지 않은 것으로 분류됩니다. 물론 특정 영양소가 결핍된 사람에게 그 영양소가 충분히 포함된 음식을 먹이면 결핍으로 인한 질환이 해결될 수 있습니다. 하지만 이런 특수한 경우를 제외하고는 음식이 병을 직접 낫게 하는 효과를 기대하기가 어렵습니다.

특히 아이들이 주로 걸리는 질환이 바이러스로 인한 감염병인데, 바이러스 질환은 몇몇 질환을 빼고는 치료제가 없는 것으로 유명합니다. 약도 낫게 하지 못하는 병을 음식으로 낫게 한다는 것은, 의학적

초보 부모 방탄 육아

으로 보았을 때 설득력이 떨어지는 이야기입니다.

아플 때 음식을 먹는 목적

식사는 생명을 유지하는 데 중요한 영양분을 공급합니다. 식사로 얻는 대부분의 영양소는 에너지를 만드는 탄수화물, 단백질, 지방으로 구성되어 있습니다. 이런 영양소가 부족해지면 우리 몸은 병과 싸울 힘이 없어집니다. 그리고 생명을 유지하기가 어려워지죠.

생명을 유지하는 데 꼭 필요한 것으로 물과 전해질도 있습니다. 물이 부족하면 탈수가 생겨 우리 몸에서 일어나는 다양한 생명 활동이 정지됩니다. 심한 경우 신장 기능이 나빠지거나 심장에 악영향을 줄 수 있습니다. 나트륨, 칼륨 같은 전해질도 우리 몸의 세포가 살아남고 활동하는 데 필수적입니다.

우리가 음식으로 얻는 영양소는 굉장히 다양하지만, 식사를 잘하지 못했을 때 당장 문제가 생길 수 있는 것이 물, 당분, 전해질이기 때문에 이것들을 강조하는 것입니다. 다시 한번 정리하자면 아이가 아플 때 그리고 어른이 아플 때, 다음과 같은 목표를 가지고 식사를 준비해야 합니다.

- 탈수를 예방한다.
- 충분한 에너지를 섭취한다.
- 전해질을 보충한다.

병원에서 아이를 입원시킬지 말지 결정할 때 가장 중요하게 생각하는 입원 기준 중 하나가 충분한 수분과 영양소가 공급되고 있는지를 보는 것입니다. 아이가 잘 먹지 못하여 탈수가 생기거나, 혈당이 떨어지거나, 전해질에 불균형이 온다면 입원 치료가 필요합니다. 그만큼 위의 목표를 생각하며 먹이는 것이 중요합니다.

감기에 걸려 열이 날 땐 이렇게 먹이세요

열이 나면 우리 몸에서는 수분 손실이 빠르게 일어납니다. 그래서 열이 나는 경우에는 수분 공급에 집중해야 합니다. 가래와 콧물도 모두 물로 구성되기 때문에 수분 손실의 원인이 됩니다. 감기 증상이 있다면 더욱더 수분 공급을 잘해 주어야 합니다.

그렇다고 해서 먹던 이유식을 묽게 해서 줄 필요는 없습니다. 오히려 이유식을 묽게 주면 영양분 공급이 떨어져서 아이가 활력을 찾고 병과 싸울 에너지가 모자랍니다. 아이가 잘 먹는다면 밥은 먹던 대로 주면 됩니다.

열이 나면 소화가 잘 안 되기도 하는데, 이유식의 경우 소화가 아주 잘 되게 조리해야 하는 것을 기억할 거예요. 그래서 특별히 제한하거나 피해야 할 식재료도 따로 없습니다. 아이가 먹던 대로 준비하는 게 중요한데, 아이들은 아플 때 다른 곳이 함께 아프기도 하기 때문에 위생에 신경 써 주세요. 아이가 열이 날 때 제가 식사에 신경 쓰는 점은 딱 두 가지입니다.

- 물을 자주 먹인다.
- 과일 퓌레 등으로 수분 섭취를 늘린다.

<u>열이 날 땐 수분 섭취!</u> 꼭 기억하세요.

목이 아프고(편도염) 입이 아플 때(구내염) 이렇게 먹이세요

입과 목에 통증이 있으면 아이들이 음식 삼키는 것 자체를 힘들어해서 잘 못 먹고 입원을 하는 경우가 많습니다. 탈수와 저혈당, 전해질 이상이 걱정되거나 실제로 나타나기 때문입니다.

이런 경우는 먹는 과정에 통증이 있기 때문에, 식사를 준비할 때 통증을 최소화하며 먹일 수 있는 방법을 고민해 보아야 합니다. 제가 추천하는 방법은 다음과 같습니다.

해열진통제를 식사 15~30분 전에 미리 먹이세요

해열진통제는 이름 그대로 진통 효과가 있습니다. 그래서 식사 15~30분 전에 미리 약을 복용하면, 진통 효과 덕분에 아이가 조금 더 수월하게 식사할 수 있습니다. 이러한 약은 꼭 식후 30분에 복용해야 하는 것이 아니니 걱정하지 말고 약을 주세요.

시원한 물과 과일을 주세요

시원한 음식은 통증이 느껴지는 것을 조금 완화해 줍니다. 차가운 음식을 많이 먹으면 소화 기관의 운동이 느려지고 이 때문에 소화불량이 생기기도 하지만, 아직 아이들이 아이스크림같이 아주 차가운 음식을 먹는 것은 아니죠. 그래서 시원한 물과 과일은 아이들이 덜 아파하며 먹을 수 있어 도움이 됩니다. 이유식을 먹을 때도 힘들어하면 차게 줘도 좋습니다.

부드러운 음식을 주세요

평소에 단단한 과일을 잘 먹던 아이라도 입과 목이 아플 땐 퓌레 형태로 갈아서 주세요. 그리고 이유식에도 부드러운 식감의 식재료를 활용하는 것이 도움이 됩니다. 두부, 감자, 요구르트 등의 식재료는 부드러우면서 에너지가 충분히 포함된 식재료이기 때문에, 이유식을 묽게 하지 않으면서 적은 양으로 충분한 영양소를 공급해 줄 수 있습니다.

설사할 때는 이렇게 먹이세요

설사를 할 때 음식을 먹으면 장의 운동이 활발해져서 설사 양이 늘어날 수 있기 때문에 예전에는 금식을 하거나 쌀죽만 주어야 한다고 알고 있었습니다. 하지만 최근에는 설사를 할 때 음식 섭취에 대한 기준이 많이 달라졌는데요. 아직도 이 정보를 모르는 분들이 많아 소개합니다.

일단 설사를 빨리 멈춰야 한다는 생각을 버려야 합니다. 설사는 기본적으로 우리 몸속 장에 들어온 나쁜 바이러스나 균을 배출하는 역할을 합니다. 물론 설사를 반복하면 엉덩이가 헐고 기저귀와 옷을 갈

초보 부모 방탄 육아

아 주는 것이 힘들기 때문에 어려운 점이 많지만, 그렇다고 해서 설사를 빨리 멈추려고 하면 여러 문제가 생깁니다.

우선 금식을 하거나 쌀죽만 먹이는 경우, 아이가 탈수와 저혈당 등의 문제가 생길 수 있습니다. 이렇게 되면 상태가 더욱 나빠집니다. 아이의 설사를 멈추기 위해 부모님이 지사제를 먹이길 원하는 경우도 있는데, 아이에게 부작용이 크게 나타나기 때문에 쉽게 처방하지 않습니다. 그래서 집에서 임의로 아이에게 지사제를 주는 것도 피해야 합니다.

하지만 설사를 놔두는 것이 아무런 문제가 생기지 않는다는 것은 아닙니다. 수분이 그만큼 많이 손실되고 있기 때문이죠. 그래서 물을 더 자주 먹이고 식사를 잘 챙겨서 해야 합니다. 식사는 아이가 잘 먹는 것이라면 그대로 주면 되는데요. 영양분이 풍부한 식사를 해야 장의 회복도 빨라져 오히려 설사가 더 빨리 끝난다는 연구 결과가 있습니다. 그래서 식사 방법을 바꿀 필요는 없습니다.

단 설사를 악화할 수 있는 음식은 피하셔야 합니다. 찬 음식과 기름기 많은 음식, 당도가 높은 과일 등은 설사가 더 많이 생기게 만들 수 있으니 설사가 좋아질 때까지 피하는 것이 좋습니다.

설사의 치료에서 가장 중요한 것이 수분 공급인데요. 아이가 평소에 마시는 액체(수유 양)에다 설사를 하는 양만큼의 수분을 추가로 공급해 주세요. 설사를 많이 하면 생각보다 많은 물을 마셔야 합니다.

이렇게 수분 보충을 할 때 일반 맹물보다 병원에서 구입 가능한 경구 수액을 복용하는 것이 좋습니다. 주말이어서 병원에 방문하기 힘들다면 집에서 간단하게 경구 수액을 만드는 방법도 있는데요. 만드는 방법은 큐알 코드를 통해 들어가면 나오는 영상을 참고해 주세요.

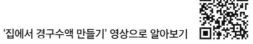

'집에서 경구수액 만들기' 영상으로 알아보기

구토할 땐 이렇게 먹이세요

아이가 구토를 할 때는 음식을 먹을 수가 없는 상황입니다. 그래서 먹던 음식을 그대로 먹는 것이 불가능한데요. 대신 수분 섭취를 조금씩 해 주는 것이 중요합니다. 아이들은 탈수가 생기면 구토가 더욱 심해지기도 해서, 탈수가 해결되면 구토가 좋아지는 경우도 많습니다. 그래서 수분 섭취가 중요합니다.

지금 구토를 하고 있거나 구역질이 있는 아이에게 컵으로 물을 주는 것은 오히려 구토를 유발할 수 있습니다. 따라서 아래의 방법대로 시도해 보세요.

1. 처음 30분간, 5분에 한 번씩 아기 숟가락만큼의 물을 주세요.
2. 아이가 구토를 안 하고 잘 먹는다면 조금씩 먹는 양을 늘리거나, 속도를 빨리 주세요.
3. 4시간 동안 아이 몸무게*50밀리리터만큼 물을 먹이는 것이 목표입니다. (아이 몸무게가 10킬로그램이라면 500밀리리터.)
4. 아이가 구토하면 30분 쉬었다가 1번부터 다시 시작합니다.

이 과정은 매우 시간이 오래 걸리고 손이 많이 갑니다. 하지만 잘만 실행하면 구토가 확연히 좋아지는 매우 효과적인 방법인데요. 이와 같은 방법으로 먹여도 아이가 구토를 반복한다면 병원에 방문하는 것이 좋습니다. 구토가 심하면 수액으로 치료하는 것이 효과적이기 때문입니다.

바로 수액을 맞추러 가는 방법도 있지만, 요즘 병원에 가면 대기가 길기 때문에 긴 대기 시간 동안 이 방법으로 물을 먹여 보면 조금이라도 탈수가 해소될 수 있습니다. 아무것도 안 하며 기다리는 것보다 훨씬 도움이 되겠죠. 그리고 맹물보다 경구 수액제를 이용하여 탈수를 교정하는 것이 효과적이기 때문에, 집에 경구 수액제제가 있다면 잘 활용해 보세요.

아이의 구토가 좋아졌다면, 소화가 잘 되는 부드러운 음식부터 시도하면 좋습니다. 조금 묽은 음식부터 먹이기 시작하여, 아이가 잘 먹는다면 며칠 내로 원래의 식이로 돌아오는 것을 목표로 해 주세요.

음식을 먹는다고 아픈 것이 낫지는 않습니다. 하지만 제대로 먹지 않으면 아이의 증세가 더 악화하고 회복도 느려집니다. 따라서 상황에 맞는 적절한 영양 공급으로 아이의 회복을 도와주는 것이 중요합니다!

0~1세 우리 아이를 지키는 가장 정확한 육아 지식 51

초보 부모 방탄 육아

© 이재현 2024

1판 1쇄 2024년 5월 30일
1판 2쇄 2024년 12월 5일

지은이 이재현
펴낸이 유경민 노종한
책임편집 권순범
기획편집 유노라이프 권순범 구혜진 **유노북스** 이현정 조혜진 권혜지 정현석 **유노책주** 김세민 이지윤
기획마케팅 1팀 우현권 이상운 **2팀** 이선영 김승혜 최예은
디자인 남다희 홍진기 허정수
기획관리 차은영
펴낸곳 유노콘텐츠그룹 주식회사
법인등록번호 110111-8138128
주소 서울시 마포구 월드컵로20길 5, 4층
전화 02-323-7763 **팩스** 02-323-7764 **이메일** info@uknowbooks.com

ISBN 979-11-91104-92-9 (13590)